U0154010

AiSTS

人文社會的
跨領域 AI 探索

李建良、林文源 ———— 主編

國立清華大學出版社
NATIONAL TSING HUA UNIVERSITY PRESS

目錄

推薦序
AI來了，人文與社會科學該如何應對？

　　人工智慧無庸置疑是過去幾年來最夯的關鍵詞。由於電腦運算速度的飛躍成長，數位資料收集與儲存數量的爆炸性增加，再加上演算法如機器學習等的快速進步，舉凡推薦系統、法院判決、犯罪偵測、量刑系統、物件（如人臉）辨識、自駕車等，早已深入我們的生活中，扮演著重要資源分配與決策指引的角色。說弱 AI 已然無所不在，應非誇大之辭。

　　雖說歷史不乏技術進步徹底改變人類生活的例子，但評論者大都同意，像 AI 這般技術進步速度之快、對人類生活的應用面向之廣影響之深，恐怕是史無先例。而在網路外部性的推波助瀾之下，像亞馬遜、Meta 這類已經在數據經濟佔據重要地位的大型平台，除了更能有餘裕投入大量資源分析資料，優化商業模式外，同時也會鞏固其獨佔力，讓其他廠商更難進入市場。而除了原本的商業目的外，這些資料的分析，也產生了許多不在原本目的（如購物社群網路連結）內的後果，劍橋分析的醜聞，就是一個最好的例子。

　　新技術的研發，有賴於科學家或工程師的創新，但是理解新技術對社會的影響，以及更重要的，社會需要什麼樣的新技術，以及這個技術該如何地被使用，就是人文社會科學研究者責無旁貸的責任了。這件事說來容易，但執行起來困難重重。除了需要參與者對跨域知識有一定的熱情與了解外，跨領域學者之間的互動與論辯，是整合是否成功最重要的因素。我在 2021 年，設計了增能計畫，鼓勵組織跨學門團隊，針對人社領域重要議題共同研究，提出解方。當時擔任社會

學門召集人的清大社會所林文源教授，與已經在本處執行「人工智慧的創新與規範」專案的中研院法律所李建良研究員討論，再加上哲學、人類學、區域、藝術、心理，教育、以及科傳共九個學門，以公共化 AI 為切入點，從各個面向探討人工智慧的應用、發展與影響，除了補救與批判，更重要的是「如何成為更好的 AI」。本書即為此一專案的研究成果，可說是國內人社學者首度集結，針對 AI 做出系統性深度反思的作品。

　　電腦科學和密碼學先驅圖靈（Alan Turing）在 1950 年的論文："Computing Machinery and Intelligence" 描繪了這樣一個問題：玩家 C 只能跟機器 A 與玩家 B 透過文字來回溝通，如果在經過跟兩者一連串相同問答後，玩家 C 無法分辨誰是機器，誰是人類，那就表示機器 A 在這個「模仿遊戲」中成功地騙過玩家 C，通過了圖靈測試，在智慧與思考方面成為了（或被認為是）「一個人」。然而，圖靈無法告訴我們的是靈魂與人性該如何測試。AI 是不是如同許多科幻小說所描繪般，會在某些情況下發展出不論善惡的人性，我們仍無法預測。

　　但現在的演算法，如何在了解它們的後果之下，展現出更有人性，更具同理心的安排，仍然掌握在人類的手上。透過合理非歧視的制度設計、安全透明可解釋的演算法，讓人類智慧與人工智慧達到共榮共利，是本書希望開啟的方向。

林明仁

國家科學及技術委員會人文及社會科學研究發展處處長

推薦序

　　AI 是當前人類科技的重大進展，並且已有數波推進。然而近年的突破帶來無窮希望之際，也伴隨著諸多疑慮。在產業、倫理、人權等面向，各界已提出許多呼籲及預警。

　　大學乃是社會發展的探險隊，協助探索人類社會與文明前方的未知領域，嘗試找到更好的未來方向。在 AI 這樣的新興科技，大學不能只是一廂情願的憂慮或樂觀。目前 AI 技術領域的蓬勃發展過程中，我們欣然看到許多人文社會學者積極投入 AI 的跨領域思考與合作，進行人文社會新領域的探險。在人類文明與社會邁向 AI 時代的同時，如同本書第一章所說，人文社會領域如何不只是被動地做為「人社欠缺」，而是更為主動地探索「人社導向」的 AI，會是新的人文社會重要領域，畢竟科技始終來自於人性，而這個領域的累積與茁壯，也將有助於 AI 科技淑世利民，邁向更為包容而且友善的應用。

　　在這個理念之下，本書《人文社會的跨領域 AI 探索》，由中研院李建良所長與本校林文源教授費心邀集十多位學科領域的優秀作者，分別就政策法制、社會倫理、思想哲理與技術文化面向，撰寫十餘篇深具洞見的章節編著而成。這些深入淺出的探討，是以人社導向的視野推進跨領域 AI 合作的重要嘗試，相當值得閱讀，而其開啟的跨界探索也相當令人期待。

　　更為令人欣喜的是，本校出版社也因應這個 AI 跨界發展與合作的需求，成立「AI、科技與社會」系列叢書，為這個重要趨勢奠下基礎。本書是系列叢書的第一本出版品，提供了相當好的示範。也希望這個系列叢書能夠隨著 AI 科技的日益普及，持續引發討論。謹此期

望這個結合科技與人文的叢書能與清華 3.0 的文藝復興一同成長，為本地社會與人類文明做更大的貢獻。

賀陳弘

國立清華大學動機系講座教授、前國立清華大學校長

推薦序

約莫幾年前而已，有人用電腦研究各種文法、詞句組合等與文章相關的技巧，因此興起用電腦幫大專聯考作文打分數的念頭。近幾年由於深度學習技術的快速發展，各行各業都想利用深度學習的優越性，替自己領域開拓新的運作模式。在刑事犯罪領域，臺灣最常發生的犯罪種類是販賣毒品及詐欺，於是有人想到，是不是可以利用人工智慧深度學習技術替工作繁重的檢察官自動產生初步毒品案及詐欺案的起訴書，檢察官只需針對犯罪內容輕重，對每一個案子做小部分的增刪或數字修改即可。在醫學檢驗領域，傳統胸腔科十分仰賴放射科的 X 光或 MRI 影像。放射科醫師或技術人員常常需要一天看上百張或上千張各種影像。因為不容出錯，高壓不難想見。透過人工智慧深度學習的技術，電腦可以自動替放射科人員先標註可疑區域，再由醫師針對初篩的結果進行更詳細的標註。檢察官及放射科醫師工作都超級忙碌，如果能利用人工智慧的技術協助他們完成大量且繁重的初步工作，他們就可以花較多的心思在需要縝密思考的部分，如此一來，較有溫度或具人性的心證或醫療判斷才比較容易產生。

誠如林文源及李建良兩位教授在本書引言中所言：「……除了技術與產業轉型外，AI 帶來的潛在願景與衝擊，已經觸發法律、政治、經濟及社會，甚至關於人性、思想與價值的根本議題。」本人在 1980-1990 第二波 AI 革命時，曾經用類神經網路當工具完成博士論文的一部分。這一波 AI 革命（2010 開始）起於 ImageNet 的建構，因為軟硬體的條件齊備，造就這一波以深度學習為基礎的 AI 革命。本人於 2016 年才意識到深度學習可能帶來的衝擊，在那時開始急起直

追。2018 年起連續 4 年接受科技部 AI 專案計畫補助，按照科技部希望「業界出題，學界解題」的精神去執行此計畫。因為執行計畫，本實驗室處處要用到「物件偵測」的技術，因此很幸運地在 2020 年 4 月發展出舉世聞名的 YOLOv4 演算法。它有很長一段時間雄踞世界排行榜第一名，是世界上最快、最準的物件偵測演算法。但問題來了：YOLOv4 是世界上最快、最準的物件偵測器，它可以在很短的時間，用最少的資源（可嵌入 mobile device，如無人機、手機），將要偵測的物件種類一一用 bounding box 框起來。我們實驗室馬上想到是不是可以用它作基礎往下做很多事呢？既然它可以架在無人機上快速偵測人臉，它就可以接下去「辨識人臉」，進而當「武器」或有效「監控人民」。研究走到這裡，很多「AI 的能與不能」人文、社會導向相關議題就一一浮現了。這是一個活生生的例子，相信很多最頂尖的 AI 領域科學家都會面對類似的問題，就與當年發展核子技術的科學家很多是基於對科學的探索及希望對人類有所貢獻而從事該項研究，他們大多數人絕對不願意讓該項技術被發展成殺人的武器。

　　很多優秀的科學家醉心於研究，對人文、社會方面的議題接觸較少，最近發生一個年輕人利用科學家發展出的「Deep fake」軟體偽造許多色情影片的事件，它傷害了很多無辜善良的人。其實這件事應該是可以避免的。科學家，尤其是最頂尖的研發團隊，應該借鏡過去所發生的種種事件，在研發之初就要先想想若一旦完成研發後，研發成果所可能帶來的負面衝擊。在 AI 時代類似的議題會越來越多，例如：YOLOv4 在偵測犯罪行為的時候，會不會因照度（illumination）問題而在不同膚色人種之間造成差異？「去識別化」也是一個值得探討的問題，因為它是一個雞生蛋、蛋生雞的矛盾議題。例如：在播放新聞片時，AI 技術自動將畫面中關鍵人物之臉部模糊化。本來「偵測」及「辨識」在技術上是不同層次的議題。偵測人臉只需符合有五官等

要求即可，不需太精細的描述。然而「辨識」人臉因需要知道此人是誰，所需的描述規格就必須高一些。當技術人員能利用 AI「辨識」身分再加以模糊化時，所需要的技術層級已經比單單「偵測」高很多了。雖然「模糊化」關鍵人物臉部用的是 AI 技術，目的是保護關鍵人物，但能解讀 AI 技術背後的技術人員其實是知道更多的。結論是：任何有「眉角」的地方都像「水」一樣，它「能載舟，也能覆舟」。因為擁有最強技術的人，都有可能把「保護」最周密的技術輕易取走，並用在不好的用途上。這就如同最強的駭客，如果是好人，他可以有效防堵重要的系統被駭。但他如果是壞蛋，那重要的系統就危險了。同樣的道理也適用在爆破專家及 AI 專家。僅就本人所了解的技術部分作一簡單闡述，也很肯定人文、社會及法律相關領域的學者能從各個不同角度切入，協助技術領域的科學家能在未來發展 AI 相關技術時，對「發展 AI 技術的能與不能」知所取捨。

廖弘源

中央研究院資訊科學研究所特聘研究員兼所長

編者序

　　AI 是當前重要的新科技進展，這個發展已經開始影響社會，也需要人文社會的積極參與。在臺灣，2017 年科技部（2022 年改制為國科會）宣告臺灣 AI 元年後，各項重大專案陸續啟動，人文司（2022 年改制為人文處）為促進人文社會導向的 AI 發展，在 2019 年推動「人工智慧的創新與規範：科學技術與人文社會科學的交互作用跨領域專案計畫」、2020 年支持「打造公共化 AI：人文社會跨領域 AI 資料中心推動」增能計畫。[1]

　　這兩項工作較為特別之處都是在引發人社領域的跨界交流，以因應 AI 時代的創新與變革。「人工智慧的創新與規範」專案由李建良主持，結合法律學、社會學、政治學、資訊學、哲學等學門代表，進行跨領域的合作研究，一方面理解人工智慧的科技發展，探討人工智慧的發展理由，分析人工智慧的應用面向；另一方面共同合作評估與分析人工智慧對人類社會的市場結構、社會組織與政治體制所帶來的挑戰與衝擊，在規範上，應該如何因應此發展方向，共同設計出適用於人工智慧的應用與監管機制。

　　「公共化 AI」則由人文司社會、法律、哲學、人類學與族群研究、區域、藝術、心理、教育，以及科技、傳播與社會等學門共同提案，由林文源主持，與社會、法律、公共治理與 AI 技術領域同仁共同推動人社價值導向的「公共化 AI」。其核心問題主要為警覺當前 AI 發

---

[1] 「人工智慧的創新與規範」計畫，請見網址：https://ai.iias.sinica.edu.tw/。
　　「公共化 AI 專案計畫」，請見網址：https://nthuhssai.site.nthu.edu.tw/。

展主要受到技術邏輯與資本邏輯限制，而且相關訓練資料多為國外資料，容易忽略甚至誤判本地脈絡。因此，本專案希望以共有、共享與共好的公共化方向，針對本地問題，累積人文社會資料，降低進入 AI 標註與技術協作的門檻，以朝向共好的社會價值拓展 AI 願景。

這些工作都非單一學者、單一領域、短時間能完成，不但需要集體深耕，更需要跨領域合作。我們忝為兩計畫之主持人，深感責任重大，也亟思加速擴散理念與影響，因此，我們以座談、諮詢與活動，以及網頁資料庫的形式，廣邀各界交流外，我們也進而邀請參與學者貢獻研究心得匯集為本書，期盼累積並擴散人社 AI 的精神與成效。

最後，與人社 AI 推動的機緣相關，也跟讀者分享兩個訊息：第一，本書是國立清華大學「AI、科技與社會」系列叢書的第一本出版品。本叢書是在推動公共化 AI 專案計畫過程，有感於累積國內相關人社 AI 推動之必要性，因此，在國立清華大學出版社支持下，開始推動此系列叢書，希望為厚植人社 AI 領域發展奠下基礎。第二，在累積臺灣人社 AI 量能的考量下，國立清華大學清華學院也成立「人文社會 AI 應用與發展研究中心」，[2] 並已經開始推動國內各項交流。謹此，我們也期待這些共同朝向人社 AI 願景的努力能夠推動更好的 AI 與更好的社會願景。

本書之成，首先感謝各篇章作者貢獻洞見，以及兩項人社 AI 計畫共同主持人王大為、吳重禮、劉靜怡、蔡政宏、邱文聰、杜文苓與王道維等同仁齊心推動的貢獻。同時感謝林明仁處長、賀陳弘校長、廖弘源所長對人社 AI 的關注與推動，並惠賜推薦序言。更要感謝科技部人文司、各學門召集人、中央研究院法律所資訊法中心、國立清

---

[2] 國立清華大學「人文社會 AI 應用與發展研究中心」請見網址：https://nthuhssai.site.nthu.edu.tw/。

華大學清華學院院長戴念華副校長、推動本叢書時任清華大學出版社社長的焦傳金教務長等先進同仁，以及無數單位、同仁、助理和同學們在系列叢書與本書相關推動、活動與出版上的協助，讓本書得以問世。

引言
朝向人社導向的 AI 探索

林文源[*]、李建良^{**}

第一節　AI 來了？

　　AI（Artificial Intelligence，一般稱為人工智慧或人工智能）是數位領域數十年的追求與夢想，近十年來終於在軟硬體與大數據的發展基礎上，打敗棋王的 DeepBlue、AlphaGo、AlphaGo Zero 等演算法帶來的宣傳風潮下，全面進入人類生活，對社會影響日漸深入。這些影響引起的全球 AI 風潮深受矚目，甚至被視為是另一波 AI 工業革命。

　　AI 一詞，首見於 John McCarthy 於 1956 年主持的「達特茅斯學院人工智慧暑期研究計畫（Summer Research Project on Artificial Intelligence）」，這是從 1950 年代開啟關於 AI 研究三場重要會議中的一場。在會議上，John MacCarthy、Marvin Minsky、Claude Shannon、Nathaniel Rochester 等奠基 AI 研究起點的科學家想像著如何集結科學家之力，發明足以模擬人類智能的方法，探討的重點在於如何讓機器能夠盡可能地像人類、甚至超越人類地完成各種動作。如同當時他們向洛克斐勒基金會提交的申請書中所言：「我們將找出讓機器能使用語言、產生抽象概念、解決人類問題，以及自我增進的方法。」

---

[*] 國立清華大學通識教育中心教授。
^{**} 中央研究院法律學研究所特聘研究員兼所長。

其後，AI 歷經數次發展與停滯的階段，包括 1970 年代中期的第一次 AI 的寒冬，以及 1980 年代末期的第二次寒冬。隨著巨量資料（big data）、深度學習（deep learning）與機器學習（machine learning）技術的進步，AI 的發展與運用已逐漸成熟並被廣泛運用在不同產業。除了在原先之資訊工程之外，已逐漸延伸至其他領域，較為著名的如圍棋、地圖導航系統、貨品分類機器人、無人機無人車、防毒軟體、人臉辨識等領域應用。無論在虛擬的線上世界或實體的現實生活都充斥著 AI 的蹤跡。儘管能像人一樣思考的「強 AI」離我們還有一段距離，但「弱 AI」已然遍佈、深入我們的日常生活之中，並造成重大且深遠的影響。

相較於技術領域的進展，這個轉變過程如此重大且全面，關注未來人文與社會價值的各界也有相當責任。除了技術與產業轉型外，AI 帶來的潛在願景與衝擊，已經觸發法律、政治、經濟及社會，甚至關於人性、思想與價值的根本議題（李建良，2018）。除了 AI 技術領域的專家，我們如何面對這些變局呢？人文社會領域，甚至一般大眾，對於 AI 發展有哪些介入的可能？是否有機會發展不同的 AI 展望呢？尤其是相較於 AI 的重大技術變革，各界又能在其中扮演哪些角色呢？這些問題是全球所關注，而臺灣各界也陸續探討並著力的。

第二節　人文社會與 AI

本書是臺灣人文社會學界專家首度跨領域集結，綜合探討 AI 各面向的專著，希望能夠在 AI 發展中引發更多面向的思辨。在此，做為本書引言，我們先闡述人文社會與 AI 的幾種關係，然後提出從人文社會參與做為欠缺與補救 AI 問題的「人社欠缺」方向，轉向以人社價值與問題導向探索發展的「人社導向」可能性，以定位本書。最

後並藉此展望人文社會 AI 生態圈的未來。

首先，我們先以人文社會領域（humanity and social science, HSS）與 AI 的四種可能關係為例，進入討論（林文源，2019）。第一是 HSS in AI：這是在 AI 發展中常見引發的人文社會議題。如當前媒體常有關於 AI 應用引發關於監控、數據資本主義、人性異化，或是 AI 取代人力，引發工作轉型趨勢、行政決策或是專業判斷的法律與倫理問題等（蜂行資本與台灣人工智慧學校，2021）。因為這些趨勢與既有人類社會法律、倫理、產業與制度衝突，大家也容易聯想到欠缺的人文社會面向，要如何補救以因應這些挑戰。因此，許多 AI 專案推動時，都會邀請人社學者參與進行法制、倫理與社會相關討論的模式。這在本書各篇章都可看到針對 AI 引發各種新問題與需求的討論。

第二是 HSS of AI：以人社視野進行批判、防範或是展望 AI。因應上述的問題，以及各種潛在趨勢，例如，對 AI 的監控造成的各種潛在問題，人文社會領域也較為積極地由既有對於倫理、法律、權力、政治性概念與理論架構，由人社觀點分析或反思 AI 發展（Kitchin, 2017; Lyon, 2014; Mittelstadt et al., 2016）。相較於第一種被動面對挑戰，這些主要是以人文社會觀點為主體，這也是本書各章的重點，藉由對 AI 提問或更為積極地分析，有助於深化人社思辨，也從過去對人類社會的累積觀察拓展對於 AI 時代的準備（李建良，2021）。對於 AI 可能性的探索也更為寬廣一些。

第三是 HSS by AI：這是將 AI 視為人文社會的可能參與者與研究方法，是更為積極的面向。如同 AI 的特色在於更為精準協助判斷與預測。因此，如何將 AI 視為推動新人文社會生活與研究領域可能的行動者，與其潛在貢獻。若要跳脫將 AI 視為「問題製造者」，或是認為 AI 技術必然與人文社會價值或期待對立時，我們需要這些新的思考模式。舉例而言，在研究科技與社會如何相互影響的視野中，

科技物並非是單一被黑盒化（black-boxed）的技術或產品，而是在各種安排中實現的結果（Zuboff, 2019; Pasquale, 2015）。AI 的發展也不例外，除了技術面向，還包含集體行動、社會理解、認同與污名、制度安排，與其他技術與資源配置，甚至諸多實作層面議題（O'Neil, 2016）。本書中的第一、六、七、九、十、十一、十二、十五、十六、十七等章節都觸及各種 AI 技術如何改變人文社會的研究方法與方向，並引發人文社會研究的改變與新可能性。亦即，AI 並不是只有技術問題，更不只有社會面的影響，而是包含各種社會─技術安排與協作所造成的結果，而人文社會的參與也必然在其中扮演一定角色。反之，AI 發展推動的未來世界中，人文社會領域也不可避免將參與協作，共創未來。

　　第四是 HSS for AI：人文社會如何貢獻於對於更好的 AI。事實上，在面臨新的技術衝擊與社會關係改變時，既有社會生活也面臨新的調適與轉變，技術與社會永遠是交織發展。而許多既有人文社會理念是在過去的科技─社會關係中所浮現，例如公共性與集體認同就相當有賴印刷、通訊技術的影響（Anderson, 2006）。如此，由上述三種關係而言，科技發展與人文社會不必然衝突，而各種取徑都有其協助更好的 AI 發展的方向：HSS in AI 是參與解決當下面對的挑戰、HSS of AI 則是鑑往知來，以既有人社視野反思與擴大創新，而 HSS by AI 則是更為積極以技術─人社安排為基礎，構思人文社會與 AI 協作的可能。在這種方向下，例如面對當前技術與企業密集投入的 AI，人文社會領域如何促成新的社會─技術安排，避免 AI 成為「自動化不平等」（automating inequality）是至關重要的議題（Eubanks, 2018），也是未來人文社會在 AI 時代的關鍵課題。而更廣的目標是如近年在國際探討以更高的人類文明與社會價值導引下，AI 如何促成社會共善（AI for social good）的趨勢（Floridi et al., 2020）。這些的關鍵都

是如何由更廣的視野界定問題與需求，進而探索如何藉由 AI 解決問題、拓展 AI 的應用，甚至由人文社會的價值與觀點驅動更好的 AI 發展，是 HSS for AI 的重大願景。對此，本書各章或許並無法給出立即答案，但希望由其中討論的微言大義，以及本書的整體編輯累積，能夠為此願景略盡棉薄之力。

第三節　從「人社欠缺」到「人社導向」

本書是在這些展望下的跨領域嘗試。如同 Sheila Jasanoff 與 Sang-Hyun Kim（2015）倡議以「社會—技術想像」（socio-technical imaginaries）釐清科技發展中的各種社會—技術關係與安排。目前社會對於 AI 的樂觀期望多半是與數據經濟、自動化產業與流程、精準判斷或監控等效率導向的想像。相對地，伴隨這些想像，目前人文社會領域參與的 AI 議題，幾乎可以說是「問題叢生」。例如，一個相當著名的例子是因為未警覺資料的相關文化與性別意涵，這些資料成為 AI 學習的基礎而導致偏差後果，帶有性別與種族偏見（Zou and Schiebinger, 2018）。的確，在技術快速發展下，導致社會迅速改變，需要人社參與補救或預先防範的「人社欠缺」警覺。

過於片面的「技術樂觀」與補救式的「人社欠缺」是相當有力的二元對立觀點，許多流行 AI 書籍常有類似警告或建議（李開復、王詠剛，2017）。當然，由這種「欠缺」的補救角度閱讀，本書的四個篇章中，無論在政策法制、社會倫理、思想哲理、技術文化面，也帶有補救或警告。不過，如果我們擴大「AI 社會—技術想像」，這種閱讀方式只是其中之一，而且可能過於化約科技發展中的社會—技術關係的複雜性，以及人文社會能發揮的角色。

因為 AI 牽連之廣，且其引發挑戰與可能性也相當全面。在本書

匯集政治、管理、金融、法律、社會、倫理、性別、心裡、設計、科技與社會研究領域學者，分別由 AI 涉及的研究方法、理財機制、法院判決、介入式預測、社會參與、自駕車難題、倫理框架、深度偽造、人類中心情感設計、量刑系統、數據實作與資料分析等領域，各自提出深入淺出分析。這些除了可以視為補救、警示 AI 的欠缺與問題，更可積極地以「人社導向」來閱讀。為了避免限縮讀者閱讀拓展的想像力，這種讀法我們將在本書最後提出。在此，我們先以跨領域視野指出如何整體由以「人社導向」想像 AI。

　　一方面，拓展 AI 的創新與共善需要由適當地界定問題開始，這也正是人文社會領域擅長之處。例如 Bettina Berendt（2019）提出四大問題思考何謂共善的 AI：問題為何？誰定義的問題？知識與技術的角色為何？這些其中有哪些重要副作用與動態關連？就定義問題上，他指出，多數社會問題都不是抽象問題，時常存在於多重因素的相互作用，然而，技術發展者常以定義工程問題的方式，由少數關係人定義了問題並形成慣性假設。因此，必須警覺工程問題的角度，無法顧及社會問題的風險，也無法完整看清步驟的多變性，並且在這些慣性中忽略替代方法。另一方面，當確認是適合 AI 介入的問題時，在 AI 的目標設定上更需要人社領域參與。例如 Nenad Tomašev 等人（2020）由聯合國永續發展目標（SDG, Sustainable Development Goals）的方向提出 AI for Social Good（AI4SG）運動做為價值與利益權衡的判准，也根據 SDG 的相關 AI 數據、隱私、人權與在地應用提出目標。這些都是從問題框架與目標面向重新定位「人社導向」的 AI。

第四節　朝向人社與 AI 協作的未來

　　以上只是簡單地定位，當然還有更多不同可能性，謹此希望指

出，面對 AI 技術，人文社會不僅只是不斷追逐補救。反過來，人社
領域可以且應當更為積極地參與，甚至引導 AI 技術發展與建置。無
論在釐清需求、界定問題、解決方案與制度配套設計等，都與社會、
文化、規範、倫理，甚至各種制度與實作安排密不可分，這些細節都
需要由「人社導向」評估 AI 的必要性，甚至是設定 AI 的目標。

　　在此基礎下，本書希望拉近「AI 的技術研發者」與「AI 的人社
研究者」雙方的視野，提供讀者跨領域溝通與對話的管道。讀者可以
從上述「定義問題的角度」與「價值與利益權衡的判准」，融合本書
各章所提供的各種知識來源與思考框架、釐清各種解決問題的方法或
路徑，反覆細讀各篇文章，並延伸思考。不過在十餘個研究領域許多
篇章中，本書還是希望能讓讀者盡量得到一些跨界的思考啟發，因
此，本書就其特定面向有相互啟發之章節匯集為共同篇，希望提供相
互激盪之效果。本書將這些討論分為四大篇，展示 AI 與人社領域在
「政策法制」、「社會倫理」、「思想哲理」、「技術文化」等面向
的互動關係與交互作用，希望讀者能由這些篇內的各章內容思考不同
領域如何思考與面對 AI 的議題，必然能更有收穫。在此也需要特別
說明這四個篇章的區分並非絕對，如同 AI 科技牽動人文社會的千絲
萬縷關係，談及政策法制必然隱含規範與倫理，而其中難免也涉及不
同技術文化，以及需要哲理面的釐清。因此，上述區分只是幾種思考
與觀察的切面，讀者可以由這四個面向體會 AI 如何與人文社會議題
相互牽扯，並可觸類旁通開展更多探索面向。

　　首先由「政策法制」切入，我們將一至四章的政治、法律、財經
相關討論歸在此類。從政策法制與新技術的交會與互補的角度來看，
AI 興起對於人文社會問題的探索常有意想不到的分析方法與研究發
現（HSS by AI）。例如政治學與 AI 的相遇，政治學和 AI 兩者都是
關心人類行為的影響性。前者是人類行為交織下的行為模式，後者則

是透過電腦來理解人類的行為，是一體的兩面，也應該可以相輔相成
（第一章）。透過 AI 新技術的導入，促使我們看到中國政府不一樣
的樣貌，有別於以往的臆測和理解；同時也給予了理論上實際的意義：
威權政府之所以能夠持續穩定存在，絕非只是一般人看到表面的言論
控制和封鎖。

　　AI 在法律領域的運用與演進，除了展現 HSS by AI 的功能外，亦
凸顯出 HSS in AI 與 HSS of AI 的交錯關係，同時也是可以期待 HSS
for AI 的人社領域。從智慧法院的興起（第二章）、介入式的再犯預
測（第三章）、理財機器人的運用（第四章）、醫療 AI 決策模式的
開發（第八章）、AI 時代的深度偽造（第十章）、量刑心證的追索
（第十五章），到資料分析進入法律領域（第十六章），可以清楚地
看到 AI 正逐步改變司法體系、審判實務、金融市場、投資行為、醫
療責任、民主政治、親子關係、法學方法的形貌與內在。與此同時，
民主法治的價值、法律規範的思維和權利保障的考量，也漸次反身主
導 AI 的技術改善及運用的走向。最明顯的例子是，以 AI 技術偽造狀
似特定發言或影像的問題，層出不窮，各國紛紛祭出各種防範措施，
為 AI 技術被惡用的可能與負面影響築起規範上的防火牆。其次諸如
科技應用於司法程序的極限與科技無法學習或取代價值的反思，一定
程度為司法的科技化（所謂司法 E 化）設下法治的框架；以消費者保
護為取向的金融監管，將促使理財機器人的改良與設計方向；從法理
的角度，「人類決定資料的樣態，而不是資料決定人類的相貌」，可
以作為以資料驅動為主的 AI 技術發展應遵循的基本原則。承此理路，
量刑因子的建置應先依據人類掌握的知識和系統建置的目的，再分別
標註及配對，讓電腦接受「監督式」的學習；而司法實證研究如果要
運用法律數據分析的技術，也必須先由研究者從大量裁判中找出可以
使用數學描述及計算的可循規律。此外，醫療 AI 的使用對醫療責任

體系形成的挑戰，不僅止於規範基礎的調整，全面思考社會及醫療專業領域對基本價值的態度，才是醫療 AI 如何可能的關鍵所在。

第二篇強調社會倫理面，我們在此收錄第五到九章哲學、社會、性別與倫理學的討論。本篇也展現由倫理應然面，帶入社會、性別與醫療現象面時的激盪。法律只是社會的正式規範之一，倫理、道德或所謂的「社會規範」（social norms）同樣也是人類行為規範的準則，於 AI 時代亦然。倫理學、社會學、哲學、心理學等學科的觀察視角與思考觀點，正可以和法政觀點構成縱橫 HSS in AI 與 HSS of AI 兩種面向的 AI 人社探索路徑。以「預測性警務」衍生的 AI 預測兩難問題為例，透過臉部辨識技術預測犯罪或找出潛在的犯罪行為，已經是各國警務系統常用的手法，但從人社的角度來看，核心爭議是這套系統是否合法（第五章）？

除了法律觀點外，從 AI 倫理準則出發，進行自主性原則、社會安全網與福祉原則三原則的檢視，可以為預測性警務規範性爭議提供更豐富多元的指引建議。再以自駕車的道德難題為例，這一道源自「電車難題」的古老問題，於傳統的刑法學界早有探討，也是哲學界經常爭辯的論題。隨著研究方法的多元化，例如質性與量化的方法，提供人社學者他種趨近答案的知識，問卷調查為其中之一，既為電車難題的思考方法增添新的元素，同時也彰顯問題的高度爭議性，但這是否可以解決自駕車的道德難題，還不能輕易下定論，仍需要不斷的反思與辯論（第六章）。

這些審視角度讓 AI 人社問題的反思與觀照，有了更廣的視野，更進一步由於 AI 不只是數據的演算，牽涉的是一種科技文化政治，若要讓 AI 的成果朝向社會共善，還需要探討控制層面的規範框架體系。例如除了命令暨控制的模式外，AI 倫理框架的設定和選擇，對於現有的數據、性別文化、以及相關倫理準則需要如何調適與採取行

動（第七章），此外，同樣迫切的是目前醫療 AI 漸趨普遍，不但挑戰現有醫師判斷權責，以及相關法令規範，更需要思考其基本價值。尤其是關於界定 AI 醫療糾紛制度的核心問題與價值選擇，既可以增廣法制設計的權衡內涵，又能強化法律的正當性基礎（第八章）。最後，AI 是社會的產物，同時也會改變社會。社會學參與 AI 研究的途徑，除了 HSS by AI 外，諸如運用分散式 AI 與多重行動系統模擬社會互動，主要是把 AI 當作一種社會現象或社會事實進行觀察和詮釋，包含人與人的互動、人與技術物的聯結，乃至於「人造社會性」的可能性，這又推進對潛在未來社會樣貌的探索（第九章）。

進一步，AI 也牽動各種思想哲理，尤其是各學科的基本預設與方法。本篇我們有第十到十三章的政治傳播、心理、社會與哲學討論。面對當前 AI 技術的的廣泛介入各國政治與觀念市場，加劇的同溫層、深度偽造等效應之下，社會大眾對於基本事實與價值缺乏共識，也對基本社會傳播機制失去信賴，導致集體情緒往往凌駕客觀或科學證據。這些導致後真相、黨派極化的後果，已經導致民主制度的危機。在這種情形下，關於言論自由的保障應當以哪些價值為基礎判准，鑑往知來，相當值得回溯法學價值進一步釐清與定位（第十章）。

以上現象與課題，也存在於研究人的心理學身上。AI 無疑有助於心理學家探索人的「心智黑箱」，而更重要的是，心理學可以反過來為 AI 的發展把脈，從心底層面思考「AI 將把人類帶往何處」的疑慮。由此思考，如果 AI 的發展不是只要技術上能達標就好、不是無限追求技術上的極致可能，AI 的技術設計者則需要了解人心。或許，可能的方向是持續藉助心理學幫助 AI 的正向發展，導引 AI 研發朝向讓人類透過 AI 認識自己，並且正向回饋給自己和他人的設計（第十一章）。相對地，「以人為本」的「人類中心主義」也為 AI 展望下的機器人設計帶來新的難題。例如，在以人為中心的思維下，一個

能像人類般思考的機器，不一定能為人類福祉而著想，尤其是需要由人類給定目標的弱 AI，可能為人類衍生各種問題。因此，以道德理性為出發點設計的機器倫理學在目前仍然是主流意見，其中就牽涉到關鍵的情感設計。然而，具有情感、能夠對於人類給與恰當情感回應的機器人設計，這牽涉到釐清、定位與模擬人類互動中的情感回饋、互動與社群共感。其中兩難是：一方面我們希望機器人能理解人類的自然情感，能夠給予適當的回應；另一方面我們如何能夠避免模擬人類情感的機器人不會發展成為人性本惡的自然彰顯。因此，從 AI 社會共善的角度，值得思考的是，我們對機器人的設計是否應該要強調其社會化，讓機器人擁有社會智慧，使其可以真正融入人類社會？這些都帶有不同基本價值與思考基礎，值得釐清（十二章）。

更進一步，十三章的新物質主義社會觀點，提出唯有翻轉人類中心的思維與心理素質，AI 才有可能朝向社會共善而發展。例如，不只將 AI 視為單一執行命令的工具或行動者，而是參與「一群」行動。亦即，將 AI 視為與「人」相連結在一起的行動群體後，「人」與 AI 這種非人行動者將相互影響與改變。這重新從關係性、過程性以及異質行動的角度，跳出人類中心的思維模式，已經在社會研究領域有相當闡述，也已有相當取徑針對各種既有科技與社會群體協作的討論，如同現有基礎電力水力與交通設施、電腦與網路形成人類社會各種不同生活形式。將演算法視為社會—科技組裝體的觀點，在目前對 AI 的個別化、樂觀或悲觀預測之外，有一定啟發，也值得深入定位其思想哲理的意涵。

最後，AI 的新技術文化也牽動人文社會與研究的各種面向，這些不單單指 AI 技術文化，而是當其與人文社會結合之後，將彰顯出新技術的文化機會與挑戰。這是本書希望特別在最後的十四到十七章以 AI 技術能力、法院量刑系統建置、法律資料研究、AI 創新的數據

實作為主題。例如探討當前 AI 主要由資料驅動的機器學習為關鍵要素時，常強調複製模仿與發掘資料間相關性的兩種核心能力。前者多數用於為了開發各種科技，以滿足「追求效率」與「預先控制」等目的。但以「人類資料」為事實基礎，也將 AI 的技術限定於人類資料與行為的既有狀態，甚至是缺陷。其次，尋找相關性可能滿足人類社會對於超前部署的控制需求，但也同時考驗人類如何自我節制的控制欲望。這兩種技術能力大致區分的兩種技術文化與意涵當然在各種個別應用尚有更多討論空間，都相當值得進一步探討（第十四章）。

　　進入特定領域時，從人類大歷史的角度來看，人類經由合作開始有了想像力和控制欲，從認知革命、農業革命到科學革命的文明發展。科技的發展從來就不是單純的技術問題，當 AI 涉足法律決策，其相關的法制與技術系統的結合，更是重新界定司法量刑等裁量權的新一代革命性進展。當前已有許多司法量刑系統建構與試行，相較於人類法官為主的判斷，AI 自然有其優缺點，有其「能」與「不能」，其中如何衡量哪些量刑因子，建置更適當的演算法學習，仍有待持續努力（第十五章）。同理，這些新的 AI 方法，同樣也為法律研究帶來新的可能性與機會。第十六章介紹了新的研究方式，作者們先將法院親權裁判依照專家設定的特徵，以人工進行標記，建置 AI 訓練資料集的訓練演算法，甚至也嘗試使用自然語言處理、文字探勘技術讓機器直接標記，減少人工投入。這個詳細介紹的研究方法，其中展現的不同研究思維與方法面，值得法律學者比較既有研究方法所凸顯的技術文化特質。

　　最後在個人與社會的連結形式之間，當然催生更多技術文化。第十七章指出，當前的資訊化社會進入 AI 化後，有更多藉由數據實作進行自我追蹤的「自我數值化」機制。例如使用穿戴式裝置將個人身心狀況或社會互動以數據形式記錄，並透過數據改變生活型態或是記

載具有特定意義的生活面向。此種在 AI 創新下越來越多的個人化服務產生的自我數值化，不只是個人數據的記錄，而是個人日常生活及社會的重構。在累積自我知識的過程中交織著社會、文化與科學的交互影響。從轉化的觀點探討數據實作，有助於提醒在進行數值化過程中造成的日常生活的轉變，以及強調探討數據累積過程的重要性，而不難想見這將衍生出新的社會實作與社會研究的技術文化。

第五節　展望社會共善的 AI 人社探索

總而言之，AI 對人類所帶來的各種挑戰，從人類科技文明發展的歷史軌跡來看，不僅是技術問題，也是人文社會問題，這些新技術文化的交織有賴學者繼續探索。在 HSS 與 AI 相互影響的觀點下，HSS in AI 是各界已經意識到的危機或轉機，而 HSS of AI 在各別領域研究者的研究或批判之下，持續成長。兩者的相關 AI 活動與研究成果，已經累積不少。這些探討都能對未來的 AI 有相當幫助，亦即推進 HSS for AI。然而，如本書各章所展示，在人文社會的各種探討論，對於 HSS by AI 層面，尤其在基礎建設端集體性的跨域探討，雖有許多嘗試，但仍有待努力。HSS by AI 需要人文社會與技術端的密切合作，由人社價值與問題意識發展適用之 AI，這具有根本之跨領域性質，而且其發展甚難以單一學者或團隊之力完成。而本書所希望推進的 HSS for AI 更是需要匯集人社集體力量、盤點現有人社資料，建置密集合作，形成長遠戰略與趨勢，更需要前瞻規劃與集體力量。前兩者是當前顯著危機與人文社會研究任務，而後兩者卻不單是研究問題，更是人文社會理念與價值如何在 AI 時代進行社會介入的機會與挑戰。這無法期待當前商業或技術主導的 AI 趨勢自動完成，需要人社價值導向的合作與引導，特別是需要人社領域參與 AI 協作的思考，

以及長遠的校正與維護。

　　最後，容我們再次強調，就人文社會面而言，人文社會因為知識類型與領域關注與理念各有擅長，呈現百花齊放。而現有各種與技術團隊搭配之個別人社相關 AI 研究成果，如果無法較為普及進入社群並生根，將會類似一盆盆的盆栽，很難落地並拓展，甚至無法延續。因此，人文社會需要探索在 AI 時代如何與之協作，並結合在地需求與發展相互激盪，才能逐漸擴大生態圈，納入更多參與、創意與洞見，促進人社與 AI 共榮的百花齊放未來。同理，就技術面而言，臺灣在全球許多技術與創新發展已經逐漸擺脫跟隨地位，各種領域不斷展現領先契機。AI 技術與發展若要能領先，必然需要落地，建立定位需求、框架問題與掌握趨勢的能力，這必然需要與人文社會領域共同探索。甚至，更需要由人社導向的角度，掌握獨特發展區位，想像 AI 技術的更多可能性。謹此，以本書的各種探索為起點，邀請讀者一同探索。做為第一次匯集跨領域溝通的嘗試，本書希望未來能有更多有志者參與，一同邁進。

參考文獻

李建良，〈New Brave World？──AI 與法律、哲學、社會學的跨界遇合〉，《人文與社會科學簡訊》第 20 卷第 1 期，頁 75-80，2018。

李建良，〈科技無所不在人的所在：《跨領域對談：AI 與人文社會科學》電子書序〉，《跨領域對談：AI 與人文社會科學》。臺北：科技部人文及社會科學研究發展司，2021，頁 4-6。

李開復、王詠剛，《人工智慧來了》。臺北：天下文化，2017。

林文源，〈AI 的能與不能：以醫療與照護為例發揮人社想像力〉，《人文與社會科學簡訊》第 20 卷第 2 期，2019，頁 99-103。

蜂行資本、台灣人工智慧學校，《台灣企業 AI 趨勢報告》。臺北：蜂行資本，2021。

Anderson, Benedict R. O'G. *Imagined Communities: Reflections on the Origin and Spread of Nationalism*. New York: Verso, 2006.

Arendt, H. *Human Condition*. Chicago: University of Chicago Press, 1958.

Berendt, Bettina. "AI for the Common Good?! Pitfalls, Challenges, and Ethics Pen-testing." *Paladyn, Journal of Behavioral Robotics* 10 (1) (2019): 44-65.

Eubanks, Virginia. *Automating Inequality: How High-Tech Tools Profile, Police, and Punish the Poor*. New York: St. Martin's Press, 2018.

Floridi, Luciano, Josh Cowls, Thomas C. King, and Mariarosaria Taddeo. "How to Design AI for Social Good: Seven Essential Factors." *Science and Engineering Ethics* 26 (3) (2020): 1771-1796.

Harari, Y. N. *Sapiens: A Brief History of Humankind*. New York: Harper, 2014.

Jasanoff, Sheila and Sang-Hyun Kim eds. *Dreamscapes of Modernity:*

Sociotechnical Imaginaries and the Fabrication of Power. Chicago: The University of Chicago Press, 2015.

Kitchin, Rob. "Thinking Critically about and Researching Algorithms." *Information, Communication & Society* 20 (1) (2017): 14-29.

Lyon, David. "Surveillance, Snowden, and Big Data: Capacities, Consequences, Critique." *Big Data & Society* 1 (2) (2014): 1-13.

Mittelstadt, Brent Daniel, Patrick Allo, Mariarosaria Taddeo, Sandra Wachter, and Luciano Floridi. "The Ethics of Algorithms: Mapping the Debate." *Big Data & Society* 3 (2) (2016): 1-21.

O'Neil, Cathy. *Weapons of Math Destruction: How Big Data Increases Inequality and Threatens Democracy*. New York: Crown, 2016.

Pasquale, Frank. *Black Box Society: The Secret Algorithms That Control Money and Information*. Cambridge: Harvard University Press, 2015.

Tomašev, Nenad, Julien Cornebise, Frank Hutter, Shakir Mohamed, Angela Picciariello, Bec Connelly, Danielle C. M. Belgrave, Daphne Ezer, Fanny Cachat van der Haert, Frank Mugisha, Gerald Abila, Hiromi Arai, Hisham Almiraat, Julia Proskurnia, Kyle Snyder, Mihoko Otake-Matsuura, Mustafa Othman, Tobias Glasmachers, Wilfried de Wever, Yee Whye Teh, Mohammad Emtiyaz Khan, Ruben De Winne, Tom Schaul, and Claudia Clopath. "AI for Social Good: Unlocking the Opportunity for Positive Impact." *Nature Communications* 11 (1) (2020):1-6.

Winner, L. "Do Artifacts Have Politics?" *Daedalus* 109.1 (1980): 121-136.

Zou, James and Londa Schiebinger. "AI Can Be Sexist and Racist-It's Time to Make It Fair." *Nature* 559 (2018): 324-326.

第一篇

政策法制面

第一章
新方法新數據——政治學與 AI 的相遇

謝忠賢 *、吳重禮 **

第一節　前言

　　AI 的研究近年來受到學術界極大的重視，這股風潮也吹向了人文社會科學領域，政治學界雖然起步較晚卻也不例外。在一般人文社會科學領域中將 AI 視為一個議題，多數學科探討 AI 的出現如何影響人類的行為和社會關係，乃至於倫理應用的探討，例如：法律學偏重於 AI 在法律適用規範的認定、社會學探討 AI 對於社群的影響、哲學則分析其衍生的倫理意涵。迴異於前述這些領域，政治學研究大多將 AI 視為工具性，將這一個嶄新的研究方法用來探討過去因為數量龐大、資料結構等問題所無法分析的議題，在既有政治學領域中進行更深入的剖析。

　　本文以淺顯方式說明政治學與 AI 的交會，將 AI 應用的趨勢進行梳理，給予有興趣鑽研 AI 與政治學應用者簡單的索引。本文安排如下，第二節將 AI 概念作簡單說明，並點出與政治學可能的連結；第三節談到既有方法與 AI 技術的比較，以調查研究與網路大數據分析、內容分析法，以及文字探勘作為探討；第四節為國外學術文獻的回顧，

---

* 中央研究院政治學研究所兼任助理，國立政治大學政治學研究所碩士生。
** 中央研究院政治學研究所研究員兼所長。

有別於臺灣學界正在興起，檢視西方國家既有發展情形；第五節則是新方法的探討，透過 AI 技術解決過去困擾的研究限制；第六節列舉近幾年較受到矚目使用 AI 的領域，主要以中國研究、政治概念，以及預測模型為學術議題；第七節則是闡明 AI 潛在的問題，並以未來的發展做為結論。

第二節　AI 的特性與政治學研究

AI 係指透過電腦程式模擬人類能夠做到的行為，舉凡判讀、分類、學習、自我校正等，能夠取代過去需要耗費人力的工作。在政治學研究中，有許多工作需要透過人工編碼，將樣本的屬性進行標記，再利用標記出的結果作成統計分析，進而驗證理論是否為真。舉例來說，在國會研究中，若想知道「一致政府」（unified government）與「分立政府」（divided government）[1] 之下的立法行為是否有差異，那麼必須透過人工編碼，對不同的法案給予特定的標籤，例如：行政院提案、在野黨提案、修正案、通過、不通過等，瞭解彼此的差異。然而，這些樣本數量龐雜，透過人力判讀實在是曠日廢時，因此有了 AI 介入的需求。

---

[1] 以行政首長與立法部門絕對多數席次所屬之政黨來觀察府會結構型態，就學理而言，可區分為一致政府與分立政府。一致政府意指在政府體制中，行政部門與立法部門皆由同一政黨所掌控。相對於一致政府的概念，分立政府意指行政部門與立法部門分屬不同政黨所掌握。當然，在「一院制」（unicameralism）體制之下，分立政府乃是議會由不同於行政部門所屬政黨佔有多數議席。在「兩院制」（bicameralism）體制中，當兩個民選議會均擁有實質的立法權，只要其中的一院由不同於行政部門所屬政黨擁有多數議席，即可稱為分立政府（吳重禮，〈美國「分立性政府」與「一致性政府」體制運作之比較與評析〉）。簡言之，分立政府乃是行政首長所屬政黨無法同時擁有立法部門多數議席。

　　過往政治學分析資料時，多是使用統計模型中的解釋模型，用以解釋自變數和依變數的關係，其中迴歸模型分析就是我們較常使用的推論統計方法。舉例來說，研究者若想知道不同政府型態（一致政府或是分立政府）是否與法案通過具有因果關係，就可以利用迴歸模型分析政府型態和法案通過的關係。然而，隨著社會科學持續精進，單純地解釋因果關係已經不太足夠，期待能夠透過現有的變數和資料預測未來，「機器學習」（machine learning）就是當中相當受到重視的方式（黃從仁，2020）。

　　一談到 AI，免不了會提及「大數據」（big data）的使用。大數據又稱為巨量資料或海量資料，目前廣泛地被學術界、商業界、行銷界所使用，其意指透過大量的數據資料來進行分析，透過這些資料能夠得到背後所隱藏的人類行為、消費習慣，乃至於選民行為與情緒。因此，大數據應用也受到政治學界的關注，其中又以網路社群的資料最為重視。Brady（2019）指出，龐大數據的使用對政治學帶來前所未有的改變，包含了幾項趨勢。第一，大數據帶了社會和政治的變革，對於人口的控制、隱私問題、訊息的準確性，以及許多其他重要的主題；第二，給予政治學者更為可觀的分析數據；第三，提供政治學者新穎的研究方法；第四，政治學者因而產生了新的研究問題和興趣；第五，同時注意到研究過程中的道德問題。

　　大數據與 AI 的關係就好比廚師與食材的關係，AI 是作為使用分析大數據的工具，有了巨量、饒富意義的數據資料後，透過 AI 技術來剖析數據背後所要傳達的意涵。政治學是一門以研究「權力」（power）為核心、探討人類行為的科學；其中，又以政治實證理論與 AI 最為接近，利用新的技術來驗證經驗理論中的研究假設。

第三節　AI 與既有研究方法的比較

在 AI 技術尚不普及於政治學領域時，學者經常使用調查研究法和內容分析法作為分析工具，劉嘉薇（2017）和陳世榮（2015）分別針對這兩種方法結合 AI 與大數據的技術進行比較，重新審視過去議題的討論，希望透過新的方法讓研究再往前推進。

首先，劉嘉薇（2017）探討臺灣民眾對於兩岸統獨議題立場的態度，過往使用調查研究法時，會發現選擇「維持現狀」的比例甚高，無法窺知隱藏在這之下的真實態度。作者引進統獨立場的網路聲量分析，透過短語判斷法、習慣語判斷法、主回文對立判斷法來評估網路上言論的情緒指數，再透過資料探勘中的機器學習判斷法提升準確率，直接透過網友的言論來進行分析。研究結果與過往民調結果有所差異，進一步窺知網路上的意見是偏向獨立，也推論出網路匿名性使得民眾更願意揭露政治立場的可能性。

其次，陳世榮（2015）以 2008 年公民投票報導「是否支持民進黨或國民黨版公投」，作為內容分析法與文字探勘的比較，將同樣的報導素材施予兩種不同的方式處理。文字探勘的部分透過中央研究院「中文斷詞系統」（Chinese Knowledge Information Processing）斷詞，採用監督式學習進行文件分類。簡單來說，就是透過一個判斷詞類的電腦系統協助我們挖掘所要的研究內容。作者將研究發現與內容分析的結果相比，《自由時報》的差距在 15% 以內，《聯合報》則在 32% 左右。作者因此認為，雖然斷詞系統和內容分析還是有些差距，但初步來說，文字探勘技術對於複雜的文意判讀和分類，還是值得肯定的研究方向。

確切地說，民眾在政治和公共事務領域的行為、態度，以及政府如何治理國家、掌握社會輿情、主流民意觀點，長久以來是政治學領

域關注的焦點。過去主要透過民意調查，藉由分析個體行為，推論整體民眾的態度。但是調查研究面臨若干重大的問題，例如：高拒訪率造成的偏誤、手機族群不易接觸到年輕受訪者的樣本偏誤，而且基於是自我陳述的資料，可能會有因為研究調查而產生的誤差（諸如：統獨立場和政黨認同，民眾可能會因為是電話調查而被迫自我揭露，很多時候會因為「社會預期」（social desirability）心理，因此受訪者選擇隱瞞真實立場、傾向保守的答案，或者是拒答）。政府相關研究、新聞媒體報導等，雖然都是公開資料有所憑據，但因為內容多元龐雜，需要耗費相當多的人力和時間來處理，造成效率不彰。這兩方面的不足，恰好得由 AI 的技術來進行填補。

第四節　過去國外 AI 應用的回顧

　　AI 的分析技術近幾年才逐漸受到臺灣政治學界的討論，然而早在 20 幾年前，Duffy and Tucker（1995）就將當時的 AI 應用進行彙整與討論，也提出可能遭遇的難題。即便是在 20 多年後的今日，當時所提到的技術和觀點仍然頗具參考價值，也可看出這個領域的應用持續成長。該文將常見的 AI 應用分成四個部分探討，分別為「生產系統」（production system）、「邏輯程式設計」（logic programming）、「信念模型」（belief models），以及「機器學習」（machine learning）。其中，由於邏輯程式設計和信念模型多是以生產系統的方式進行延伸討論，因此本文不在此多加著墨。以下簡述生產系統和機器學習的概念：

一　生產系統

　　生產系統過去被視為政治學中應用最廣泛的 AI 形式，使用 if then 規則來操作。在預設的規則中，當前提條件得到滿足時，其結果便會引發並提出新的條件，從而可能引發其他規則。生產系統使得研究人員可以替更為複雜的決策過程建立模型，能夠引入更多參與者、選擇備選方案、細微差別和其他環境的因素。

　　生產系統的模式曾經被廣泛應用在政治學中許多次領域，大多是用來預測政府如何進行決策。舉例來說，Thorson and Sylvan（1982）模擬古巴飛彈危機期間美國政府的決策模式、Phillips and Ensign（1982）分析政府在政治和經濟發展方面的決策因素、Ensign（1985）檢視國際銀行家如何決定向未開發國家提供信用貸款、Majeski（1989）探討軍事支出決策模型、Job and Johnson（1991）利用 UNCLESAM 模型，分析美國政府與多明尼加政府之間的互動規則等。從這些研究當中，可以觀察到政治學界對於「理性選擇」（rational choice）[2] 的興趣，進一步透過 AI 去分析和預測可能的結果。

二　機器學習

　　近年來，機器學習技術持續受到關注，透過重複掃描樣本，產生

---

[2] 當前社會科學的學術典範，幾乎都是奉經濟學理性選擇途徑為主臬。眾所周知地，依據個體經濟學理性選擇的觀點，人們行為的決策模式是基於「理性」（rationality）考量。這意味著每個人都是追求自身「效用極大化」（utility maximization），亦即人們會考量不同的選項導致不同的結果，對於不同的選擇結果呈現不同的偏好排列，並且依據個人偏好順序，選擇最有利於自己、或者最符合利益的行為。換言之，一位理性行為者會採取最佳的選擇策略，試圖以最小的成本、取得最大的效用；從經濟學這種理性選擇的觀點來說，任何決策者都不例外。

有用的預測機率。Duffy and Tucker（1995）指出，隨著政治學者逐漸累積機器學習的使用經驗，將會出現更多有趣、重要的應用。舉例來說，Cohen（1992）使用 Holland 分類器來檢驗他的最大概似模型（即調查受訪者的候選人偏好）的規範。使用受訪者的問題偏好、知識水準和人口統計特徵作為依變數，他發現分類器和最大概似模型作出的預測基本上達到相同。由此可以得出結論，使用機器學習的分類方式之下，沒有其他模型可以更好地說明受訪者的候選人偏好，給予 AI 正面評價。

Duffy and Tucker（1995）在結論中提到，將 AI 應用於政治學研究，希望能夠構建包含人類觀念、傳統典範和定義的模型，擴大政治科學中建立模型的研究範圍，提高可接受性和相關性，尋求人性化的政治模式。從當時文獻就可以看出，政治學者對於 AI 是寄予厚望，而當初預言似乎也持續實現。

第五節　新方法的探討

一如前述文獻所言，AI 的興起激發了政治學者對於新研究方法的探討。一般使用的實證資料分為結構性與非結構性的資料樣態，結構性資料易於轉化為量化資料的分析，然而非結構性資料卻往往使得政治學者吃足苦頭。非結構性資料意指沒有固定格式的資料類型，內容可能是相當零碎的，難以直接透過資料本身得到有意義的訊息：類似訊息，諸如選舉公報的政見欄、競選看板標語排列、新聞報導內容、立法院法案的敘述、民眾在社群網路上的留言、大法官在釋憲案中的理由書等，這些資料呈現都相當的不規則，難以進行處理，但在政治學者眼中，卻是相當有價值的資訊。倘若政治學者想要透過選舉公報的政見探討候選人競選策略，又如想要知道什麼樣的臉書貼文比較能

夠獲得關注、動員群眾等，就不得不處理這些燙手山芋了。

　　在實證社會科學中，假若要發現新的變數大多得由研究者主動挖掘，再透過研究者對原始資料進行分析，這樣的方式被認為難以複製，也不太可靠，也經常會有所遺漏。Benoit 等人（2016）利用 AI 中的「集群文本分析」（crowd-sourced text analysis），將所要分析的文本給予大量非專家來解讀，發現產生的結果與前者無異，還能夠直接用於以不同語言編寫、不同類型的政治文本，減輕了不少研究者的負擔。政治概念的界定也是時常令研究者傷透腦筋，例如：何謂自由？何謂保守？研究文本當中的潛在政治概念又是如何？Carlson and Montgomery（2017）在 Benoit 等人（2016）先前的技術基礎下，進一步將人類理解的自然語言與 AI 技術結合，以減輕編碼人員的偏誤和不可靠性，並且透過美國參議員候選人的廣告，以及國務院人權報告來驗證該方法。

第六節　近年研究舉隅

　　新技術的引介使得政治學界出現了新議題的探討，以及對於傳統議題但過去無法進行分析的領域展開探索。回顧近年來 AI 應用的學術文獻，我們可以發現，中國議題、政治概念，以及預測模型這三類的研究題目受到頗多青睞。以下就這三個主題說明為何會使用 AI 來處理，並且簡述若干應用研究發現。

一　中國議題

　　無疑地，中國近年來在國際舞台上逐漸嶄露頭角，甚至對於世界霸權美國步步進逼，理所當然成了政治學者研究的興趣。不過有別於其他國家的研究，中國是少數經濟實力雄厚、政治影響力十足的非民

主國家，至今仍是以一黨專政為其特色。這樣的特色除了為中國研究蒙上一層神秘的面紗外，也造成了中國相關學術研究的困難。基本上，少有公開資料能夠使用，即便有些許官方資料釋出，學者對其所公布的內容亦有所疑慮。

那麼該如何研究中國議題呢？ AI 的輔助出現了契機。既然內部真實的資料難以取得，那麼就從外部我們所能見到，且是主動自我呈現的資料開始著手；想當然爾，就是網路資料。雖然中國聲稱自己是民主自由的國度，人民能夠無拘無束地上網、發表個人意見，不受到官方檢查和言論限制，但實際上，我們知道並非如此。不過我們可以從網路上中國人民或是政府的足跡，可以窺知一二，也能觀察到有趣的現象。大家經常提及的「五毛黨」和「刪文審查」的獨特現象，就吸引了政治學者的關注，前者是指許多西方媒體指稱，在網路上有許多中國網軍，他們領著政府以一則訊息五毛錢的代價，替中國政府辯護政策；後者是雖然民眾能夠上網發文，但若涉及政府負面的評價、敏感的言論，時常會因此被言論審查而刪除貼文。這些看似西方國家臆測的內容，是否真實存在？實際的情況又是如何？ King, Pan, and Roberts（2013、2017）的研究給了答案。

過去這些對於中國政權的指控，幾乎沒有系統性的經驗證據。King, Pan, and Roberts（2013）對於中國的網路審查議題特別感到興趣，想探究何種言論是中國網路審查的重點。作者利用中文驗證輔助文本分析方法，共計比較 85 則貼文主題中，被審查與未被審查刪文的內容。其研究發現迥異於一般的看法，對於國家、黨政領導人、政府政策發表負面甚至尖酸刻薄的批評不太可能被審查。反之，那些加強或是刺激社會動員的評論，不論其內容為何，才是審查貼文的重點。由此可知，審查制度的目的是試圖阻止現在或將來可能發生的集體活動，這也就是為何看似中國政府允許民眾批評政府但卻能使集體

沉默的原因。

　　King, Pan, and Roberts（2017）也對五毛黨產生好奇。對此進行首次大規模實證分析中，透過 AI 技術識別這些發文的秘密作者、撰寫的內容，從而估計出，中國政府每年會發布約 4.48 億則社交媒體貼文。這項研究最重要的發現是，過去西方媒體認為，中國政府是透過這些網軍在網路上進行辯論，替政府捍衛立場、使得國家領導人不受到批評，實際得到的結果卻不然。作者的研究發現再次令人驚艷，這些所謂五毛黨幾乎不參與任何形式的辯論，似乎是刻意地避免有爭議的問題，反而都是在討論一些價值性問題，試圖轉移大眾的注意力，促使網路上的輿論從可能具有集體行動的討論中轉移。

　　由這兩篇 King 團隊的研究可以發現，透過 AI 新技術的導入，促使我們看到不一樣中國政府的樣貌，有別於以往的臆測和理解，更有經驗證據的支持。同時，除了新技術的使用之外，也給予了理論上實際的意義；威權政府之所以能夠持續穩定存在，絕非我們單純地看到表面的言論控制和封鎖而已，還有更為細膩層次的思考，才足以維持社會穩定。

二　政治概念

　　政治學探討的學理概念，乃至於所謂的意識形態，通常都是有嚴謹的定義，難以用簡化的三言兩語來論斷。但在實務研究中，冗長的條件與學理，恐怕會造成研究執行的阻礙和困難，再加上許多的概念意涵，會隨著時空背景而有所改變以及增減。人權概念正是如此，在不同時期對其有不同廣義和狹義的定義，接著就以此作為例子，來看 AI 如何應用處理這個難題。

　　Park, Greene, and Colaresi（2020）試圖解決訊息對於人權監測的影響，重新將人權概念化，使用 AI 中文本判斷的「嵌套」（nested）

分類法,並認為可用訊息的密度不斷增加,體現在更深層次的人權分類法中。作者使用監督學習法中新自動化系統,提取美國國務院、國際特赦組織和人權觀察指標,隨著時間推移在文字中判斷的隱藏權利分類法。也就是說,透過新的技術去觀測人權概念與標準在國際普遍認知中如何變遷。研究顯示,新的通訊技術已經改變了以各種文本編碼的可用訊息的密度,這些文本包括人權報告等。因此,類似形式的訊息效應,以及更加嚴格的分類法將日益受到關注,而不斷變化的訊息環境會在文本中留下重要的足跡。

三 預測模型

在實證研究中,解釋模型已經不足以滿足政治學家的企圖心,當有了更多的數據能夠使用,除了解釋因果關係之外,能否預測下一次事件的發生,成了新的關注焦點。舉例來說,過去選舉研究想知道是什麼樣的因素,能夠使選民支持某位候選人或政黨,需要透過事後(選舉之後)民調的方式來驗證。然而,假若能夠在選前就精確地預測選舉結果,對於實務界、學術界都是個有潛力的主題。如同先前所提,預測模型多是透過機器學習的方法來進行模擬,透過反覆讀取樣本、文本的方式來進行學習,進而找出研究所關注的因素。在此就以兩個例子作為討論。

首先,Mueller and Rauh(2018)提供了一種透過使用報紙文本以預測武裝衝突的新方法。作者使用機器學習技術將大量的報紙文字簡化為可解釋的主題,再將這些主題用於迴歸分析,以預測衝突的發生。研究結果顯示,不同主題下的國內變化情勢可以很好地預測衝突,當以前處於和平狀態的國家出現風險時,該主題將特別有效。

其次,Anastasopoulos and Bertelli(2020)則是探討政治學核心的問題,權力的下放該如何進行代理?對於以往的內容分析法,作者認

為頗有不足，限制了該領域的知識。作者將機器學習用於對「歐洲聯盟」（European Union，簡稱 EU）立法中的權限和約束進行實證評估，其使用 1958 年至 2017 年期間制定的所有 EU 法規，且準確產生既有研究方法的結果。值得一提的是，作者僅利用 10% 人工編碼的隨機樣本進行學習，訓練分類器並複製重要的實質發現，以評估 AI 應用有效性。

第七節　問題與未來發展

前述討論對於 AI 技術、大數據分析抱持高度評價，對於學術研究也給予了嶄新領域與意義，然而這些新的研究方法並非全然沒有缺點。除了在國內學界尚在發展階段，尤其是社會科學家、政治學家還不是那麼熟悉之外，還存在著方法本質的問題。不過即便如此，仍具未來研究的前瞻性。

黃從仁（2020）從資料蒐集與資料分析兩個層面檢視大數據的研究方法，存在著研究者必須正視的問題。在蒐集資料方面，大數據的樣本來源、抽樣過程，以及樣本和母體之間的關係，往往是受到忽略的，能夠快速蒐集大量資料，卻難以說明與母體之間的如何進行推論。在分析資料層面，過往統計模型著重於解釋性功能，新技術雖然能夠進行預測，但卻無法說明因果關係，成了知其然不知其所以然的窘境。

在文本分析上，陳世榮（2015）認為，文字探勘的技術確實有其發展趨勢，但同時點出了問題。與過往文本分析相比，在方法上有其共通性，但在社會科學中，更強調對於文字意涵的彈性解讀。畢竟 AI 終究是由電腦程式代勞，與實際人類使用文字的理解仍有差異。因此若能將文字探勘和人工判讀各取所長，縮限特定文意定向，將給予文

本更多元理解的空間。

　　政治學家中使用 AI 的先驅 Herbert A. Simon（1981）曾說，政治學和 AI 都是人工的。Duffy and Tucker（1995）解讀為，兩者都是關心人類行為的影響性。前者是人類行為交織下的行為模式，後者則是透過電腦來理解人類的行為，是一體兩面也應該是相輔相成。面對日新月異的科技社會，我們所形成的數據資料也將會日益龐大且豐富，因此大數據與分析大數據的 AI 方法並不會只是個流行（Kersting and Meyer, 2018）。當然，對於人類行為充滿好奇的政治學家，也不會輕易停下來。

參考文獻

吳重禮，〈美國「分立性政府」與「一致性政府」體制運作之比較與評析〉，《政治科學論叢》第 9 期，1998，頁 61-90。

陳世榮，〈社會科學研究中的文字探勘應用：以文意為基礎的文件分類及其問題〉，《人文及社會科學集刊》第 27 卷第 4 期，2015，頁 683-718。

黃從仁，〈大數據與人工智慧方法在行為與社會科學的應用趨勢〉，《調查研究方法與應用》第 45 期，2020，頁 11-42。

劉嘉薇，〈網路統獨的聲量研究：大數據的分析〉，《政治科學論叢》第 71 期，2017，頁 113-165。

Anastasopoulos, L. Jason, and Anthony M. Bertelli. "Understanding Delegation through Machine Learning: A Method and Application to the European Union." *American Political Science Review* 114.1 (2020): 291-301.

Benoit, Kenneth, Drew Conway, Benjamin E. Lauerdale, Michael Laver, and Slava Mikhaylov. "Crowd-Sourced Text Analysis: Reproducible and Agile Production of Political Data." *American Political Science Review* 110.2 (2016): 278-295.

Brady, Henry E. "The Challenge of Big Data and Data Science." *Annual Review of Political Science* 22 (2019): 297-323.

Carlson, David and Jacob M. Montgomery. "A Pairwise Comparison Framework for Fast, Flexible, and Reliable Human Coding of Political Texts." *American Political Science Review* 111.4 (2017): 835-843.

Cohen, Jonathan D. "Testing the Homogeneity of Voting Decision Rules Using an Adaptive Classification Algorithm." PhD diss., University of Texas at Austin, 1992.

Duffy, Gavan and Seth A. Tucker. "Political Science: Artificial Intelligence Applications." *Social Science Computer Review* 13.1 (1995): 1-20.

Ensign, Margee M. *An Analysis of Private Bank Loans to Developing Countries: The Relationship between Bankers Images and Their Lending Policies.* New York: Gordon and Breach, 1985.

Job, Brian L. and Douglas, Johnson. "UNCLESAM: The Application of a Rule-based Model of U.S. Foreign Policy Making." In Valerie M. Hudson ed., *Artificial Intelligence and International Politics.* Boulder: Westview Press, 1991, pp. 221-244.

Kersting, Kristian and Ulrich Meyer. "From Big Data to Big Artificial Intelligence?" *Künstl Intell* 32 (2018): 3-8.

King, Gary, Jennifer Pan, and Margaret E. Roberts. "How Censorship in China Allows Government Criticism but Silences Collective Expression." *American Political Science Review* 107.2 (2013): 326-343.

King, Gary, Jennifer Pan, and Margaret E. Roberts. "How the Chinese Government Fabricates Social Media Posts for Strategic Distraction, not Engaged Argument." *American Political Science Review* 111.3 (2017): 484-501.

Majeski, Stephen. "A Rule Based Model of the United States Military Expenditure Decision-making Process." *International Relations* 15.2 (1989): 129-154.

Mueller, Hannes, and Christopher Rauh. "Reading between the Lines: Prediction of Political Violence Using Newspaper Text." *American Political Science Review* 112.2 (2018): 358-375.

Park, Baekkwan, Kevin Greene, and Michael Colaresi. "Human Rights are (Increasingly) Plural: Learning the Changing Taxonomy of Human

Rights from Large-Scale Text Reveals Information Effects." *American Political Science Review* 114.3 (2020): 888-910.

Phillips, Warren R., and Margee M. Ensign. "Self-Reliance and Political Development: Simulations of Inner Environments." *International Political Science Review* 3.4 (1982): 455-478.

Simon, Herbert A. *The Sciences of the Artificial.* 2nd Edition. Cambridge: MIT Press, 1981.

Thorson, Stuart J. and Donald A. Sylvan. "Counterfactuals and the Cuban Missile Crisis." *International Studies Quarterly* 26.4 (1982): 539-571.

第二章
智慧法院的興起與其對人文社會的挑戰

林勤富 [*]

第一節　前言

　　隨著機器學習與深度學習等人工智慧技術的快速發展，演算法正逐步融入我們的日常生活，法律實務在這個「資訊科技化」的時代亦發展出許多的應用方式，包括智慧資料分析檢索系統、智慧合約審查系統、量刑趨勢建議系統、再犯風險評估系統等。而司法實務則屬於其中受矚目的領域，因為此些「資訊科技化」的具體應用場景已經從簡易的檢索服務延伸至輔助司法決策，逐漸地觸碰法律的核心價值，甚至改變司法的本質。我國的司法體系面對演算法可能帶來的衝擊，因尚未有明確具體化之應用，至今未有明確規範框架或規則雛形，然而在各種挑戰到來、甚至風險實現之前，我們應可審視當今司法實務近用演算法之實例，探討不同演算法於司法應用之形式、其影響人民權利之程度以及對於人文社會的挑戰。基此，本文首先將於第二節梳理法律實務「資訊科技化」歷史脈絡，並於第三節探討美國、中國、愛沙尼亞與臺灣不同智慧法院系統之具體應用形貌；第四節則分別從

[*] 國立清華大學科技法律研究所教授。本文之研究與撰寫，感謝清華科法研究生何冠霖、張揚理、林耘生之協助；惟文責由作者自負。

演算法與司法實務及本質等角度，提出若干智慧法院面臨的人文社會與法律問題及可能思考取徑；第五節為結論。

第二節　法律「資訊科技化」之發展脈絡

電腦在軟硬體上的進步，讓學者對法律資訊科技化、「法律機器」的未來性充滿想像，其主要用途可分為「文件存取機器」（documentary or information machine）與「諮詢或決策機器」（consultation or judgment machine）（Mehl, 1958: 759），前者如法學檢索系統的鼻祖——匹茲堡大學於 1956 年建立的賓州醫療法規檢索系統，以及建立於 1972 年、今日仍廣泛使用的「Lexis」大型線上法律檢索系統。至於諮詢或決策機器，則仍受限於當時電腦的運算能力，仍然存於理論階段。

直到專家系統（expert system）的技術開始成熟後，才為法律的資訊科技化注入了新的動能。專家系統的特點是能將知識彙整分析成結構性的規則，並透過系統化管理規則資料庫，回答與解決該領域相關之問題（Aikenhead, 1996: 33）。早期在法律領域的應用上，有像是針對公司重整案件處理的「TAXMAN」，或判斷民事訴訟勝率的「JUDITH」。不過，這些於 1970 年代開發的系統，大多仍未能投入商業市場。Richard Susskind（1987: 3）認為，這可能是因為法律專家系統不僅需要有具備部分法律知識的工程師，也需要有法律專家積極投入，但後者卻相對稀少。此外，許多法律問題不是非黑即白，需要人類專家進行審酌辯論，無法以電腦進行直觀的判斷。為了解決此問題，研究人員開始將人工神經網路（artificial neural network）技術運用於專家系統之開發，一來可以改善法律檢索系統過度依賴關鍵字搜尋之限制、還能持續學習新用語，二來則是能藉此技術，讓專家系統具備法律分析與推理能力。在 IBM 的「華生」（Watson）系統於

2011 年在問答競賽中擊敗人類選手、並朝各專業領域開放後，人工智慧於法律實務上的應用又向前跨了一步，當年學者所想像的「諮詢或決策機器」已不再遙不可及。

　　雖然人工神經網絡的發展已有數十年歷史，但以人工神經網絡為基礎的深度學習（deep learning）技術，則要到 2010 年、研究人員能取得大量高品質資料以後，加上硬體運算能力的突破，才開始廣泛投入於系統開發（Yates, 2019）。深度學習是一種利用人工神經網絡演算法、從訓練樣本中自動尋找特徵並進行學習的技術，可視為是機器學習（machine learning）的進階運用，能讓機器處理並分析大量資料，並從中習得預測、建議的能力。從法律資訊科技化的角度來看，當代的人工智慧除能提高過往檢索系統的效率與準確度之外，更能將自然語言處理（Natural Language Processing）應用於智慧法庭、裁判程序自動化、訴訟風險及結果預測等情境（Zhong, 2020; Luo et al., 2017; Yuan et al., 2019; Ye et al., 2018; Hu et al., 2018）。

　　以華生系統為基礎而開發的「ROSS」，是近期最具代表性的法律人工智慧系統，處理資料涵蓋各州法律、行政命令、法院判決以及專業文獻，且能以專家系統問答介面及智慧檢索功能，增強律師技巧及輔助論理過程。除了 ROSS 之外，其他運用人工智慧來提升法律實務工作效率的系統包括：以「企業分析」（firm analytics）、「法庭分析」（court analytics）、「法官分析」（judge analytics）與「案例分析」（case analytics）為核心功能的「Ravel Law」，以及能即時審查文件、能自動化將法律文字進行摘要的「CaseSummarizer」（Polsley, 2016; Kore et al., 2020）、協助使用者迅速撰寫法律文書的「Legal Robot」、基於區塊鏈技術的智慧合約等（Zou et al., 2021）。

　　除了商業化用途之外，政府機關也開始推動法律資訊科技化，像是廣泛使用於美國的「COMPAS」（Correctional Offender Management

Profiling for Alternative Sanctions）系統、中國上海的 206 系統、愛沙尼亞的機器人法官以及我國司法院之量刑趨勢建議系統等。以下本文就將進一步就這些系統進行介紹，並探討「智慧法院」的數個重要問題。

第三節　智慧法院的興起

近年來各國皆開始應用人工智慧技術至法院相關程序中，包含審判前的司法行政程序、審判中的決策過程、審判後的執行，或未經法院之行政處分及紛爭解決機制的過程及執行等，人工智慧的應用得以提高司法例行事務處理效率、使決策一致化或簡化專業人力負擔。實際上，我們可以將智慧法院理解為「輔助」或「取代」法院與法官特定功能的人工智慧系統，而各國在司法體系中所應用的人工智慧技術又各有其側重的領域（詳如後述）。人工智慧技術在法院的引入為傳統司法系統的一大變革，亦引起學者們對於「AI法官」（AI judge）的熱議（Volokh, 2019; Sourdin and Cornes, 2018; Kugler, 2018; Lu, 2019）。

然而，若細觀智慧法院現今應用的情形，其對於司法體系核心原則及價值的衝擊並不一致，而其引起衝擊的大小則取決於對審判過程涉入的程度。舉例來說，法院內案件分配的自動化系統，處理的是重複性高、較無裁量空間的工作，對於司法核心制度之衝擊較小；而相對於此，自動推斷犯嫌再犯率或自動化量刑之系統，則涉及價值判斷，對於人民權利義務影響極大。以下將陸續介紹各國的智慧法院應用情形，以利後續針對其人文社會與法律衝擊進行探討。

一　美國 COMPAS 系統

美國早於 2008 年便開始推動刑事司法「基於證據之決策」（Evidence-Based Decision Making）計畫，希望使用基於針對受刑人

再犯率的風險評估工具，協助判斷是否給予受刑人假釋、教化或治療等干預措施，以達到減少犯罪率與建構安全社會之目標（National Institute of Corrections, 2017），而 COMPAS 系統即為在此背景下誕生的量刑參考工具。美國 COMPAS 系統由 Northpointe 公司所開發，藉由被告刑事檔案與訪談內容進行分析，將分析結果化約為被告再犯風險量表與需求措施量表，並將被告再犯風險分為審前再犯風險、一般再犯風險和暴力再犯風險，以 1 至 10 等級進行評分。COMPAS 系統評分方式為透過被告個人資訊與類似群體進行比對，計算出被告與類似背景與經驗的群體再次犯罪的可能性，而並非表示被告個人絕對的再犯機率。雖 COMPAS 系統設計目的為提供「參考」以「輔助」法官決策，但其預測效果對於司法裁量卻可能有直接影響，且其功能更涉及刑事司法的價值判斷及政策考量，雖名為輔助，卻仍對影響司法核心價值有極大爭議。

二　中國上海 206 系統

　　中國智慧法院的應用情形主要得以從上海市的「206 系統」觀察，其應用目的為確保刑事案件偵查和起訴階段之證據符合刑事訴訟法中的準則，以改善證據適用標準不一和偵查程序不法等問題（楊敏，2018：187）。206 系統的功能範圍涵蓋相當廣泛，包含將證據判定標準與規則進行自動化、提供檢警人員證據指引清單等針對證據採集程序、形式和內容進行審查判斷的功能；亦包含提供法官相類案例的類案推送系統，及將相關法條、司法解釋與業務文件推送給辦案人員的知識索引系統等直接限縮法官裁量空間的作用（楊敏，2018：191）。另外，206 系統還有如美國 COMPAS 系統般藉由大數據資料分析犯嫌或被告再犯可能性及危險性的功能。上海高級人民法院前院長雖曾表示 206 系統僅為「智能輔助辦案」而不能代替法官、檢察官

或偵查人員（崔亞東，2019：105），然而實質上，206 系統的功能可能對法官心證產生相當重大之影響。

三　愛沙尼亞機器人法官系統

愛沙尼亞的公部門一向以高度運用及整合科技聞名，例如已於全國施行的數位身分證以及各式各樣可線上申請的政府文件。在此背景下，愛沙尼亞亦於 2019 年宣布建置「機器人法官」系統，主要用於解決事實單純的簡易小額契約紛爭、核發當事人申請的書面支付命令請求，並限制用於小於七千歐元的支付命令（Park, 2020）。機器人法官的運作，是依據當事人雙方上傳相關文件做出裁決，若當事人不服該決定亦可提請上訴由人類法官審理。支付命令的核發相較於一般訴訟程序而言重複性高且事實明確，較無涉法官裁量權的行使，對於人民法律上的權利義務影響較輕。事實上，此用於支付命令的系統為一個試驗人工智慧用於司法中的前導計畫，愛沙尼亞首席資訊長曾表示希望逐步建置司法全自動化系統，以消除人類因素的干擾，但目前規畫尚無進一步執行進度。

四　臺灣量刑趨勢建議系統

我國司法院亦於 2018 年底開始啟用「量刑趨勢建議系統」，此系統透過統計迴歸方法分析判決資料，分析各種因素對於量刑的影響力。司法院於開發時亦邀請法官、檢察官、律師、學者、相關政府機關及民間組織等，共同討論影響量刑的因素及其影響是否適當，希望在法院量刑上融入民眾法感情，並使司法更公平透明（司法院刑事廳，2018）。目前此系統供查詢之罪包含妨害性自主、不能安全駕駛、詐欺、竊盜、搶奪、強盜、殺人，及違反槍砲彈藥刀械管制條例之罪行（司法院，2018）。除了供法官審理案件作為參考外，系統亦開放

網路版供相關人士及一般民眾查詢。然而，此量刑趨勢建議系統僅為應用統計方法建議特定情形下的量刑，並非應用不透明的人工智慧技術，嚴格來說並不算是以人工智慧技術為基礎之「智慧法院」的一環。

第四節　智慧法院之人文社會與法律問題

　　許多國家的傳統司法程序正逐漸改變，若應用得宜，智慧法院將可能改善司法程序效率欠佳的問題。基於司法謹慎之本質，法院行政程序多繁雜且冗長，因此司法效率欠佳一直是多數國家司法體系欲努力解決的難題，而智慧法院將可能大幅提高未涉價值判斷之重複性事務的資源利用效率（DAmato, 1977: 1300-1301）。惟須注意者為，智慧法院雖可能提高司法效率，但亦可能對傳統司法程序造成甚大衝擊，最顯著之問題涵蓋演算法的透明性問題與固化偏見等疑慮，都將挑戰法官如何在適當近用科技輔助司法決策的同時，確實維護如正當法律程序、獨立審判以及法官論證義務等司法核心價值。然而，法律規範與社會發展並非相互箝制而係相輔相成，智慧法院所帶來的衝擊，除牽繫傳統司法程序之原理原則及其背後固有重要價值外，亦促使我們從科技與社會動態關係之角度反思，重新審視維護司法核心價值之取徑，並改善制度設計罅隙。以下分別以演算法（人工智慧）與司法為中心，探討智慧法院潛在之人文社會與法律問題。

一　演算法相關問題

（一）透明度疑慮

　　演算法遠超人類所能理解的高度運算能力（特別是深度學習演算法），所產生的不透明性，是演算法在融入司法程序中，需隨著科技發展與社會價值轉變，不斷被審視的問題。司法作為人民對其權利救

濟的最終途徑，除了確認權利義務歸屬外，藉由法庭上與法官的對話，人民能了解判決之理由、判決產生的影響以及提出救濟的途徑，且對於部分當事人而言，獲得一個可信任機關的解釋，可能比冷冰冰的判決結果重要多了，然而演算法的使用，將提高法院闡釋其判決結果的難度。詳言之，若從技術層面探討，基於深度學習的演算法可能本質上即欠缺可解釋性（explainability），且即使該演算法具備可解釋性，其解釋可能無法以常人可識讀之形式呈現，如可能需要具備微積分或基礎演算法相關知識為理解之前提，此外，追求演算法可解釋性的同時亦限制著演算法的運算能力。若於法律層面探討，演算法多為私人機構開發並擁有，因此他們得主張營業秘密而不公開演算法（Liu et al., 2019: 135; Burrell, 2016: 1）；[1] 縱使演算法提供部分司法機關所要求之必要資訊，在資訊領域知識的欠缺情況下，法官是否真能理解並闡述演算法予當事人知曉？又縱使法官已對其可得知資訊為充分說明，大部分人民是否「有可能」或「有必要」理解大量法律與演算法相關資訊？換言之，演算法於司法程序所生透明性問題，除了演算法可解釋性的技術問題外，更取決當代社會對於司法程序透明的要求程度以及對於科技的信任程度。

（二）偏見與歧視的固化

　　演算法分析大量過往判決並提供法官未來判決建議，可能固化社會既存的偏見與歧視，且相較演算法於個案正義之影響，偏見與歧視

---

[1] 關於演算法所生透明度難題，學者多以「黑盒子」稱之，依照黑盒子成因與情境之不同並可區分為「技術黑盒子」（technical black box）及「法律黑盒子」（legal black box），前者即說明一般大眾對於程式與機器學習領域的不理解，以及深度學習難以解釋之本質；後者則如本文所述，係指演算法受營業秘密條款保護而得不公開其運算過程。詳參 Liu et al., *Beyond State v. Loomis: Artificial Intelligence, Government Algorithmization and Accountability*, p. 122-141.

的影響可能更加深遠且難以避免。詳言之，偏見與歧視廣泛存在於社會並隨著時空背景而有所不同，過去社會的「理所當然」至今可能已被認為是種「歧視」。對此，國家多透過法律的修訂與司法的解釋以緩解偏見與歧視，並調節當代社會價值的前進方向。然而在弱 AI 時代下，[2]演算法無法如人類一般智慧地思考，因此演算法並無法對於偏見、歧視以及其他社會價值為有意義的判斷，而僅能依循既存之判決數據資料或其他社會與行為數據資料。換言之，演算法容易固化既存的偏見，甚至產生基於數據資料而難以察覺的隱性偏見（如對特定地區、特定種族或族群的再犯可能性判斷系統性產生第一型錯誤（Type I Error，亦即偽陽性））（Kroll, 2017: 685）。因此，運用演算法等工具輔助司法決策未來發展與應用上，除了檢討演算法技術層面的不足外，應審思當今司法體制如何正視並調和演算法所生固化現象。

（三）科技治理的可能與潛在問題

　　面對前述透明性疑慮與演算法偏見等問題，除了透過制度與規範層面緩解之外，機器學習專家亦試圖從科技治理與技術設計層面著手解決。首先，關於透明性之疑慮源於演算法可解釋性的欠缺，因此不少學者欲以「可解釋的人工智慧」（explainable AI）緩解之，並由於演算法之複雜程度以及對於可解釋性的需求與目的皆因其使用情境而有所不同，可解釋人工智慧的設計已發展出許多不同型態（Deeks, 2019: 1834-1837）。雖然可解釋人工智慧能提高演算法可解釋性，[3]

---

[2] 當前人工智慧領域依照 AI 能力將 AI 分為「強 AI」與「弱 AI」。強 AI 係指具備與人類相同智慧、可如人類一般思考與判斷者；弱 AI 係透過演算法、機器學習、深度學習等技術模擬人類思考的行為，而當今所見的 AI 皆屬弱 AI。

[3] 可解釋人工智慧大致可分為「外生」（exogenous approach）與「分解」（decompositional approach）兩種方法。外生方法又可再區分為以解釋整體模型

但亦有學者指出可解釋人工智慧強調技術上的可解釋性將會產生「透明性悖論」（transparency paradox），即誤以為揭露程式碼就能理解演算法並具備透明度（Schönberger, 2019: 195）。此外，追求演算法可解釋性與演算法的運算能力無法兼顧，少數本身即具備可解釋性的演算法之準確性通常較低，而準確度高之演算法由於須仰賴大量邏輯與運算，其可解釋性相對不足，為技術本質之問題。再者，關於演算法的偏見疑慮，常見之作法係於演算法開發階段，人為排除可能產生偏見或歧視之資訊，此雖然可能排除當前已發現以及可預見之顯著偏見問題，但並無法避免演算法產生或強化人類無法識別的隱性偏見（Selbst and Barcoas, 2018: 1109; Kroll, 2017: 685）。因此，科技治理雖可能暫時緩解演算法已發生之問題與疑慮，但須注意者為，科技治理仍有其極限，演算法仍存在技術未能解決的部分，且以科技解決科技問題可能產生其他疑慮。

二　司法面臨的挑戰

（一）法官審判獨立與裁量權

　　自第三節各國智慧法院的應用案例可發現，依各國司法體制與技術發展不同，演算法與法院間可能存在諸多模式，如：人類法官主導審判而人工智慧僅提供參考性資訊、人類法官主導審判並依法須審酌演算法提供之資訊、或直接由演算法直接為決策等不同類型。其中，直接由人工智慧為決策者，因多為不涉及價值判斷且對人民權利影響

在個案中表現，以協助確認系統決策是遵循常規的「模型中心」（model-centric）；與採用因果關係以確立各項因素對於演算法決策的重要程度，以解釋各種結果的「主體中心」（subject-centric）。分解方式亦區分為兩種，其一即是揭開機器學習模組的程式碼，其二則是製造另一系統分析原模型，但並未進入原始模型內部，提供分類結果與部分系統分類邏輯。

較小之行政處分（如交通裁罰），並無審判獨立之疑慮；[4] 然人類法官主導決策之審判中，法官近用演算法輔助其決策是否仍符合「審判獨立」之價值？依據憲法第八十條「法官須超出黨派之外，依據法律獨立審判，不受任何干涉」，即法官應作為一獨立且不受外界干涉之司法決策者，但法官不論係積極或消極地參酌演算法，演算法可能都已「干涉」法官獨立審判，詳言之，縱使法官未積極地採用演算法提供之建議，法官仍難以避免因「錨定效應」（psychological anchoring effect）（Tversky and Kahneman, 1974）而無意識地受到演算法影響。

　　法律並未規範所有可能發生的情狀，個案中需透過法官了解並認定事實後，擇定應適用之法律，並得視情狀解釋法律，此即法官裁量權之行使。裁量權之行使除了能使法律更加妥適地合乎社會的動態發展與個案正義外，亦能藉此於整體社會中塑造司法權威性。質言之，司法作為權利救濟與爭端解決的最終途徑，法官的裁量可以達到緩解與穩定的作用，尤其於重大法律、社會爭議，或涉基本人權與政府權能時，司法裁量權將扮演著不可或缺的角色。演算法的加入可能將限縮裁量權的行使。詳言之，若存在可基於大量過去判決數據資料計算出個案之「最佳判決」之演算法，法官將難以避免受限於演算法之結果，於此或許可以大幅提高判決的可預測性與一致性，然而將犧牲司法決策考量結果未來對當事人與社會影響之功能。

（二）正當法律程序（due process）與法治原則（rule of law）

　　若演算法作為司法決策過程的主要審酌依據，[5] 其透明性之欠缺

---

[4] 完全由人工智慧為決策之情狀雖較無審判獨立之疑慮，然可能與其他傳統司法原理原則或社會價值衝突，如：正當法律程序。

[5] 關於演算法是否為主要的「參考依據」，於 State v. Loomis 案例中，法官說明演算法並非其主要參考依據，然不可否認地，法官勢必受到演算法提供資訊之影

將直接衝擊正當法律程序，而演算法數據資料驅動之本質更將挑戰法治原則之實現。在司法體系中，欲實現實質正義，程序正當為必要之前提（林俊益，1999：10），而廣義正當法律程序包含國家公權力之行使應正當且公平，狹義正當法律程序則係指國家刑法權行使之程序應正當。舉刑事訴訟程序為例，受刑事追訴之被告有權暸解被起訴或處分之原因，以及對其不利證據提出抗辯或表達意見（Pasquale, 2017）。於此，若被告因演算法所提供之資訊而受刑之宣告，被告應有權對該演算法提出抗辯，然事實上卻可能受到阻礙（如前述演算法可能受營業秘密法所保護而不公開，或不具備可解釋性等問題）。被告在無法了解演算法的情況下，何有向其提出抗辯之可能？[6] 又縱使演算法公開，被告是否具備對演算法之識讀能力？此外，演算法本質上係建基於過去大量判決資料，法官參酌或依賴演算法可能已違反刑事訴訟法上基於個案認定罪責（美國憲法則保障基於個人行為之量刑（individual sentencing））等核心原則。

　　法治原則（rule of law）則係多數民主國家之核心原則，[7] 其強調沒有任何人或機關得凌駕於法律之上，以保障人民不受國家權力濫用侵害並實現公平正義，基此，法治原則之內涵包括法律適用與解釋應具備公平性、合理性、可理解性與道德指引之作用（Fallon, 1997），亦即司法除了依循形式上成文的法律外，亦包括落實司法實務之原理

響，其審酌與信任演算法之程度亦不得而知。又縱使法官之決策未受到演算法影響，演算法所提供之資訊亦可能作為法官正當化其決策之工具。

[6] 關於演算法所涉正當法律程序問題，詳可參美國案例 State v. Loomis, 881 N.W.2d 749, 754（Wis. 2016）。

[7] 易與「法治原則」（rule of law）混淆之概念為：「以法而治／法制」（rule by law）與「依人而治」（rule by man），其中「以法而治／法制」之架構下，國家雖訂有法律規範，然而法律規範多係為合理化當權者行為之工具，當權者本身並不受法所限制；「依人而治」則當權者說了算。

原則。然而，當今演算法對於法律的適用與解釋，僅係基於大量數據資料的運算，並未能理解數據資料以外之社會價值，於此，演算法欠缺對法的道德忠誠且無法認知到其受法而治。縱使我們認為法官可以作為把關者，當演算法的複雜程度已超過我們所能解釋或理解之範圍時（如深度學習），我們何以有效審視演算法之數據資料來源、運算邏輯以及產生之結果或建議是否符合法治原則？若欲確保法治原則於司法實務之價值，在解決上述問題前，智慧法院似應避免涉及價值判斷之決策，而僅得為高重複性之事務。

第五節　結論

　　隨科技進步，法律實務「資訊科技化」之發展迅速，最初的法律條文識別與資料檢索功能，雖未帶給司法實務巨大衝擊，然而近年來不同類型智慧法院系統逐漸由各國政府發展與應用，到現在深入法律意見的分析、模擬人類法官對於事實認定、法律選擇與適用，均可能衍生對人文社會及法律倫理之挑戰。在各類智慧法院系統已踏入法律核心的情況下，未來可能面臨之問題包括但不限於本文所提及之透明度疑慮、科技治理的可能與潛在問題、對法官的獨立審判與裁量權行使之影響、正當法律程序與法治原則受到之衝擊。演算法與司法實務的應用將迫使我們思考科技應用於司法程序之極限，以及司法程序中科技始終無法學習或取代的價值。最重要者為，我們須以司法韌性作為檢驗智慧法院系統等新興科技應用於司法制度之視角，重新審視司法之核心價值與基本原則，使各項價值與原則於現在的時空背景下仍有其存在的意義與功能，如此方能達成具充足科技思慮與支撐的制度設計與政策應對。

參考文獻

林俊益，〈程序優先於實體之原則〉，《月旦法學教室》第 56 期，1999，頁 10-11。

崔亞東，《人工智能與司法現代化：以審判為中心的訴訟制度改革：上海刑事案件智能輔助辦案系統的實踐與思考》。上海：上海人民出版社，2019。

楊敏，〈上海刑事案件智能輔助辦案系統〉，李林編，《中國法院信息化發展報告》。北京：社會科學文獻出版社，2018，頁 186-200。

司法院，量刑趨勢建議系統，2018，https://sen.judicial.gov.tw/pub_platform/sugg/index.html，瀏覽日期：2021 年 4 月 2 日。

司法院刑事廳，〈司法院「量刑趨勢建議系統」開放民眾使用新聞稿〉，2018，https://bit.ly/3D1fX33，瀏覽日期：2021 年 4 月 28 日。

Aikenhead, Michael. "The Uses and Abuses of Neural Networks in Law." *Santa Clara High Technology Law Journal* 12.1 (1996): 31-70.

Aspray, William. *Computing before Computer*. Iowa: Iowa State University Press, 1990.

Ben-Ari, Daniel, Yael Frish, Adam Lazovski, Uriel Eldan, and Dov Greenbaum. "Danger, Will Robinson? Artificial Intelligence in the Practice of Law: An Analysis and Proof of Concept Experiment." *Richmond Journal of Law & Technology* 23.2 (2017): 3-53.

Burrell, Jenna. "How the Machine Thinks: Understanding Opacity in Machine Learning Algorithms." *Big Data & Society* 3.1 (2016): 1-12.

DAmato, Anthony. "Can/Should Computers Replace Judges?" *Georgia Law Review* 11 (1977): 1277-1301.

Deeks, Ashley. "The Judicial Demand for Explainable Artificial

Intelligence." *Columbia Law Review* 119 (2019): 1829-50.

Fallon, Richard. "The Rule of Law as Concept in Constitutional Discourse." *Columbia Law Review* 97.1 (1997): 1-56.

Flasiński, Mariusz. *Introduction to Artificial Intelligence.* New York: Springer International Publishing, 2016.

Hu, Zikun, Xiang Li, Cunchao Tu, Zhiyuan Liu, and Maosong Sun. "Few-Shot Charge Prediction with Discriminative Legal Attributes." In *Proceedings of the 27th International Conference on Computational Linguistics.* New Mexico: Association for Computational Linguistics, 2018, pp. 487-498.

Kore, Rahul C, Prachi Ray, Priyanka Lade, and Amit Nerurkar. "Legal Document Summarization Using NLP and ML Techniques." *International Journal of Engineering and Computer Science* 9.5 (2020): 25039-25046.

Kroll, Joshua A., Joanna Huey, Solon Barocas, Edward W. Felten, Joel R. Reidenberg, David G. Robinson and Harlan Yu. "Accountable Algorithms." *University of Pennsylvania Law Review* 165 (2017): 633-705.

Kugler, Logan. "AI Judges and Juries." *Communications of the ACM* 61.12 (2018): 19-21.

Liu, Han-Wei, Ching-Fu Lin, and Yu-Jie Chen. "Beyond State v. Loomis: Artificial Intelligence, Government Algorithmization and Accountability." *International Journal of Law and Information Technology* 27.2 (2019): 122-141.

Lu, Donna. "AI Judges Make Good Calls on Human Rights Violations but Could be Gamed." *News and Technology* 243.3243 (2019): 8.

Luo, Bingfeng, Yansong Feng, Jianbo Xu, Xiang Zhang, and Dongyan

Zhao. "Learning to Predict Charges for Criminal Cases with Legal Basis." In *Proceedings of the 2017 Conference on Empirical Methods in Natural Language Processing*. Copenhagen: Association for Computational Linguistics, 2017, pp. 2727-2736.

Mehl, Lucien. "Automation in the Legal World." In *Mechanization of Thought Processes: Proceedings of a Symposium Held at the National Physical Laboratory*. London: Her Majesty's Stationery Office, 1958, pp. 755-787.

National Institute of Corrections. "A Framework for Evidence-Based Decision Making in State and Local Criminal Justice Systems." 4th Edition. State of Maryland: Center for Effective Public Policy, 2017.

Park, Joshua. "Your Honor, AI." *Harvard International Law Review* (2020), https://hir.harvard.edu/your-honor-ai/ (April 28, 2021).

Pasquale, Frank. "Secret Algorithms Threaten the Rule of Law." *MIT Technology Review (*2017), https://bit.ly/3ATF05C (April 25, 2021).

Polsley, Seth, Pooja Jhunjhunwala, and Ruihong Hunag. "CaseSummarizer: A System for Automated Summarization of Legal Text." In Hideo Watanabe ed., *Proceedings of COLING 2016, the 26th International Conference on Computational Linguistics: System Demonstrations*. Osaka: The COLING 2016 Organizing Committee, 2016, pp. 258-262.

Schönberger, Daniel. "Artificial Intelligence in Healthcare: A Critical Analysis of the Legal and Ethical Implications." *International Journal of Law and Information Technology* 27.2 (2019): 171-203.

Selbst, Andrew D. and Solon Barcoas. "The Intuitive Appeal of Explainable Machines." *Fordham Law Review* 87.3 (2018): 1085-1139.

Sourdin, Tania and Richard Cornes. "Do Judges Need to Be Human?

The Implications of Technology for Responsive Judging." In Tania Sourdin and Archie Zariski ed., *The Responsive Judge: International Perspectives*. Singapore: Springer, 2018, pp. 87-119.

State v. Loomis. 881 N.W.2d 749, 754 (Wis. 2016).

Susskind, Richard E. "Expert Systems in Law Out of the Research Laboratory and into the Marketplace." *International Conference on Artificial Intelligence and Law* 87.1 (1987): 1-8.

Tversky, Amos and Daniel Kahneman. "Judgment under Uncertainty: Heuristics and Bias." *Science* 185.4157 (1974): 1124-1131.

Volokh, Eugene. "Chief Justice Robots." *Duke Law Journal* 68 (2019): 1135-1192.

Yates, Eric. "What is the Difference Between AI, Machine Learning, and Deep Learning?" *Towards Data Science* (2019), https://bit.ly/3qfruEh (April 25, 2021).

Ye, Hai, Xin Jiang, Zhunchen Luo, and Wenhan Chao. "Interpretable Charge Predictions for Criminal Cases: Learning to Generate Court Views from Fact Descriptions." In Marilyn Walker ed., *Proceedings of the 2018 Conference of the North American Chapter of the Association for Computational Linguistics: Human Language Technologies*, Vol. 2, Heng Ji, Amanda Stent, 1854-1864. New Orleans: Association for Computational Linguistics, 2018.

Yuan, Lufeng, Jun Wang, Shifeng Fan, Yingying Bian, Binming Yang, Yueyue Wang, and Xiaobin Wang. "Automatic Legal Judgment Prediction via Large Amounts of Criminal Cases." Paper presented to IEEE 5th International Conference on Computer and Communications (ICCC), 2019, 2087-2091.

Zhong, Haoxi, Chaojun Xiao, Cunchao Tu, Tianyang Zhang, Zhiyuan

Liu, and Maosong Sun. "How Does NLP Benefit Legal System: A Summary of Legal Artificial Intelligence." (2020), https://arxiv.org/abs/2004.12158 (April 25, 2021).

Zou, Weiqin, David Lo, Pavneet Singh Kochhar, Xuan-Bach Dinh Le, Xin Xia, and Yang Feng, Zhenyu Chen, and Baowen Xu. "Smart Contract Development: Challenges and Opportunities." *IEEE Transactions on Software Engineering* 47.10 (2021): 2084-2106.

第三章
回到過去、預測未來？——介入式預測觀對於法律人工智慧系統的啟發 [*]

陳弘儒 [**]

第一節　前言

　　資料驅動（data-driven）的人工智慧系統一直是近幾年發展的主軸，例如，謝忠賢與吳重禮在第一章中指出政治學界內運用 AI 來建立預測模型的方式多數是以機器學習方式進行模擬。除了在政治學界，在法律學界內諸多 AI 系統的應用也很廣泛，例如第二章提到的智慧法院在運用判決預測系統、再犯率評估系統與預測性警務等等。在諸多人工智慧系統的運用上「預測」是一個基本目標，然而，它也是個複雜的概念。既然，諸多 AI 系統運用到預測的概念，一個有意義的課題就是「預測」到底是什麼意思？本章相較於前面幾章，所提供的不是法律人工智慧系統的概觀式說明，[1] 而是希望為各位讀者介

[*] 感謝王鵬翔老師對於本文初稿的建議與討論，筆者深受啟發。也感謝趙麗婷小姐對於文章的校對與調整。
[**] 中央研究院歐美研究所助研究員。

[1] 法律人工智慧系統的概觀式說明可以參考第一章與第二章，與本章問題意識相關聯的還有第十五章與第十六章，再請讀者多加參照。

紹介入式預測觀的基本內容，理解到底在技術層次的背後的理論觀念是什麼。

我們將以 Judea Pearl 的論述為基礎。Judea Pearl 是一位數學家也是電腦科學家，在 2011 年獲得圖靈獎。而其重要著作是 2009 年出版的 *Causality—Models, Reasoning, and Inference* 一書，該書完整地建構出對於因果推論的數學模型與概念。然而，由於該書設定在具有專門技術與知識領域的對象，例如學術工作者以及統計基礎的研究者上，一般人難以親近。之後 Judea Pearl 在 2016 年與 Madelyn Glymour 和 Nicholas Jewell 共同合著了 *Causal Inference in Statistics—A Primer* 一書。相較於 2009 年的 *Causality* 一書，*Causal Inference in Statistics* 一書更為簡明與容易入手然而仍具有一定門檻。之後，Pearl 在 2018 年出版了 *The Book of Why—The New Science of Cause and Effect*（《因果革命：人工智慧的大未來》）一書。[2] 這本書是 Judea Pearl 與 Dana Mackenzie 所合著的，兩人透過豐富的故事以及簡潔的文字向一般讀者介紹因果推論的理論基礎與發展。[3] 因果關係一直是所有知識的大課題，在法學中也是。對於世界中對象因果關係的表示方式可以有很多種，在本章中筆者所介紹的因果圖是一種較為簡單且容易理解的表

---

[2] 對於 Judea Pearl 理論的中文簡介，一本非常適當的入門文獻是王一奇所著的新書，請參考王一奇，《獅頭人身、毒蘋果與變化球：因果大革命》。

[3] 筆者非常推薦這本書作為一般讀者的入門書籍，一來進入門檻不高，Pearl 省略了統計的論述，以因果圖的方式作為主要說明，這讓一般讀者無需具備太多統計知識與符號運算的概念就可以基本掌握該書內容。當然，筆者認為 *The Book of Why* 也有不足之處，特別是第七章與第八章過於濃縮，因此有興趣的讀者可以搭配 2016 年的 *Causal Inference in Statistics* 書籍以及其他參考文獻。此外筆者也相當推薦 2005 年由 Steven Sloman 的 *Causal Models—How People Think About the World and Its Alternatives* 一書，該書運用了淺顯易懂的方式說明了因果推論的基本觀念，且書後半部大量運用具體例子進行闡述，並無太多數理模型。

示方式，但這並不排除其他方式，例如使用結構方程模型（structural equation model; SEMs）或是結構因果模型（structural causal model; SCMs）。[4] 雖然，因果圖本身也不是自給自足的，但是作為概念說明而言，[5] 它對於一般人是容易入手的方式。就此而言，本文的侷限之處在於，如果讀者有興趣需要更深入探究因果圖的意義與功能甚或操作的話，仍需要相當其他文獻的閱讀與吸收。[6]

　　本章的架構分為以下幾個部分：第一節是前言與架構說明。第二節則勾勒出預測的基本類型與運用使用假想事例，透過修改 COMPAS 的再犯率預測的例子引發讀者思考因果階梯的三個層次：觀察（observation）、介入（intervention）與反事實（counterfactuals）。第三節開始介紹介入式預測觀的意義，並指出介入跟觀察的差異何在，並回到假想的例子，說明如何反省以預測為主要設計的法律 AI 的基礎課題。第四節則是結論。

---

[4] 關於結構方程模型的介紹，中文文獻請參考王一奇，〈算計全世界〉，《另類時空圖書館：假設性思考的難題及其解決方案》，頁 103-170。而以結構方程模型表示因果模型的說明，英文文獻可參考 Joseph Halpern 2016 年 *Actual Causality* 一書的 "Causal Models" 章節。

[5] 這裡需要特別說明一點，因果圖很容易跟貝式網絡相混淆。Judea Pearl 認為，貝式網絡的資訊傳播是沒有因果方向性的，但是因果圖有。而由於文章篇幅與目的，我必須省略對反事實的討論說明如何透過因果圖的方式觀察這個世界。

[6] 有興趣的讀者，在上述書籍的可能推薦順序是：Sloman 2005 年的 *Causal Models—How People Think About the World and Its Alternatives*、Pearl 2018 年撰寫的 *The Book of Why* 與 2016 年撰寫的 *Causal Inference in Statistics—A Primer*。*Causal Models* 非常適合初學者架構起基本觀念，而 *The Book of Why* 與 *Causal Inference in Statistics* 兩書可以視為相輔相成的關係。至於 Pearl 2009 年的 *Causality* 一書有一定門檻，不適合初學者進入。

第二節　預測美麗新世界：猜猜你會不會再犯？

　　法律人工智慧系統（artificial legal intelligence system; ALI）已大量地運用在法律生活之中（Hildebrandt, 2018: 1-11），[7] 無法否認這是一個趨勢。在這個趨勢中，諸多系統的高預測率往往是吸引使用者運用的主要理由，例如判決預測系統、再犯率評估與預測性警務等等。[8]

　　「預測」是誘發探索世界的動力之一。然而，它也是個複雜的概念。至少有三種使用預測的脈絡可以釐清。第一種脈絡是，預測可能跟猜沒有兩樣。例如，章魚保羅預測德國在歐洲足球錦標賽的結果。[9] 或者是，使用擲筊方式預測自己的婚姻未來是否美滿等等。這種預測有非常豐富以及重要的社會學與文化哲學的探討，但不是本文的重點。第二種預測的脈絡呈現出一種資料間的比較。例如，小明自己身為醫生，但他不知道如果和女朋友小花（身分是藝人）結婚，未來的生活是否會幸福美滿。姑且不論小明對於幸福美滿的定義是什

---

[7] 這個詞來自於 Mireille Hildebrandt，請參考 Mireille Hildebrandt 撰寫之 "Algorithmic Regulation and the Rule of Law" 一文。

[8] 就判決預測系統而言，國立清華大學的林昀嫻與王道維老師開發了子女親權的判決預測系統，而國立臺灣大學的黃詩淳老師亦有多篇專門論著。預測性警務之應用的哲學反省則有洪子偉與顏均萍的研究。而再犯率評估最有名的則是美國的 COMPAS 系統，林勤富、陳玉潔與劉漢威也有非常深入的探討。相關研究中文文獻可參考：黃詩淳、邵軒磊，〈以人工智慧讀取親權酌定文本：自然語言與文字探勘之實踐〉，頁 195-225，以及黃詩淳、邵軒磊，〈人工智慧與法律資料分析之方法與應用：以單獨親權酌定裁判的預測模型為例〉，頁 2023-2073；英文文獻請參考 Liu, Lin and Chen, *Beyond State v. Loomis: Artificial Intelligence, Government Algorithmization, and Accountability*, pp. 122-141，以及 Yen and Hung, "Achieving Equity with Predictive Policing Algorithms: A Society Safety Net Perspective," pp. 1-16。

[9] 維基百科，〈章魚保羅〉，請見網址：https://bit.ly/3qenHqX，瀏覽日期：2021 年 7 月 13 日。

麼，小明可能會詢問身邊朋友的意見，也可能會開始收集是醫生且已跟藝人結婚的例子，然後算一下屬於幸福美滿的比例高不高，藉以預測未來的可能性。第二種預測似乎有一些根據（grounds），藉由著資料收集判斷未來的可能走向。第二種預測其實存在於我們日常生活之中，例如一早起床看見濃霧，預測接下來一天都是好天氣、看見大水螞蟻就認為將要下大雨了等等。我們可以將第二種預測稱之為關聯性預測（associative prediction）：如果看見 X，Y 會出現。第二種預測雖然常出現在日常生活中，但是有時候我們可能仍不滿意。例如小明心想，是我自己要結婚的，而我結婚的理由跟其他醫生朋友可能不一樣，因此如果我結婚的理由跟他們不一樣，會不會有不一樣的結果呢？這第三種類型的預測是一種更為複雜的脈絡，因為小明想著：「如果是我自己決定要結婚，這意味著影響我婚姻美滿與否的因素可能會跟其他人不一樣？如果有不一樣，那結果也會不一樣嗎？」我們可以將第三種脈絡的預測稱為介入式預測（interventionist prediction）。

　　讓我們用下面的假想例子思索法律人如何向人工智慧系統給出有意義的提問。

　　A 國的法律規定任何受刑人的假釋都必須由法官直接審理，其假釋准否的判斷要件之一就是受刑人出獄後的再犯可能性。A 國並未明定再犯可能性要如何判斷，歷年來都是交給法官自己判斷。甲是一位認真的法官。剛開始時，甲對於手上假釋的案件，都很猶豫，因為他不知道如何判斷受刑人的再犯可能性。隨著時間一久，甲根據過往審慎判案的經驗以及自身對於受刑人的感覺，越來越有一套無以言喻的判斷標準。

　　後來，A 國採納了一套 AI，稱之為 COMPAS PLUS（簡稱C+）。甲雖然不知道這一套系統如何運作，但是他知道 C+ 系統在受刑人再犯率的判斷上會考量幾個因素，例如受刑人第一次犯罪之年

紀、暴力犯罪史、職業、教育程度、違規紀錄以及申請時的年紀。雖然甲不知道系統如何運作，但是甲很高興，心想，「哎啊，這比我猶豫不決時用擲筊來判決還要好。至少我知道它考慮了哪些因素。」

有一天當甲在審理乙的假釋時。乙是國小畢業、沒有固定職業、違規紀錄不斷，暴力犯罪史普通，而乙的再犯可能性分數被 C+ 評比為很高的再犯可能性。然而，在審理過程中，乙很明確地告訴甲：「庭上，我在獄中努力工作與存錢，已經存了一筆數目可以供我開公司。我會自己當老闆，好好重新做人。請庭上許可我的假釋。」此時，甲愣了一下，他第一次聽到受刑人說我會自己開公司的。他的內心猶豫了一下，不知道該如何判斷？甲再次將乙的資料輸入到 C+，C+ 依舊回應乙的再犯率分數很高，建議駁回假釋。甲猶豫不決？此時，甲向他的好友丙求助，甲向丙表示，C+ 是個人工智慧系統，可以問它許多問題，我要如何進一步向 C+ 提問呢？丙向甲說，很簡單啊，你就問 C+，如果乙有自己的工作，會不會改變了他出獄後的再犯可能性？甲回應說，我知道這個問題啊，但是 C+ 既然是一個資料驅動（data-driven）的電腦，它一定有計算過這個問題吧。丙反問甲：「你真的知道這個問題背後的意義嗎？」

要理解丙對甲的疑惑，需要具備兩種概念工具：第一是因果推論的三層階梯。第二是資料間（data）的可能關係。

因果關係的學習必須掌握三個階層的能力：觀察（seeing/observation）、介入（doing/intervention）與反事實（counterfactuals）。

觀察是指探詢環境中的規律，規律不必然是原因與結果的關係，但是學習者可以掌握，當我看到 X 之後，Y 可能會是怎樣？這種能力也不是人類所獨有的，一般動物也具有觀察的能力，例如貓看見老鼠跑進第一個洞，預期獵物會從第二個洞出來。

而介入則是與觀察不一樣的能力，介入簡單來說是指改變原本的

狀態（changing what it is），典型的提問方式是「如果我做了 X 之後，會不會讓 Y 發生？」或者是「我要怎麼讓 Y 發生？」介入是指當刻意改變環境時，然後預測此種改變的效果是什麼。其所要回答的問題是：刻意改變環境的行動會產生何種效果？一般預測介入行動所產生的效果是來自於精心設計的隨機控制實驗。然而，Judea Pearl 指出，除了透過實驗（experiment）方式，另一個方式就是以強健且精確的因果模型（a sufficiently and accurate causal model），讓我們可以直接從第一階層所收集到的資料去回答第二階層的問題。

　　反事實（counterfactuals）是指回到過去，改變過去既有的環境，然後思考，如果當時我做了 X，現在會發生什麼事情？反事實在相關哲學討論上有非常豐富的資料可以探詢，但由於這非本文重點，因此

表 3.1：因果階梯的三個階層

階層／符號表示	典型行為	典型提問	範例
關聯／ P（y｜x）	看見	1.這是什麼？ 2.看見 X 會如何改變我對 Y 的信念？	1.這個病徵告訴我哪些疾病的資訊？ 2.民意調查告訴我哪些選舉結果？
介入／ P（y｜do（x），z）	實行／ 介入	1.會怎樣？ 2.如果我做 X 會怎樣呢？	1.如果我吃阿司匹靈，我的頭痛就好了嗎？ 2.如果現在禁止吸煙會發生什麼結果？
反事實／ P（y_x｜x',y'）	想像／ 回溯	1.為什麼？ 2.造成 Y 這個結果的原因是 X 嗎？ 3.如果我有不一樣的行為，現在會是怎樣？	1.是剛剛吃的阿司匹靈讓我的頭不痛嗎？ 2.如果奧斯華沒有殺甘迺迪，甘迺迪會不會還活著？ 3.如果過去兩年我都不抽煙，會是怎麼樣？

表格來源：Judea Pearl

僅能暫略不論。[10] 透過反事實的因果關係推論是人類與其他動物相異的關鍵差異，它賦予了我們得以去想像一個與過去已發生但不一樣的世界，並且在那個世界進行推論，進一步與我們所處的世界相比較，所以 Pearl 說，「位於因果階梯頂端的反事實，說明了我為何強調它們是人類意識演化的一個關鍵」（Pearl and Mackenzie, 2018: 34）。

表 3.1 取自於 Judea Pearl 的 "Theoretical Impediments to Machine Learning With Seven Sparks from the Causal Revolution" 一文，說明了因果階層的三個階層。[11]

第一層的觀察似乎是一種很初階的能力。雖然，觀察事物之間的關係是人類與其他動物所共同擁有的能力。但是，Judea Pearl 認為，很多事物是無法做隨機實驗，例如你無法要人吸煙或不吸煙、社會政策的實行多數也無法隨機實驗，因此如果有縝密的因果模型，便可從由觀察所獲得的資料來回答第二層次的問題。Pearl 並未否定資料的重要性，但是他認為光是資料不足以帶領我們登上因果階梯的第二層（Pearl and Mackenzie, 2018: 352）。[12] 也因此為了要適當理解資料間的關係，必須要進一步說明資料是如何產生連結的。

想像一下，世界是一個或多個網絡所組成。網絡內彼此是透過節點（nodes）聯繫在一起。現在有個方式讓我們收集到某些資料（data），或是變項（或變元／variables）。我們在大腦中可以對於現實世界中收集到的資料架構起某一種特定網絡，藉以理解這個世界。

---

[10] 有興趣的讀者，請參考王一奇 2019 年的《另類時空圖書館：假設性思考的難題及其解決方案》一書。

[11] Pearl, Judea, "Theoretical Impediments to Machine Learning With Seven Sparks from the Causal Revolution."

[12] 在這個意義上，Judea Pearl 對於以資料驅動為主的機器學習技術有蠻強烈的批判。

　　在上述簡短說明中，兩個節點（nodes）可以形成一個網絡（network），例如「X-Y」，X 與 Y 是節點的代號，而「-」則是 X 與 Y 的邊（edge）。我們可以箭頭來表示 X 對 Y 的影響力，用以下方式表示「X → Y」，這意味著 X 影響 Y。一旦有兩個節點與一個邊則成了一個網絡，那麼三個節點兩個邊則形成了一個連接（junction），例如 X → Y → Z。

　　當我們將連接的邊賦予方向性之後，連接可以有三種類型，分別為鏈（chain）、分岔（folks）跟衝突（collider）（Pearl and Mackenzie, 2018: 112-116）。

　　X → Y → Z 所呈現的連接型態稱之為鏈（chain），這意味著 X 對 Y 有影響，Y 對 Z 有影響，而 X 對 Z 的影響是透過 Y 來傳遞的。一個簡單的例子是「起火→冒煙→煙警器」，煙警器會不會響取決在有無煙霧出現，而冒煙與否則是取決在有無起火。鏈的連接型態有幾個特性：第一、X 的資訊是透過 Y 而傳遞到 Z，這意味著 Y 可以將 X 要給 Z 的資訊給隔離起來。第二、可以僅觀察 Y 而知道 Z 的效果是什麼，不需要進一步觀察 X。這會節省我們的注意力成本。進一步可以將 Y 條件化，譬如比對有煙霧與無煙霧的例子確認煙警器是否有壞掉或者不敏感等等，藉以調整我們對於煙警器的置信程度。鏈的這種連接型態在日常生活常常出現，它可以關注到應該需要關注的資訊，例如當需要關注煙警器有無作用時，我們可以僅需關注有無煙出現，並不需要關注有無起火。

　　第二種資料連接的型態稱之為分岔（folks），例如 X ← Y → Z。這意味著，Y 對於 X 有影響，Y 對於 Z 也有影響。在這種單純的分岔連接型態中，Y 通常被認為 X 跟 Z 的共同原因，或是干擾因子（confounding factor）。一個常見的例子就是閱讀能力（X）跟鞋子大小（Z），與年紀（Y）的關係。年紀越大的兒童鞋子尺寸越大，

閱讀能力也越好。因此，如果我們僅看到鞋子尺寸與閱讀能力會發現到兩者有正相關，但是當我們以年紀執行條件化時（挑選出某一個年齡階層的幼兒資料），會發現到鞋子尺寸跟閱讀能力沒有相關性，也因此 X 跟 Z 的假性相關性可以透過對於 Y 執行條件化而消除。

　　第三種資料連接的型態稱之為衝突（collider）或是對撞，呈現為 X → Y ← Z。我們使用以下例子說明。「特殊音樂天分→獎學金←卓越學業成績」。假設某間學校給予獎學金（Y）的標準有兩個，一個是音樂天分（X），另一個是學業成績（Z）。假設音樂天分跟學業成績沒有任何關係。因此，看整間學校的學生中的音樂天分跟學業成績的，會看不出兩者的關係。但是，如果僅挑出有獲得獎學金的人（以獎學金執行條件化），那麼會傾向認為音樂天分（X）跟學業成績（Z）會有關係：負相關。似乎音樂天分好的人，成績就會不好，成績好的人音樂天分就不高。

　　Pearl 認為上述三種的網絡連接（junction）方式是一把鑰匙，可以協助我們開啟看到世界的門。筆者也認為善用這三種連接所架構起的因果圖的確具有相當解釋的功能。[13] 這三種連接方式搭配著適當的概念工具，讓我們可以對於資料與資料間的關係有更清楚表達。此外，因果圖的好處之一就是協助我們理解在分析資料上的假設（assumption）是什麼，然後去檢驗這些假設是否成立，以確保後續的推論是否成立（Pearl and Mackenzie, 2018: 112-116）。

　　讓我們以上述三種連接的類型說明第二節所舉的 C+ 再犯率預測系統的例子。假設 C+ 是奠基在美國的 COMPAS 系統，那麼根據 COMPAS 在其使用手冊之中，所提及的再犯風險指數的評估因子有下

---

[13] 就筆者的研究例子而言，例如對於美國憲法解釋理論、法治要素的研究以及個人守法機制的研究上，筆者已使用因果圖的表述方式表達相關概念。

列幾項（為了方便起見，筆者將職業與教育程度給分開）：[14]

- 被告在接受評估時的年紀（a）
- 被告初次被逮補年紀（a_{first}）
- 暴力犯罪史（$h_{violence}$）
- 教育與職業程度（v_{edu}）
- 違規紀錄（h_{nc}）

而其所建構的再犯風險指數的公式為：$S=a(-W)+a_{first}(-W)+v_{sdu}W+h_{nc}W$。W 是權重，這個權重是透過演算法所算出來的，而每項因子的權重都不一樣。[15] 我們可以將上述的再犯風險指數的公式透過因果圖表現出來，如圖 3.1。[16]

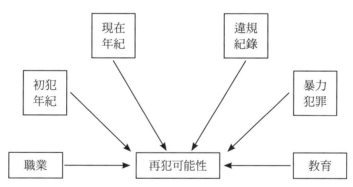

圖 3.1：COMPAS 的再犯可能性的因果想像（1）

圖片來源：本文作者自行繪製

---

[14] Northpointe, *Practitioners Guide to COMPAS Core*, pp. 28-29.

[15] COMPAS 實際上有指出，此類的預測系統在特殊情形下會算出不合理的再犯風險指數。但這不是目前筆者所關心的議題，因此姑且不論。

[16] 需要特別說明的是，COMPAS 並未說明上述這幾種特徵之間的關係。也因此筆者必須保留一種可能性，修正圖 3.1 跟圖 3.2 因果圖的可能。此外，筆者在此處所關心的是我們如何思考變項之間的關係，而不是 COMPAS 系統的正確性。

　　如果圖 3.1 是這個公式所展現出來的因果圖像的話，這意味著六個風險因子彼此獨立，對於再犯可能性的這個依變項的判斷是各自影響的。然而，我們必須要思考這種假設是否成立？因為，職業、教育與違規紀錄可能彼此會有關係。經過修正之後，我們可以畫出圖 3.2 的因果圖來呈現 COMPAS 內資料間的可能關係。

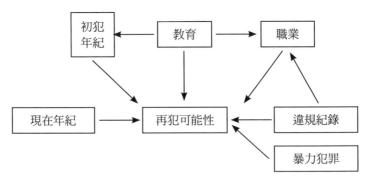

圖 3.2：COMPAS 再犯可能性的因果想像（2）

圖片來源：本文作者自行繪製

　　這一個修正的圖 3.2 展現了跟圖 3.1 不一樣的因果結構的想像，或許更貼近真實的世界。先不論一個人的再犯可能性是否真的跟這六個風險因子有關。一個人的職業跟他的教育程度會有關係，而職業的選擇跟他的違規紀錄可能也會相關，例如有些企業主會確認受僱者的安全背景，而教育可能也會影響初犯的年紀。從這個角度來看教育不僅僅會直接影響再犯可能性，它也會透過初犯年紀影響再犯可能性的評估（因為會有一條因果路徑是從教育→初犯年紀→再犯可能性），此外也有另外一條因果路徑讓教育影響再犯可能性（教育→職業→再犯可能性）。再者，違規紀錄可能會透過職業影響再犯可能性（違規紀錄→職業→再犯可能性）。上述都是鏈（chain）的關係，但是有一條衝突的路徑，那就是教育→職業←違規紀錄。因此，這個因果圖的

想像讓我們不能夠以職業來執行條件化，因為以職業執行條件化，會開啟了教育與違規紀錄的資訊流通。善用因果圖的好處之一是我們可以更加了解自身的假設，然後檢證假設是否成立。

至此為止我們說明了資料間可以具有的關係（連接的類型），但是在描繪資料間的關係（架構起因果圖）是不可以隨意架構的，換言之，因果圖是否正確，仍是取決於仍是取決於對資料的檢視。這一點很重要，因果圖需要搭配著資料確認其正確性與否。第二、我們不能單由資料區分兩種不同的因果路徑，例如 X → Y → Z 跟 X ← Y ← Z 在資料處理上是一樣的，但是因果路徑（或是故事）完全不一樣。

當我們對於所收集到的資料架構起正確的因果結構之後，是否就可以妥適預測某一個變項的效果呢？答案是否定的。對於資料進行妥適處理與架構起因果想像是第一步，然而我們似乎仍然沒有辦法回答第二節中甲法官所面臨的問題。因為當乙向甲說：「我希望自己當老闆，重新做人。請庭上許可我的假釋聲請。」到底是什麼意思呢？當丙向甲提議說：「你就問 C+，如果乙有自己的工作，會不會改變了他出獄後的再犯可能性？」這到底是什麼意思呢？這從因果圖以及本節的說明中找不到答案。這便將我們帶入介入的基本觀念。

從上述說明可以確定一個基本出發點：即便擁有很多資料，使用資料的人仍需要對於資料間呈現何種關係具有一定的理解框架，並且確認這個理解框架的假設以及結構正不正確。

第三節　介入式預測觀簡介：法官甲要如何向 AI 提問？

然而，對於資料描繪出適當的因果結構仍未說明觀察（observation）與介入（intervention）之間的差異。介入式因果關係

是 Judea Pearl 的理論重點，其運用 Do-Calculus（Do 運算子）的理論來展現。但本文並不介紹 Pearl 的 Do 運算子，而是著重觀察與介入的差異。[17]

在「因果革命」一書中 Judea Pearl 利用了行刑隊說明了因果階梯的相異之處。我將例子稍微改寫如下：有個囚犯即將被行刑隊處決，行刑隊有兩個士兵：A 跟 B，A 跟 B 會聽命於行刑隊隊長的命令，而行刑隊隊長只會聽法務部的命令。假設，A 跟 B 槍法很準，他們只要其中一個人開槍，囚犯就會死亡，且 A 跟 B 只會聽從隊長的命令，只要隊長一下令，A 跟 B 一定會同時開槍。此外，隊長會同時向 A 跟 B 下命令。我們可以將上述故事的因果結構簡單描繪如下：

從圖 3.3 的因果圖，可以得出以下推論。觀察到囚犯死亡的狀態，那麼 A 跟 B 一定有開槍，由於 A 跟 B 會聽命於隊長，所以可以推論隊長已下達命令，而隊長僅聽命於法務部的命令，所以法務部一定也有下命令。資料的取得加上適當的因果圖示可以讓我們若僅觀察到囚犯死亡的結果時，推論以上的過程。

而圖 3.3 的因果結構之中，告訴我們槍手 A 開槍是聽命於隊長的命令，換言之 A 的行動（開槍／不開槍）取決於隊長是否有下命令。但是，如果我們問的問題是「如果槍手 A 不等隊長的命令，自己決定要開槍的話，結果會是如何呢？」當我們問這個問題時，我們其實已經蘊含著介入預測觀。首先，由於是槍手 A 自己要開槍，因此我們這個問題背後的因果結構圖呈現為下圖 3.4：

---

[17] 筆者認為反事實雖然處於因果推論的最高一階，但是一般人較容易掌握反事實與其他因果階梯的差異，但是介入與觀察的差異似乎較難以掌握。

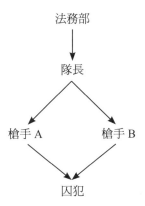

圖 3.3：行刑隊的因果想像（1）- 觀察

圖片原始來源：朱迪亞‧珀爾（Judea Pearl）、達納‧麥肯錫（Dana Mackenzie）著，甘錫安譯，《因果革命》（*The Book of Why: The New Science of Cause and Effect*），頁 47。作者稍加修改，行路出版授權使用。

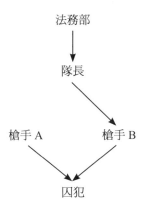

圖 3.4：行刑隊的因果想像（2）- 介入

圖片原始來源：朱迪亞‧珀爾（Judea Pearl）、達納‧麥肯錫（Dana Mackenzie）著，甘錫安譯，《因果革命》（*The Book of Why: The New Science of Cause and Effect*），頁 48。作者稍加修改，行路出版授權使用。

　　圖 3.4 刪除了隊長對於槍手 A 的線。因此，圖 3.4 呈現的因果想像是，在「槍手 A 自行決定開槍」的那個世界，槍手是不受隊長命令的影響。其次，我們繼續維持其他部分的節點的因果結構。在這樣的世界中，槍手 A 是我們要介入的變元（variable），要固定它的值（fix its value），讓槍手 A 維持在「開槍」，但是因為是要讓槍手 A 自行決定開槍，所以必須做兩件事：第一、刪除隊長對於槍手 A 的因果影響力（刪除隊長到槍手 A 的箭頭）。第二、繼續維持槍手 A 以下的各個節點間的關係。最後，預測在這樣的世界中，若 A 自行不開槍，則囚犯會不會死亡。

　　介入的概念就是選定所要控制的變元（槍手 A），然後消除原本對這個控制變元有因果影響力的母節點對這個變元的影響，然後其他部分維持不變，進而預測這個被控制的變元對於所要預測之結果（囚犯是否死亡）的因果影響力有多少，這是介入式預測觀的基本概念。因此，若要適當地預測介入手段的效果除了要讓槍手 A 開槍之外，一個很重要的條件是要維持其他的變項間的關係不變。

　　因此，所謂的介入跟以某個變元執行條件化（conditioning）不一樣。當要介入槍手 A 是否開槍時，我們是消除掉所有指向槍手 A 的上級變元對於 A 的影響。但是以 A 有開槍執行條件化是看到 A 有開槍的這一個條件中的所有資料，我們並未改變因果結構，而是僅看到 A 有開槍這一個選項中的所有資料而已。Pearl、Glymour 以及 Jewell 在 *Causal Inference in Statistics—A Primer* 一書中給予了一個精確的說明，他們說：

　　　希望介入某個變元跟條件化那個變元的差異是很清楚的。當
　　　我們介入某個模型內的變元時，我們固定它的值。我們是改
　　　變這個系統。而其他變元的值通常也會隨之改變。然而，當

我們條件化某一個變元時，我們並沒有改變任何事情。我們
僅是將我們的研究對象縮小到一個我們有興趣的變元的子集
之中而已。在這裡所改變的是我們對於世界的知覺而已，而
不是改變世界本身。（Pearl, Glymour, and Jewell, 2016: 54）

　　因此，如果僅滿足於觀察資料的話，可以運用的預測是具有侷限
性的。因為，不同的地區或是脈絡下所收集到的資料會有侷限性，它
們背後的故事不一樣。如果我們想要讓人工智慧真的是某種意義下的
智慧，那麼思索介入式預測觀會是一個必經之路。

　　回到文章所提的再犯率預測的例子。乙向法官甲表明：「我會自
己當老闆，重新做人。請庭上許可我的假釋聲請。」甲可能有幾種選
擇。

　　第一、甲就依照乙現有的所有資料輸入 C+，讓 C+ 藉由著大數據
算出乙的再犯可能性，然後依照 C+ 的再犯可能性分數來評估。結果
是否決乙的假釋。

　　第二、甲向 C+ 問了以下這個問題：「『乙可以自己當老闆』的
這個決定是否會改變你剛剛的分數計算呢？」C+ 可能會有以下兩種
回應：（一）它回應甲：「那我利用『自己過去是老闆』的資料庫算
算乙的再犯可能性」。或者，（二）它回應甲：「由於是甲自己決定
要開公司的，因此他的教育跟違規紀錄原本對於再犯可能性的判斷會
透過職業而有所影響。你這個問題讓我必須刪除『教育→職業』以及
『違規紀錄→職業』的兩條箭頭，重新計算乙的再犯可能性。」

　　我們大概不希望甲採取第一種方式，因為第一種方式可能根本沒
有資料與資料間的因果想像。我們可能希望 C+ 可以至少有上述（一）
的回應，但是 C+ 的「預測」可能不精確，因為（一）沒有處理到介
入的概念。（一）的處理方式主要是將資料分群，然後取出類似之變

項來推估。或許我們最希望 C+ 可以做到（二）的回應。這表示，C+
在計算乙的再犯率時，必須將原本會影響乙職業選擇的因果影響力給
刪除，包含了教育跟違規紀錄對於職業的影響給剔除，然後評估職業
對於再犯可能性的效果有多大，並且最終將假釋與否判斷將由甲來決
定。透過適當的介入預測觀的建立，我們至少可以更清楚地知悉推論
的基礎與過程可以如何被建構起來。這雖然是一小步，但至少是清晰
的一步。

　　需要注意的是，運用人工智慧系統本身就是介入。有越來越多的
法律人工智慧系統被用來干預行動者的因果結構，例如希望透過判決
預測系統來減少爭訟（改變行動者提告的比例），例如高效率執法系
統改變行動者對於違法的比例等等。更進一步思考，由於法律本身就
是一種介入手段，也因此立法者必須在立法前就具備「法律究竟要干
預何種變元的因果想像」，然後思考以法律作為干預手段時所可能產
生的預期效果為何。從這個角度來看，干預式預測觀是立法者要進行
有效管制的重要概念工具，而法律能否能夠有效地達成要管制的效果
很大程度上取決在立法者是否能夠具有良好的因果結構想像能力。

第四節　期許一個美好新未來？

　　以資料驅動為主的人工智慧技術在許多層面上給予我們驚奇的表
現。的確，透過收集資料、選擇分析方法、分析資料中的規律、針對
特徵進行建模、選擇演算法、在既有模型上最佳化以及評估模型的效
果，可以在特定領域中建立某種功能履行良好的人工智慧系統。資料
具有重要性，筆者並不反對這個主張，但是筆者希望更進一步提出僅
有資料是不夠。許多資料與個人隱私息息相關，大量資料不僅是個技
術課題，也是個法政的課題。要超越資料本位，我們必須讓人工智慧

可以操作介入與反事實的概念。也因此，我們要更進一步思考，有資料之後該怎麼辦？

資料給予了我們對於世界相貌的素材，但是世界會長成怎樣以及應該如何發展絕不是光有資料就已足夠，這是這一篇文章所希望傳達的關鍵訊息。相對於需要更多的資料，或許我們需要更多理論或是更多堅實論述的模型，讓我們得以對於世界長成何種面貌擁有更適當的概念工具與結構。「Mind over Data」（心靈勝過資料）是 *The Book of Why* 在前言的標題，適當地總結出我們人類與機器的互動位置。

因此，關注於因果結構的問題一方面除了有展望未來發展趨勢的意義之外（告訴我們可以如何發展人工智慧的技術），另一方面對於人機互動也具有相當意義。可能有人認為，AI 法官很不錯，因為沒有偏見，不會受到感情影響等，應該會更受到一般人的愛戴。但是，根據最新的一份實證研究表示，一般人認為真人法官比 AI 法官判案還要更加公平一點，然而研究者也認為這種「公平性落差」（fairness gap）是可以透過增加聽證程序或是 AI 法官的可解釋性加以彌補的（Chen, Stremitzer, and Tobia, 2021）。這意味著關注人工智慧的可解釋性具有相當意義，因為這不僅是工程學界要自我克服的難題而已，也是若要適當建立起人機互動之信任關係的重要基礎。透過本文所簡介的因果圖的概念，在反省人工智慧系統的可解釋性的脈絡時至少有兩個層次的問題可以提出：第一層次是針對系統運作的內部，我們要問的是系統內部架構起的資料間的關係是如何？我們是向系統提出何階層的因果問題？第一層次的問題要求著系統設計者必須理解該系統建置後的使用範圍與界線，因為他必須理解系統要回答何種問題，而不僅是關注於系統的功能履行與效能表現而已。第二層次的問題是，是當系統要被使用時，我們要問的是系統如何介入原本的環境之中。換言之，我們希望當使用者適當詢問系統問題得到回覆之後，這個得

到回覆（系統產生的介入）會如何改變他原本的行動結構而產生預期的效果？要思索共善議題我們必須要從這個角度出發，才有辦法妥適評價人工智慧系統的應用。

　　人工智慧系統在社會各領域的應用或許不一定會涉及到上述的深刻問題，但是應用在法律上，會！答案很簡單：法律是具有規範性的對象。已故的法哲學家 Ronald Dworkin 在「法律帝國」一書中指出：「法律行動無可避免有著道德面向，因而永遠有著某種獨特形式的公共不正義的危險。法官非僅必須決定誰應該擁有什麼，而且還必須決定誰循規蹈矩、誰盡了公民責任、以及誰刻意或因貪婪或感覺遲鈍而無視自己對他人的責任，或誇大別人對他的責任。如果這樣的判斷不公平，社群就會對成員中的某個人造成道德傷害，因為該判斷在某種程度上或向度上為他貼上了不法之徒的標籤。當某個無辜的人被判定為犯罪，這種傷害達到了極致，但是當擁有有效請求權的原告被拒於法院之外，或被告帶著不應得的污名離開法院時，這樣的傷害亦為十足嚴重。」（德沃金，2002：2）Dworkin 的這段話寫於 1986 年，當時他正在跟法律實證主義對於法律的概念、法律論證的特質進行學術交鋒，他的整全法理論的訴求對象是以法官為主，提醒法官法律裁判的政治道德責任。

　　正是因為法律具有規範性，我們不僅需要審視法律人工智慧系統的技術性課題，也必須要思考適用一個適當系統帶來的影響會是什麼？若是本文所簡介的基本觀念可以為在應用法律人工智慧開啟一個新的反思可能，那目的便已經達成。

參考文獻

王一奇，《獅頭人身、毒蘋果與變化球：因果大革命》。臺北：三民書局，2021。

王一奇，《另類時空圖書館：假設性思考的難題及其解決方案》。臺北：國立臺灣大學出版中心，2019。

朱迪亞・珀爾（Judea Pearl）、達納・麥肯錫（Dana Mackenzie）著，甘錫安譯，《因果革命》。新北：行路出版，2019。

黃詩淳、邵軒磊，〈以人工智慧讀取親權酌定文本：自然語言與文字探勘之實踐〉，《國立臺灣大學法學論叢》第 49 卷第 1 期，2020，頁 195-225。

黃詩淳、邵軒磊，〈人工智慧與法律資料分析之方法與應用：以單獨親權酌定裁判的預測模型為例〉，《國立臺灣大學法學論叢》第 48 卷第 4 期，2019，頁 2023-2073。

維基百科，〈章魚保羅〉，https://bit.ly/3qenHqX，瀏覽日期：2021 年 7 月 13 日。

羅納德・德沃金（Ronald Dworkin）著，李冠宜譯，《法律帝國》。臺北：時英出版社，2002。

Chen, Benjamin, Alexander Stremitzer, and Kevin Tobia. "Having Your Day in Robot Court." *UCLA School of Law, Public Law Research Paper* 21-20 (2021), https://ssrn.com/abstract=3841534 (July 13, 2021).

Hildebrandt, Mireille. "Algorithmic Regulation and the Rule of Law." *Philosophical Transactions of the Royal Society A: Mathematical, Physical & Engineering Sciences* 376.2128 (2018): 1-11.

Joseph Halpern. "Causal Models." In *Actual Causality*. Cambridge: MIT Press, 2016, pp. 10-20.

Liu, Han-Wei, Ching-Fu Lin, and Yu-Jie Chen. "Beyond State v.

Loomis: Artificial Intelligence, Government Algorithmization, and Accountability." *International Journal of Law and Information Technology* 27.2 (2019): 122-141.

Northpointe. "Practitioners Guide to COMPAS Core." *Equivant* (2015): 28-29, https://perma.cc/DWK4-KBWP (September 26, 2022).

Pearl, Judea and Dana Mackenzie. *The Book of Why—The New Science of Cause and Effect.* New York: Basic Books, 2018.

Pearl, Judea, Madelyn Glymour, and Nicholas Jewell. *Causal Inference in Statistics—A Primer.* Chicester: John Wiley & Sons, 2016.

Pearl, Judea. "Theoretical Impediments to Machine Learning With Seven Sparks from the Causal Revolution." (2018), https://ftp.cs.ucla.edu/pub/stat_ser/r475.pdf (September 26, 2022).

Pearl, Judea. *Causality—Models, Reasoning, and Inference.* New York: Cambridge University Press, 2009.

Sloman, Steven. *Causal Models—How People Think About the World and Its Alternatives.* New York: Oxford University Press, 2005.

Yen, Chun-Ping and Tzu-Wei Hung. "Achieving Equity with Predictive Policing Algorithms: A Society Safety Net Perspective." *Science and Engineering Ethics* 27.3 (2021): 1-16.

第四章
人工智慧理財的美麗與哀愁

楊岳平 *

第一節　前言

　　現代投資產品有其專業性與複雜度，使得許多投資人不容易選擇適合自己的投資工具，而傳統投資顧問服務又需要一定的資力才能使用。理財機器人（又稱為自動化投資顧問服務）在此背景下應運而生，它運用演算法技術與大數據分析，可以根據投資人的特性與投資偏好為投資人提供投資組合建議。與傳統投資顧問相比，理財機器人可能更理性、更專業、更快速，也可以提供全天候的顧問服務；更重要的是，理財機器人可以促進所謂「普惠金融」，讓更多小資投資人有機會使用到投資顧問服務。

　　但理財機器人也不是沒有缺陷。它相當依賴其參考的數據，也受限於本身的參數設定，目前只能給出相對單調的投資建議；它也比較沒有辦法和投資人溝通了解投資人的想法和顧慮，也很難給予個人化的投資建議；消費者本身也可能需要相當程度的技術專業，才能分辨理財機器人實際的等級與金融業者宣稱的是否相同，若業者有意誤導消費者，此種詐騙行為將防不勝防。此外，當理財機器人管理的資產達到一定規模時，也可能會對市場產生龐大的衝擊，尤其是當其受到

* 國立臺灣大學法律學系副教授。哈佛大學法學博士（S. J. D.）。

惡意攻擊時，可能釀成整體資本市場的不穩定。因此，在發展理財機器人的同時，也必須伴隨一定程度的金融監理。

　　我國目前將理財機器人視為一種投資顧問服務，必須遵守傳統投資顧問規定；此外 2017 年投信投顧公會頒布「證券投資顧問事業以自動化工具提供證券投資顧問服務（Robo-Advisor）作業要點」，金管會也開始對理財機器人業者展開金融檢查，因此業者的資訊揭露要求和必須踐行的金融消費者保護義務也逐漸在落實當中。然而隨著理財機器人的業務規模逐漸增大，除了仰賴主管機關檢查外，或許也需要引入由第三方專業人士組成的外部稽核機制，並留心演算法對於資本市場穩定性之影響。期望主管機關加快理財機器人的開放，並控管理財機器人的風險，為我國的投資顧問市場注入活水，以促進理財機器人之蓬勃發展。

第二節　小資族理財的新興選項──理財機器人

　　為了避免辛苦累積的財富因為通貨膨脹而貶值，投資理財成為現代人賺得第一桶金之後不得不具備的技能。

　　但是現代資本市場上的投資工具多如牛毛，股票、債券、共同基金、ETF、投資型保單、貨幣市場基金、定存、期貨、衍生性金融商品……，不同投資工具又可以再依照地理區域、產業別、規模大小、成立時間長短等進一步劃分，對於一個剛賺得第一桶金、對投資的概念有限、還要忙於平日工作的小資族而言，做好投資理財其實比想像中奢侈，稍一不慎反而可能讓自己辛苦攢來的財富毀於一旦。

　　如果能夠有可靠的機器人幫我們理財，該有多好？這就是「理財機器人」（robo-advisor）這項新興金融科技服務想要達到的境界。

　　根據 Statista 網站的統計，2021 年理財機器人管理的全球資產達

到 1.42 兆美元，平均每位使用者投入的資產約為 4,875 美元。預計至 2025 年時，理財機器人將管理 2.84 兆美元的資產，年成長率為 13.9%，使用者人數可能達到 4.78 億人。[1] 由此可見，理財機器人這項服務在全世界已經達到一定的發展規模。

臺灣也已經引入理財機器人，只是還在發展當中。自 2016 年開放理財機器人以來，至 2021 年 10 月底止，臺灣有 14 家理財機器人業者開辦業務，吸引超過 12.58 萬人的使用者，管理資產規模達到新臺幣 44.82 億元。[2] 雖然整體規模還算有限，但是成長幅度可觀，如以 2021 年 6 月與 2020 年同期相比，使用者人數躍升了 1.9 倍、管理資產規模也增加了 1.41 倍。[3]

如果你有理財的需求，市場上也有業者提供理財機器人服務協助你規劃理財，你會心動嗎？你應該心動嗎？

理財機器人在臺灣法律下又稱為「自動化投資顧問服務」，指的是一種完全經由網路互動、全無或極少人工服務，而提供客戶投資組合建議的顧問服務。[4] 簡單來說，理財機器人是一種投資顧問服務。

傳統的投資顧問服務，是由人力所提供，提供這類服務的稱為投資顧問業務人員，平常我們在電視上會看到的股票名嘴、老師，就是一種投資顧問業務人員，他們接受客戶的委任，對有價證券、證券相關商品、期貨交易、期貨信託基金、期貨相關現貨商品等等的投資或

---

[1] Statista, "Robo-Advisors."

[2] 鉅亨網，〈機器人理財發展 4 年規模僅 44 億元 金管會祭兩招拚轉骨〉，請見網址：https://news.cnyes.com/news/id/4773410，瀏覽日期：2021 年 11 月 18 日。

[3] 工商時報，〈機器人理財夯 規模大增 141%〉，請見網址：https://bit.ly/3BiELSM，瀏覽日期：2021 年 8 月 7 日。

[4] 中華民國證券投資信託暨顧問商業同業公會證券投資顧問事業以自動化工具提供證券投資顧問服務（Robo-Advisor）作業要點（下稱「Robo-Advisor 作業要點」）第 2 點。

交易有關事項，提供分析意見或推介建議。

　　理財機器人提供的服務和這些投資顧問業務人員大致類似，主要差別在於理財機器人不是透過人力提供顧問服務、而是演算法（algorithm）。[5]

　　具體來說，投資人首先需要在業者的網路平台或應用程式辦理線上開戶，線上開戶過程需要填寫一些相關問卷內容，讓業者了解投資人的身分、財力、風險屬性等等；業者接著基於客戶填寫的資訊，運用其設計的演算法產生多種投資配置建議，提供投資人建議的投資組合；當投資人具體選擇偏好的投資配置後，演算法也可以隨著市場變動情形，提供平衡與再平衡投資組合，讓投資人實際的投資配置保持和原本設定的配置一致。當然，業者對上述的演算法服務會收取管理費。

第三節　理財機器人的美麗境界

　　用演算法替代人力提供顧問服務，想像上有許多明顯的好處。[6]

　　演算法可能提供更理性的理財服務。一般投資顧問也是血肉之軀，也會有七情六欲，提供的顧問服務品質可能會受到他當天的情緒影響，例如前一天加班熬夜了、和另一半吵架了、小孩哭鬧了，都可能影響投資顧問的服務品質。相對而言演算法可以排除這些情緒干擾，純然根據演算法設定的投資規則提供建議，因此比較可以確保投資紀律。

---

[5] Robo-Advisor 作業要點第 1 點。

[6] 以下說明，參照：參照周振鋒，〈論機器人投資顧問之興起與投資人之保護——以美國法為中心〉，頁 73-76；谷湘儀等，〈機器人投資顧問（Robo-Advisor）國外實務及相關法令與管理措施之研究〉，頁 15；楊岳平，〈演算法時代下的投資顧問監理議題——以理財機器人監理為例〉，頁 32。

　　演算法也提供更全天候的顧問服務。一般投資顧問也是人，需要下班、睡眠、休假，但是現代投資有時會全球布局，每個不同區域的開盤交易時間不同，投資人需要更全天候的顧問服務。演算法不用休息，可以提供一天二十四小時、一周七天的不間斷服務。

　　演算法也可能提供更專業的理財服務。演算法在數據蒐集、消化、計算以及分析上，可能存在一定優勢，數據處理速度更快、準確度更強、可以處理的數據複雜度更高等等，因此演算法提供的投資建議，可能是基於更快更準的資訊掌握，這在資本市場這種存在高度資訊不對稱的市場下尤其重要。

　　演算法也可能比較值得信任。一般投資顧問可能有各種不當行為，包括詐欺、利益衝突、歧視，例如投資顧問可能因為自己持有某檔股票急於脫手，因此反而建議客戶買進該檔股票。相較而言，演算法的投資規則是預先設定的，如果能監督業者在設定投資規則時沒有植入這類不當參數，就可以避免演算法有這類不當投資建議。[7]

　　除了以上關於投資顧問服務品質的長處以外，演算法另一個很重要的功能是所謂「普惠金融」的功能。[8]

　　傳統投資顧問服務基本上只服務資產規模達到一定程度的 VIP 投資人，這是因為業務人員的時間與精力都是有限的，因此會傾向服務大客戶以賺取較高的報酬，相對而言，小資投資人資產少、人數多，服務起來成本效益不敷，所以投資顧問市場的實情，是本來就具備一定財力與專業的投資大戶比較能取得專業的投資顧問服務，反而專業有限的小資族沒辦法取得投資顧問服務，形成一種富者恆富、貧者恆

---

[7] 陳安斌等，〈我國發展機器人理財顧問之研究〉，頁 129。

[8] 谷湘儀等，〈機器人投資顧問（Robo-Advisor）國外實務及相關法令與管理措施之研究〉，頁 16；楊岳平，〈演算法時代下的投資顧問監理議題——以理財機器人監理為例〉，頁 33。

貧的現象。

　　演算法相對而言就比較沒有這個問題。演算法可以同時套用在大量的投資人身上，因此可以有效降低服務門檻、服務更多資產規模有限的小資投資人。這一方面能幫助小資族提升自己的投資理財能力，一方面也能讓更多投資專業有限的投資人願意進入資本市場，進而活絡整體資本市場。

　　這樣聽起來，理財機器人似乎是一個很美好的金融科技服務，我們應該為其心動？

第四節　理財機器人的哀與愁

　　但是理財機器人也不是沒有任何問題，我們不能太報喜不報憂。

　　首先必須要認清的是，理財機器人不見得有想像中的那麼全知全能。現在的理財機器人還沒有發展到像哆啦 A 夢這樣接近人類的智能程度，它們更多是一種預設的投資規則，這套投資規則下考量的相關參數有限，所以理財機器人能給出的投資建議事實上是有些單調而變化有限的。[9]

　　例如有些理財機器人是根據投資人填寫的問卷給出投資人的風險屬性分數後，針對預設的幾檔投資標的，建議投資人的投資可以怎麼在這幾檔投資標的中配置；現實上很多理財機器人也主要是建議投資人投資 ETF 這種相對單純的投資標的。[10] 如果你是個投資老手，你有可能會覺得理財機器人有點陽春。

---

[9] 陳安斌等，〈我國發展機器人理財顧問之研究〉，頁 19-20。

[10] 谷湘儀等，〈機器人投資顧問（Robo-Advisor）國外實務及相關法令與管理措施之研究〉，頁 10。

　　再者，演算法相較於人力而言有一個很明顯的不足，就是演算法沒有和投資人間產生情感交流與溝通。理財機器人更多是被動地接收投資人提供的訊息後、由演算法進行分析，它們不像投資顧問業務人員，會和客戶噓寒問暖、多打聽客戶最近發生了甚麼事、多了解客戶的顧慮有甚麼、提供更專屬的服務，所以演算法的建議不容易客製化，不見得能符合個別投資人的真正需求。

　　金融市場其實是一個高度資訊不對稱的市場，金融商品例如股票、基金、期貨等等都是看不見摸不著的抽象權利，而且它們的價格都取決於對於未來價值的預測，不像一般的商品或服務著重現時的實用價值。所以金融市場存在相對高度的不確定性、主觀性，比較不容易看透，換句話說資訊透明度比較低。

　　在這種資訊透明度比較低的市場中，很容易發生詐欺、資訊不實的行為，導致消費者或投資人做出錯誤的消費或投資決策。理財機器人市場也同樣存在著類似的資訊不對稱，甚至可能更嚴重。[11]

　　對於消費者而言，他們要具備一定的金融專業，有能力評估理財機器人提供的投資建議是否合適，這點並不特別，畢竟使用傳統人力投資顧問的消費者，也需要有能力評估投資顧問業務人員提供的投資建議是否合適；但是在理財機器人的情形，消費者可能還需要具備一定的程式語言專業，才能確認理財機器人使用的演算法層級為何？內容為何？是否與業者宣稱的預設規則吻合？所以理財機器人的消費者相對於業者而言，其實是處在蠻不利的資訊劣勢中。[12]

---

[11] 以下說明，參照谷湘儀，〈發展自動化投資工具顧問服務之法律面面觀〉，頁187；楊岳平，〈演算法時代下的投資顧問監理議題——以理財機器人監理為例〉，頁33-34。

[12] 谷湘儀，〈機器人投資顧問（Robo-Advisor）國外實務及相關法令與管理措施之研究〉，頁192。

　　就講一個很簡單的例子。單單人工智慧這個詞就有不同的技術內涵，有的可能具備深度學習的技術、有的也許是機器學習但還沒達到深度學習、有的也許只是單純的統計分析。當一個理財機器人業者宣稱它利用人工智慧技術提供理財機器人服務時，它的理財機器人到底是哪一種技術等級？它宣稱的和實際情形是否相符？消費者又如何知道這些？

　　現實上，理財機器人市場可能存在各種消費者保護的疑慮。例如業者的廣告或說明文件可能存在不實、誤導，導致消費者可能誤解理財機器人的具體服務內容；業者設計的演算法程式可能存在設計不周延，沒有充分考量消費者進行投資時需要考量的參數；比較過份的業者甚至可能在演算法程式中偷偷植入詐欺或利害衝突的參數，例如把業者自己持有的有價證券當作其中一個參數，以便和消費者對做……。

　　真實世界中，理財機器人的消費者保護議題不斷發生。美國證券交易委員會（Securities and Exchange Commission, SEC）在 2018 年時，就曾經針對兩家很有規模的理財機器人業者 Wealthfront Advisers 和 Hedgeable 開罰，最後分別以 25 萬美元與 8 萬美元達成和解。[13]

　　例如在 Hedgeable 的案例，美國 SEC 就曾發現 Hedgeable 浮報它的理財機器人的投資報酬率，只根據旗下 4% 客戶的投資表現來計算整體理財機器人的投資報酬率，並以此結果和其他投顧公司的投資表現比較，進而誤導消費者。這是很簡單卻也很典型的金融市場詐騙行為，但是消費者往往防不勝防。

　　臺灣也已經有類似案例。2020 年初，臺灣的金融主管機關金融監

---

[13] 工商時報，〈誤導投資人……美證交會首開罰機器人理財〉，請見網址：https://bit.ly/3ARm7A9，瀏覽日期：2018 年 12 月 25 日。

督管理委員會（「金管會」）對當時的理財機器人業者進行金融檢查，發現部分業者沒有訂定審核演算法的相關作業流程，或是在調整或確認演算法參數時，沒有敘明原因或提供相關佐證資料以驗證其參數設定的合理性；金管會也發現部分業者對不同風險屬性的客戶，卻產出相同投資標的及投資比例的情況，顯示業者並沒有依照客戶的不同風險屬性提供差異化的投資理財建議。[14]

　　總體而言，理財機器人作為金融市場新興的金融科技產品，也為金融市場帶來了新型態的資訊不對稱。為了保護消費者以維持投資顧問市場的健全運作，一定程度的金融法規和金融監理是必要的。

　　當理財機器人服務的投資人或管理的資產達到一定規模時，理財機器人對整體資本市場的運作也會投下不小的變數。[15]

　　當大量投資人都使用理財機器人協助投資時，理財機器人使用的演算法設定就會深刻地影響資本市場上的投資行為。如果演算法設計錯誤或不當，所有使用這個理財機器人演算法的投資人都會發生同樣的投資錯誤，形成一種市場上大量投資人發生同步錯誤的窘境，這可能會影響資本市場的理性運作。

　　甚至即使演算法的設定沒有不當、但是只要大量投資人使用類似的演算法，也可能對資本市場產生不小的影響。例如大量投資人可能都是根據同樣的投資設定條件，在類似的價位時對同一檔投資標的同步買進或同步賣出，這樣一來，那一檔投資標的就可能面臨大量的買壓

---

[14] 工商時報，〈機器人理財 也會出包 金管會糾出四大缺失〉，請見網址：https://bit.ly/3QIL2BJ，瀏覽日期：2020 年 3 月 20 日。

[15] 以下說明，參照：王偉霖，〈理財機器人對我國金融及相關法制的衝擊與發展〉，頁 398；陳安斌等，〈我國發展機器人理財顧問之研究〉，頁 22；楊岳平，〈演算法時代下的投資顧問監理議題——以理財機器人監理為例〉，頁 34。

或賣壓，產生劇烈的價格波動，[16] 導致市場上的其他投資人蒙受損害。

　　理財機器人還可能伴隨另外一個不安定因素，就是資訊安全的風險。理財機器人在作業上都是透過演算法等自動化工具進行，所以面臨著各種數位時代可能發生的作業風險挑戰，例如停電、程式 bug、電腦中毒、駭客入侵等等，這些風險都會使理財機器人沒有辦法正常運作。如果大量投資人使用理財機器人服務，這些風險就可能造成大規模的投資活動中斷，這也可能造成資本市場的不穩定。

　　臺灣的理財機器人已經發生過類似的資訊安全問題。2020 年底，某理財機器人業者的演算法系統就曾經在更新時產生錯誤，導致 15 名客戶的投資組合被強制贖回。由於這個事件的規模非常小，據統計 15 名客戶的總損失金額為新臺幣 2,506 元，所以並沒有釀成嚴重的市場穩定問題。[17] 但是如果理財機器人的業務規模越做越大，類似資訊安全問題對整體市場產生的衝擊就會很可觀。

　　總體而言，理財機器人除了為投資顧問市場帶來新型態的資訊不對稱外，也為整體資本市場帶來了新型態的不安定因素。為了維護整體資本市場的穩定運作，一定程度的金融法規和金融監理是必要的。

第五節　政府能為理財機器人監理做甚麼？

　　為了因應理財機器人帶來的衝擊，各國對理財機器人都設置有金融監理規範。大體而言，各國主要是套用既有的投資顧問監理規定來

---

[16] 例如美股於 2018 年 2 月兩度閃崩千點，即有指出此與演算法交易相關。三立新聞網，〈美股 2 次閃崩千點！全球股市恐慌……「機器人」竟是罪魁禍首〉，請見網址：https://bit.ly/3cQeZMs，瀏覽日期：2020 年 2 月 11 日。

[17] 自由時報，〈王道凸槌 金管會緊盯系統更新〉，請見網址：https://bit.ly/3Rm1piY，瀏覽日期：2021 年 1 月 11 日。

規範理財機器人，[18] 就這點臺灣也不例外。

　　臺灣也是將理財機器人理解為一種投資顧問，因此理財機器人業者必須遵守既有投資顧問規定，包括證券投資信託及顧問法以及期貨交易法下關於證券投資顧問事業與期貨顧問事業的規定。例如業者必須取得金管會的投資顧問許可，才可以開始營業，[19] 否則可能面臨刑事責任。[20] 要取得這個許可，業者必須符合許多條件，包括最低實收資本額（目前至少需要新臺幣 2,000 萬元）；[21] 提存營業保證金（目前為 500 萬元）；[22] 配置符合資格要求的經理人、部門主管及業務人員；[23] 加入中華民國證券投資信託暨顧問商業同業公會（「投信投顧公會」）[24] 等等。

　　適用相關投資顧問法規的結果，理財機器人業者必須符合一系列的金融消費者保護規定。最基本的便是業者及其人員的「受託人責任」，它們必須以善良管理人之注意義務及忠實義務，本誠實信用原則執行業務。[25]

---

[18] 各國法制發展的相關整理，參照：周振鋒，〈論機器人投資顧問之興起與投資人之保護──以美國法為中心〉，頁 77-91；谷湘儀、賴冠妤，〈美國機器人投顧之實務發展及管理措施〉，頁 195-206；陳佑軒，〈自動化投資顧問（Robo-Advisor）相關規範〉，頁 7-9；谷湘儀等，〈機器人投資顧問（Robo-Advisor）國外實務及相關法令與管理措施之研究〉，頁 27-103；陳安斌等，〈我國發展機器人理財顧問之研究〉，頁 33-96；王偉霖，〈理財機器人對我國金融及相關法制的衝擊與發展〉，頁 388-400。

[19] 證券投資信託及顧問法第 63 條第 1 項。

[20] 證券投資信託及顧問法第 107 條第 1 款。

[21] 證券投資信託及顧問法第 67 條第 2 項、證券投資顧問事業設置標準第 5 條第 1 項。

[22] 證券投資信託及顧問法第 52 條、證券投資顧問事業管理規則第 7 條第 1 項。

[23] 證券投資信託及顧問法第 69 條及第 77 條第 3 項。

[24] 證券投資顧問事業設置標準第 8 條第 4 項。

[25] 證券投資信託及顧問法第 7 條第 1 項。

此外還有例如「適合性義務」，業者接受客戶委任時，應該要充分知悉並評估客戶的投資知識、投資經驗、財務狀況及其承受投資風險程度；[26]「廣告真實」，業者從事廣告、公開說明會及其他營業促銷活動時，不得有誇大或偏頗情事；[27]「利益衝突防免」，業者不得買賣該事業推薦給投資人相同的有價證券；[28]「反詐欺」，業者不得為虛偽、欺罔、謾罵或其他顯著有違事實或足致他人誤信之行為……。[29]

除了適用既有規定以外，投信投顧公會在 2017 年頒布了全名為「證券投資顧問事業以自動化工具提供證券投資顧問服務（Robo-Advisor）作業要點」的規定。這雖然只是一部同業公會的自律規則，不具有法律或命令的位階，但可以說是全臺灣第一部專門針對人工智慧制定的規範性文件了。

這部作業要點大概有三個主要面向。首先是強化理財機器人業者的資訊揭露要求，具體內容包括規定業者必須告知客戶於使用理財機器人前應注意的相關事項；[30] 業者針對理財機器人的投資組合再平衡功能對客戶應踐行的告知；[31] 以及強調業者揭露相關資訊的表現方式應遵守的原則，例如要避免以艱澀難懂的專有名詞表示及揭露資訊、[32] 重要的資訊揭露應特別強調等等。[33]

其次是規定理財機器人業者必須踐行的金融消費者保護作為。例

---

[26] 證券投資顧問事業管理規則第 10 條第 1 項、金融消費者保護法第 9 條。
[27] 證券投資顧問事業管理規則第 12 條第 1 項。
[28] 證券投資顧問事業管理規則第 13 條第 2 項第 4 款。
[29] 證券投資顧問事業管理規則第 13 條第 2 項第 5 款。
[30] Robo-Advisor 作業要點第 8 點。
[31] Robo-Advisor 作業要點第 6 點。
[32] Robo-Advisor 作業要點第 9 點第 1 款。
[33] Robo-Advisor 作業要點第 9 點第 2 款。

如業者辦理瞭解客戶作業與建議投資組合時應遵循的原則，包括設計評估客戶指標、設計線上問卷、定期更新客戶資料時應注意的事項，[34]又例如業者的公平客觀執行義務，包括忠實履行客戶利益優先、利益衝突避免、禁止不當得利與公平處理等原則。[35]

　　最後是規定理財機器人業者內部組織的要求，以確保業者可以自發自律地遵守相關規定。例如要求業者必須踐行對演算法的監管，包括在內部辦理期初審核和定期審核的監管機制；[36]此外也要求業者內部必須組成專責委員會，負責問卷設計、演算法設計、消費者保護等事項的監督管理，甚至參與外部軟體開發供應商以及網路安全事項的監督。[37]

　　除了制定上述規則以外，金管會也會透過金融檢查，來監督理財機器人業者是否確實執行上述規範。此外客戶與理財機器人業者之間的消費爭議，有些也可以提到財團法人金融消費評議中心申請評議。

　　經過這些年的努力，臺灣對於理財機器人的監管逐漸上了軌道，也慢慢開始與國際接軌，對消費者的保護因此也越來越落實。雖然現在臺灣理財機器人的業務規模還很有限，但未來的發展應當還是有一定的潛力。

　　不過如果希望看到臺灣的理財機器人市場蓬勃又有序的發展，政府（特別是金管會）還是需要多下一些功夫，包括監管與發展的面向。

　　先講監管的面向。經過這些年的努力，臺灣理財機器人的監管，主要是透過主管機關（也就是金管會）、自律組織（也就是投信投顧公會）以及業者的內部自律（例如專責委員會）三個面向加以落實，

---

[34] Robo-Advisor 作業要點第 4 點第 5 項。
[35] Robo-Advisor 作業要點第 5 點。
[36] Robo-Advisor 作業要點第 3 點。
[37] Robo-Advisor 作業要點第 7 點。

金管會也透過金融檢查強化規範的執行。

　　但是隨著業者越多、業務規模越大，金管會的人力調度勢必會越來越力不從心，而投信投顧公會作為一個同業公會，基於營業秘密考量也不太可能對同業展開深入的檢查，這會使得理財機器人監管只能仰賴內部自律，而欠缺外部監督機制，長此以往可能不利落實監管。

　　我認為主管機關可能需要開始考慮如何引入外部稽核機制，透過引入相對客觀、獨立、專業的外部專業人士，協助主管機關辦理理財機器人審計作業。[38] 傳統的這類守門者（Gatekeeper）是例如律師、會計師、證券商等，但是理財機器人設計資訊工程專業，可能需要另一群不同的外部專業人士例如資訊安全專家。怎麼設計這套外部稽核機制，會是主管機關在金融科技時代必須面對的問題。

　　其次，主管機關可能也必須開始留意之前提到的資本市場穩定影響。現在因為臺灣的理財機器人業務規模還很小，所以主管機關的監理重點主要放在消費者保護面向，但是當理財機器人的業務規模達到一定程度後，可能像之前所說的對金融市場穩定性帶來一定的系統性風險，如何控管這類風險，會是主管機關未來必須開展研究的問題。

　　最後講發展的問題。相較於國外的理財機器人，臺灣的理財機器人目前還存在一個重大的缺陷，就是目前主管機關只有開放「顧問諮詢型」的理財機器人，基本上除了再平衡交易外，理財機器人只能提供投資分析建議，至於具體投資決策與下單，還是需要客戶另外的同意才能進行，所以還沒有辦法達到全自動化的理財機器人境界，沒有辦法發揮理財機器人快速交易的優勢。[39] 主管機關目前還在研議是否

---

[38] 相關討論，參照：楊岳平，〈演算法時代下的投資顧問監理議題——以理財機器人監理為例〉，頁 49-50。

[39] 鉅亨網，〈機器人理財叫好不叫座 全因只開放到「半自動化」〉，請見網址：https://bit.ly/3cPeimx，瀏覽日期：2021 年 8 月 8 日。

及如何開放全自動化理財機器人，這部分的開放有必要加快，才能真正促進理財機器人市場的蓬勃發展。

將人工智慧技術應用在投資顧問服務，造就了理財機器人這個新興金融科技服務，也為臺灣略嫌停滯的投資顧問市場注入了一股活水。

臺灣的投資顧問市場正在面臨一波轉型。整體從業人員人數從過去十五年最高峰的 2011 年的 4,075 人，到最低潮的 2020 年僅剩 2,299 人，人數幾乎腰斬；專營投資顧問公司的家數也由 2004 年的 216 家一路下滑，到 2021 年僅剩 86 家；反倒是兼營投資顧問事業的其他金融機構家數一路攀升，從 2004 年的 12 家一路上升，到 2021 年已經有 78 家。[40]

這些統計一方面表示從業人數在下降、一方面表示從業業者有市場集中化的現象，小家的專營業者大量收攤，逐漸由大型金融機構接手這個市場。這對於特別需要投資顧問服務的小資族投資人而言，並不是個非常友善的發展趨勢。

理財機器人應當可以補足目前臺灣投資顧問市場的不足，從而真正意義地發揮普惠金融的功能。但是投資人也不宜把理財機器人當作一種投資神器，而只因為看似華麗的「人工智慧」、「機器人」等宣傳用語，就無條件地信任理財機器人而押上自己的資產。政府為了控管理財機器人的風險，已經採取了不少措施，但現實上政府不可能完全消弭這些風險。

總之，投資人還是要自我當心，除了憧憬理財機器人可能帶來的美麗境界以外，也要瞭解理財機器人潛藏的各種哀與愁，審慎做出負責任的消費者選擇！

---

[40] 中華民國證券投資信託暨顧問商業同業公會，統計資料──從業人員統計資料，請見網址：https://bit.ly/3RB4prq，瀏覽日期：2022 年 1 月 11 日。

參考文獻

王偉霖，〈理財機器人對我國金融及相關法制的衝擊與發展〉，《財金法學研究》第 2 卷第 3 期，2019，頁 371-406。

李沃牆，〈臺灣機器人理財的發展與監理〉，《會計研究月刊》第391 期，2018，頁 20-24。

谷湘儀，〈發展自動化投資工具顧問服務之法律面面觀〉，谷湘儀、臧正運編審，《變革中的金融科技發制》。臺北：五南出版社，2019，頁 183-194。

谷湘儀、賴冠妤，〈美國機器人投顧之實務發展及管理措施〉，谷湘儀、臧正運編，《變革中的金融科技發制》。臺北：五南出版社，2019，頁 195-206。

谷湘儀等，〈機器人投資顧問（Robo-Advisor）國外實務及相關法令與管理措施之研究〉，《資產管理產業發展與人才培育基金委託專題研究》。臺北：中華民國證券投資信託暨顧問商業同業公會，2016。

周振鋒，〈論機器人投資顧問之興起與投資人之保護——以美國法為中心〉，《東吳法律學報》第 30 卷第 4 期，2019，頁 69-107。

張明珠，〈淺談機器人理財在台灣未來之發展〉，《證券暨期貨月刊》第 37 卷第 1 期，2019，頁 14-25。

陳安斌等，〈我國發展機器人理財顧問之研究〉，《中華民國證券投資信託暨顧問商業同業公會委託報告》。臺北：財團法人中華民國證券暨期貨市場發展基金會，2018。

陳佑軒，〈自動化投資顧問（Robo-Advisor）相關規範〉，《證券暨期貨月刊》第 37 卷第 1 期，2019，頁 5-13。

陳家駿，〈從人工智慧淺談 AI 機器人相關法律議題——掃地／理財機器人專利智財、金融監管與損賠責任〉，《臺灣師範大學教育

法學研究》第 3 期，2019，頁 159-177。

黃良瑞、林郁珊，〈自動化投資理財顧問（Robo-Advisor）之發展〉，《證券暨期貨月刊》第 34 卷第 10 期，2016，頁 16-24。

楊岳平，〈演算法時代下的投資顧問監理議題——以理財機器人監理為例〉，《月旦民商法雜誌》第 67 期，2020，頁 28-50。

三立新聞網，〈美股 2 次閃崩千點！全球股市恐慌……「機器人」竟是罪魁禍首〉，2018，https://www.setn.com/News.aspx?NewsID=346917，瀏覽日期：2020 年 2 月 11 日。

工商時報，〈誤導投資人……美證交會首開罰機器人理財〉，2018，hhttps://bit.ly/3ARm7A9，瀏覽日期：2018 年 12 月 25 日。

工商時報，〈機器人理財 也會出包 金管會糾出四大缺失〉，2020，https://bit.ly/3QlL2BJ，瀏覽日期：2020 年 3 月 20 日。

工商時報，〈機器人理財夯 規模大增 141％〉，2021，https://bit.ly/3BiELSM，瀏覽日期：2021 年 8 月 7 日。

中華民國證券投資信託暨顧問商業同業公會，〈中華民國證券投資信託暨顧問商業同業公會，統計資料——從業人員統計資料〉，2021，https://bit.ly/3RB4prq，瀏覽日期：2022 年 1 月 11 日。

鉅亨網，〈機器人理財叫好不叫座 全因只開放到「半自動化」〉，2021，https://bit.ly/3cPeimx，瀏覽日期：2021 年 8 月 8 日。

鉅亨網，〈機器人理財發展 4 年規模僅 44 億元 金管會祭兩招拚轉骨〉，2021，https://news.cnyes.com/news/id/4773410，瀏覽日期：2021 年 11 月 18 日。

中華民國證券投資信託暨顧問商業同業公會證券投資顧問事業以自動化工具提供證券投資顧問服務（Robo-Advisor）作業要點，http://www.selaw.com.tw/LawContent.aspx?LawID=G0103923，瀏覽日期：2022 年 9 月 21 日。

Armour, John et al. *Principles of Financial Regulation*. Oxford University

Press, 2016.

European Commission Expert Group on Liability and New Technologies. "Liability for Artificial Intelligence and Other Emerging Digital Technologies." Maastricht: European Union, 2019.

Fisch, Jill E. et al. "The New Titans of Wall Street: A Theoretical Framework for Passive Investors." *Pennsylvania Law Review* 168 (2020), 17-72.

Maume, Philipp. "Regulating Robo-Advisory." *Texas International Law Journal* 55 (2019): 49-87.

Schwarz, Steven L. "Beyond Bankruptcy: Resolution as a Macroprudential Regulatory Tool." *Notre Dame Law Review* 94:2 (2018): 709-749.

Selbest, Andrew D. and Solon Barocas. "The Intuitive Appeal of Explainable Machines." *Fordham Law Review* 87 (2018): 1085-1138.

第二篇

社會倫理面

第五章
AI 預測的兩難
——預測警務之規範爭議初探 [*]

洪子偉 [**]

第一節　前言

　　1865 年大清帝國的維新運動創辦新式學堂與開辦洋務。同治皇帝更同意英國商人在北京永寧門外初建鐵路，讓蒸汽火車頭奔馳於上，迅疾如飛。詎料「京師人詫所未聞，劾為妖物，舉國若狂，幾致大變」。[1] 最後不得已皇帝只好讓步軍統領衙門把鐵路給拆了。回顧歷史，確保社會大眾的安全感並消除疑慮，往往才能促進新科技的推廣與發展。

　　人工智慧（AI）亦不例外。AI 預測技術是指人造自主適應系統在特定任務中，能根據所輸入的資料而輸出有關未來之可能結果。這種技術能在極端氣候的災防或瀕危生物的復育中，透過分析過去巨量資料以預知未來風險，深具應用之潛力。舉例來說，美國國家能源研究科學計算中心（NERSC）團隊曾以「深度卷積神經網絡」（deep

[*] 本文節錄並改寫自《歐美研究》「淺論 AI 風險預測的規範性爭議」第三節與 Hung and Yen, *On the Person-Based Predictive Policing of AI*, pp. 165-176.
[**] 中央研究院歐美所副研究員。
[1] 詳見晚清李岳瑞，《春冰室野乘》。

convolutional neural network）來預測極端氣候事件，並達到 89%-99%
的準確率。[2] IBM 的 Green Horizon 計畫也利用各項 AI 技術來分析
交通狀況、天氣、濕度、風力等因素，並能在 72 小時前預測出 1 平
方公里的範圍內的空污風險。由於聯合國難民署（UNHCR）指出氣
候變遷帶來的災害已造成全球數以萬計的氣候難民，國際移民組織
（IMO）更預估 2050 年將有 2 億的環境移民。因此，善用 AI 技術來
預防全球暖化下的天災威脅並減少氣候難民，似乎前景可期。

　　然而，當風險預測的對象從「自然環境」變成「人類本身」，卻
引發不少批評聲浪。例如以色列公司 Faception 宣稱研發出臉部辨識
技術可以用來預測恐怖分子與戀童癖，並已與以色列國土安全部門合
作找出潛在的恐怖份子。2018 年英國企業 WeSee 則宣稱其面孔辨識
技術已能透過微表情、姿勢與動作來預估人的情緒與可能意圖，從而
判斷其威脅性。未來更可應用到地鐵來預防可疑行為與恐怖攻擊。但
WeSee 的計畫隨之受到國際隱私組織（Privacy International）的質疑：
畢竟光是透過臉部辨識來預測某人可能會犯罪而將之逮捕，本身極具
爭議。此外，中國等極權國家也大量使用 AI 技術來壓迫異議人士與
維穩。非政府組織人權觀察（Human Rights Watch）指出中國已透過
「身分證號碼」整合監視器、生物識別特徵、住房與航班紀錄，即時
監控涉恐、涉疆、涉穩與前科人員。2021 年加拿大下議院更通過動議
抵制中國對維吾爾族實施的種族滅絕。隨著濫用 AI 的隱憂浮現，又
是否該將此技術用於預防人類造成的威脅呢？

---

[2] Liu et al., *Application of Deep Convolutional Neural Networks for Detecting Extreme Weather in Climate Datasets*, p. 1.

第二節　AI 預測的兩難

　　AI 預測的兩難在於：一方面，其技術價值取決於預測準度，精準度越高所需的資料量要越大。但另方面，所需蒐集的資料量越龐大，就越可能對民眾的權利造成侵害。例如在地鐵以 CCTV 即時分析乘客生理特徵（步態、面孔辨識）以過濾恐可疑人物時，將無可避免地對所有行人進行無差別的資料蒐集與分析。這對於隱私、匿名商業行為、甚至是政治意見的表達自由都會造成心理壓力，進而減損 AI 之社會價值。那麼，我們是否該允許政府使用此技術？是否有辦法在善用此技術來降低人為威脅時，保障民眾的基本權利？

　　在眾多預防人類造成的風險之 AI 應用中，預測性警務（predictive policing）正是備受討論的一個領域。所謂預測性警務是指透過演算法分析過去犯罪資料，從中找出未來的可能犯罪並在事前加以防範。隨著數據和統計工具的不斷完善，AI 也應用到警務與犯罪預防上。這種應用的基本假設是：社會環境的某些條件容易導致潛在的犯罪行為，透過事前介入此環境條件將可阻止可能的犯罪。從 2012 年開始至今，預測性警務已在全球主要城市試辦或推行。包括芝加哥、紐約、紐澳良、華盛頓、舊金山、倫敦、東京以及德國和中國的多個城市。甚至在 2017 年臺北世大運期間，警方也採用恩益禧（NEC）公司的 Walkthrough 人臉辨識系統進行維安。

　　預測性警務根據其關注對象，主要可以分為三種不同類型：基於地區（area-based）的預測警務會針對可能發生犯罪的時間和地點加強防範。例如演算法根據過去資料，預測出每週五晚上在城市金融區的竊盜率特別高時，警方就可加強巡邏提高見警率。基於個人（person-based）的預測警務會則針對可能參與犯罪行為的個人。例如以演算法分析前科，發現青少年時期曾非法持有槍械者在成年後闖空門的機率

較高，便可針對特定對象加以輔導或預防。基於事件（event-based）
的預測警務則是關注針對某個可能發生的活動的類型。例如鎖定校園
槍擊案、人口販賣、社區犯罪、金融犯罪或恐怖攻擊等，加以預測其
可能發生的條件，進而事前介入這些條件以防止犯罪行為出現。

　　這三種預測性警務中，又以基於個人的預測性警務最具爭議性，
因為它涉及了對特定個人的資訊收集與分析。一旦機器預測錯誤，對
個人的傷害也是非常大。畢竟，若一個公民只因為機器預測他可能犯
罪就被警方拘留，本身就足以引發高度質疑。例如，在美國芝加哥警
方使用預測警務演算法來執法時，就發生因錯誤的資料不斷被匯入更
大的資料庫，使得某一個被錯誤判定為高危險群的黑人青年不斷受到
警方騷擾。[3] 此外，高犯罪率的社區通常也與貧富差距和社會資源不
平等有關。這些貧困社區多為弱勢移民與有色人種，而使這些族裔的
人常被美國警方鎖定。由於美國的警政資料庫常反映了社會既有的不
平等結構，用這些資料庫訓練出來的 AI 就會複製或甚至強化這種歧
視或刻板印象。這又被成為演算法偏見（algorithmic bias）。

　　目前在歐美國家常用的預測警務系統包括 Crime Anticipation
System、PreCobs、PredPol 與 Hunchlab 等。至於日本的日立公司
（Hitachi Inc.）則是開發更先進的 AI 系統，能運用上百項技術（生
物辨識、步態分析等）在不拍到正面臉孔下也能於人群中辨識出可疑
對象。日立公司已與神奈川警方合作，計畫在東京奧運上使用這套系
統來維安。然而，學者卻也指出雖然社會科學研究支持預測警務背後
的假設，但警方採用該策略時常常超過了既定的科學證據。[4] 這在美
國警方濫權與歧視性執法，而使得在少數族群與警方缺乏互信的歷史

---

[3] Hung and Yen, *On the Person-based Predictive Policing of AI*, p. 169.

[4] Ferguson, *The Rise of Big Data Policing*, p. 1148.

傳統下特別明顯。在接連發生非裔美國人因執法不當傷亡後，除掀起黑命貴（Black Lives Matter）運動，民間也紛紛成立 Data 4 Black Lives、Black in AI 等組織來倡議更透明、具可問責性的 AI 研發與運用。2020 年 10 月更有超過兩千位的美國數學家參與連署，反對與警方合作開發預測犯罪的演算法。[5] 相較之下，在其他警民互信性程度相對較高的國家，預測性警務的實施則帶來較正面的結果，例如近來研究指出在德國與日本的預測性警務皆取得初步成功。[6] 一言以蔽之，對預測性警務的正反意見皆有。雖然許多反對預測警務者主張錯誤的預測警務資料與預測（dirty data and bad prediction）只會使得無辜的少數族裔被鎖定，但是支持者只會認為 AI 預測所要保護的也是弱勢族群（人口販賣、家庭暴力、毒品濫用）。

第三節　規範性爭議

　　所謂的規範性問題所關注的並不是 AI 技術本身實際上「能夠」做到什麼，而是理想上「應該」要做到什麼。這又可以進一步分為 AI 知識論的規範性與倫理學規範性。前者主要探討 AI 預測本身基於某些性質，應否該被拿來作為可靠的證據或知識。例如 AI 預測基於貝氏機率所提供的可能性知識，在何種意義下能作為犯罪的證據？反觀後者，則探討將 AI 應用到個別人類身上時，是否符合道德。例如若允許美國銀行的信用評估系統但同時反對中國的 AI 社會評估系統，是否雙重標準？以下將從規範性角度探討預測性警務的可能爭議。

---

[5] Aougab et al., *Boycott Collaboration with Police*, p. 1293.
[6] Egbert and Krasmann, *Predictive Policing: Not Yet, But Soon Preemptive?* pp. 905-919; Ohyama and Amemiya, *Applying Crime Prediction Techniques to Japan: A Comparison Between Risk Terrain Modeling and Other Methods*, p. 469.

一　必然性條件 vs. 事實性條件

常見反對使用 AI 預測技術的理由，可歸納為「必然性條件」與「事實性條件」兩項。必然性條件指出，AI 預測多採用貝氏推論，即根據過去數據來預測未來行為。但是貝氏推論僅能輸出可能性而非必然性。以能辨識個別嫌犯的預測警務（Person-based predictive policing）為例，事務上現有的演算法常出現可靠度不足的問題。[7] 即便未來預測的精準度可提高至 99%，仍可能抓錯人，甚至永遠無法證實究竟是否抓對人。這是因為一旦被抓，嫌疑人就不會有機會去實現「被預測會犯的罪」。然而，必然性條件也受到質疑，雖然在科學或知識論上「必然真」很重要，但在社會實務層面「可能性」更不容忽視。譬如司法上之 DNA 親子鑑定，不論是民事離婚訴訟或刑事拐賣兒童，所根據的鑑定報告也只有可能性（如準確度 80-99%）而非必然性，故為何不行？可能的答覆是：因為有無親屬關係屬已發生之事實，但 AI 所預測者卻尚未發生。這種說法，就與接下來要談的「事實性條件」有關。

所謂**事實性條件**是指，AI 之預測結果並非已發生之事實，而是未發生或尚未發生，人不應因為沒有發生的行為負責。畢竟如果未發生，就沒有這樣的行為，沒有這樣的行為又如何把該行為的責任歸咎於他呢？這種說法乍聽之下很合理。但仔細想想，在日常生活中其實有很多違反「事實性條件」卻行之有年的法律或社會規範。例如，美國銀行的信用評等系統（credit rating system），也是根據過去資料來預測未來還款能力，從而決定個人之信用額度。為何這些可以但 AI 預測就不行？或更具體講，為何美國銀行的個人信用評等可以，而中

---

[7] Hung and Yen, *On the Person-based Predictive Policing of AI*, pp. 165-176.

國的「社會信用系統」卻備受質疑？是否雙重標準？

　　支持「事實性條件」的人可能會辯護說，這些反例與 AI 的情形有兩個不同：一是前者有經過知情同意的契約過程、二是前者的銀行是利害關係人，銀行須承擔呆帳風險屬民法中的損害賠償的潛在被害人。相反的，中國政府與人民是否有此契約關係，或是中國政府在何種意義下是潛在被害人，均有爭議。然而，上述辯護並無法釋疑。畢竟在民主國家法律中，人常常會為了尚未發生但可能發生的行為負責。例如刑法上不是只有酒駕肇事才有罪，酒駕本身就有罪了（公共危險）。同樣的，千面人在飲料下毒，不論有無受害者誤食都有罪。這如何一致地辯護？畢竟「預防」的概念就是在事情方生前採取行動介入，主張「事實性」條件的人似乎忽略這一點。

　　支持「事實性條件」者可能會回覆：當涉公共利益或危險重大時，可在事實發生前採取行動。當風險愈大，應越嚴格。此外，行為者的意圖也很重要。如有犯意即便未遂也應究責，譬如酒駕罔顧人命、千面人預期恐慌。當然，兩者刑度有別。然而，這樣的回覆仍有問題。一方面，如以公共福祉作為 AI 預測之條件，（即便不考慮執行面是否被濫用）能否一致性地應用？例如若某人自殺不具公共性則不應阻止，但自殺炸彈客則應被阻止。然而如果已知道某人極可能自殺卻不介入，難道沒有道德責任？如果要介入，且宣稱個人生死具公共福祉，又是否擴大解釋公共利益的界定，而允許更多濫用（如維穩）？另一方面，如以行為意圖為標準，所謂的意圖實難以認定。畢竟一個被 AI 預測為高風險的人可能完全無犯罪意圖，故在執行上也有其困難。

第四節　規範性解決方案

由上可知，如果我們以「必然性」或「事實性」條件來反對 AI 預測，就會面臨同時排除既有法律與社會規範的問題：要嘛兩個都要禁止，要嘛兩個都允許。換言之，即便在此極端的例子中，我們能仍沒有辦法找到一致性的理由來反對以 AI 預測來預防人類所造成的風險。那麼，這否意味著我們需要對 AI 預測全面開放？以下將從三個方面來探討，在滿足何種條件下，預測性警務可以初確（prima facie）被證成。

一　自主性原則與最終決策權

要避免第二節提到的困難，或許可參考醫學倫理學中已發展相當成熟的準則規範。其中的「自主性原則」要求病人擁有決定是否接受治療的權力（the power to decide）。如果應用到 AI 預測上，我們或可說，決策者擁有是否將決定權讓渡給 AI 預測的權力。

在此原則下，人類需負擔最終決策。就算人類決定讓 AI 完全決策時也需要對於預測錯誤負責。畢竟，是人類決定交給（完全授權）AI 來決策。換言之，這個原則會確保人類仍是終決策者。故大部分既有約束人類行為的法律與社會規範，仍然可以應用。舉例來說，如果某國家既有的法律架構不允許警察單位僅憑線報或情資，在沒有證據下就居留可疑人士 48 小時，則當「傳統線報」換成「AI 預測結果」時一樣不行；若可，則 AI 亦可。如此可確保出錯時該找誰負責與究責。譬如 2005 年英國國會通過反恐法案中不經審判拘留嫌犯，由原本的 14 天延長到 28 天，但反對布萊爾政府提的 90 天。如果英國的國會經民主程序同意，則依自主性原則 AI 預測同樣適用。[8]

---

[8] 依此，是否以 AI 事先介入（是否處罰酒駕、能否事先拘禁可疑人士）屬立法政

　　引進自主性原則有何優點？首先，以人類為最終決策者，可確保行為與責任相對。這在民主國家強調權責相符的責任政治尤其重要。其次，以人類為最終決策者，可保有人類執行並評估某決策的能力。例如在預測腫瘤上，若全交給機器決定（準度較高），一旦人類醫師完全依賴機器判斷，則可能不重視人類判斷的相關訓練而逐漸失去此能力，未來亦無從知道機器究竟是否準確。第三，以人類自主性作為最後關卡，可保有人類控制力，而人類控制力是心理安全感的重要來源之一。在新科技發展時，確保社會的安全感反而才能促進科技的發展，否則就會像 1865 年清帝國同治維新時，初見蒸汽火車的北京城眾「劾為妖物，舉國若狂」，迫使同治皇帝最後只好把鐵路給拆了，而洋務運動最終成效不彰。

二　社會安全網

　　此外，使用預測性警務時也應將它納入社會安全網的考量。這是因為犯罪紀錄常常與社會經濟地位較差的階級有關。這種社會安全網包含：一、預測當前的風險並採取行動；二、發現社會弱勢群體並提供幫助；三、接受公眾審查並與公眾溝通。以下詳述之。

　　首先，預防犯罪的成功不在於算法做出的預測，而在於預測輸出後採取的行動，[9] 而且每種具體的介入措施都會因目標和預測而異。不同的演算法會輸出不同的預測，故對不同預測需採取相應的後續行動。[10] 例如，對可能遭受街頭暴力侵害者的介入措施，就不同於家庭暴力之介入措施。雖然警方的紀錄與數據可提供資訊來識別目標人群

策問題。

[9] Couchman, *Policing by Machine, Liberty, LIB11*; Ferguson, *The rise of big data policing*, p. 1148; Hollywood et al., *Real-Time Crime Centers in Chicago*, pp. 59-70.

[10] Jenkins and Purves, *AI Ethics and Predictive Policing: A Roadmap for Research*, p. 24.

所需的介入措施，但仍需與其他政府部門的資訊整合，方能更佳地理
解個人可能需要的服務與介入，故政府跨部門的合作乃不可或缺。[11]
其次，政府應辨識出易滋生犯罪的不平等社會結構，同時為有需要者
提供必要幫助。由於參與犯罪往往與社會經濟處於不利地位的人們聯
繫在一起，因此提供諸如工作培訓、教育、工作安置和保健服務等協
助，藉由社會安全網提高社會福利可對降低罪活動有顯著影響。在此
治理框架下，警察局只是社交網絡中的一小部分。如果使用得當，這
預測警務能反映出社會不平等，同時藉由將它整合到更廣泛的社會安
全網治理框架中，則有助於將社會服務分配給社會中一些最易受傷害
和最需要的脆弱群體。換言之，演算法在強化社會安全網中有其潛
力。第三，預測警務的使用應公開受大眾監督。公眾對預測警務的恐
懼和不信任很大一部分是由於警察與社區之間的溝通不暢造成的。人
工智能是一個功能強大的工具，應定期檢查和修改其算法。對演算法
持續的檢測、對需改進的領域來改正其介入措施和分配資源，均有其
助益。預測警務的使用也應接受公開審核，並由議會與公民社會在內
的民主程序進行監督，以避免濫用。一旦出了問題，法律制度應要追
究決策者的責任，並避免重蹈覆轍。此外，公共審計還需要確保任何
權利受到侵犯的個人都應得到有效的補救，這需要多學科研究人員、
政策制定者、公民、開發商和設計師的共同努力方能達成。

　　過去當 AI 預測某個個人屬於高風險群的時候，警方通常會固定
訪查並寄發警告信。例如美國警方會讓對方知道已被關注，從而降低
其可能犯罪行為。[12] 然而，社會安全網原則卻是相反，該原則將 AI

[11] Hollywood et al., *Real-Time Crime Centers in Chicago*, pp. 59-70.
[12] Yen and Hung, *Achieving Equity with Predictive Policing Algorithms: A Social Safety Net Perspective*, pp. 27-36.

預測的結果作為社會不平等的警訊。此時政府需要做的不是寄發警告信或拘留，而是提供必要的教育、健保、職業輔導等資源，將被鎖定的個人納入社會安全網。使其失去犯罪的源頭動機。社會安全網的優點，在於涵蓋兩個重要倫理要求：一是在風險評估上承認 AI 預測常會對弱勢族群有負面影響，故需加以公平對待。二是符合人本原則，確保 AI 的發展與應用是為了促進人類的福祉（權力、民主、繁榮、環境保護等等）。在這個意義上，中國的信用評估系統就無法滿足此原則，而應被加以排除。

三　福祉原則

　　福祉原則是指，預測性警務應要提升人類福祉，不可以被濫用或拿來對付自己的人民。此原則在政府的反恐作為上特別重要。換言之，在使用預測性警務時必須盡可能的促進所有利害關係人的福祉，當然也包括保障被害者與家屬、犯罪嫌疑人的基本權利。由於社會資源（如機會與財富）的分配不均常導致各種犯罪（家庭暴力、藥物與酒精濫用），[13] 因此透過考量所有利害關係人的福祉以提供社區支持，對降低犯罪率有正面功效。福祉原則也可用來排除中國所實施的社會信用評估系統的合法性。中國在境內使用 AI 科技，即時整合 CCTV、生物識別資訊、ID 與戶政資料、訂房與航班紀錄等，而這些 AI 技術被用來大規模監控、居留、監禁維吾爾族與異議人士。由於中國的司法系統不採取無罪推定原則，[14] 一旦被 AI 預測有罪者之公

---

[13] Fajnzylber et al., *Inequality and Violent Crime*, p. 1; Room, *Stigma, Social Inequality and Alcohol and Drug Use*, p. 143.

[14] Lewis, *Presuming Innocence, or Corruption, in China*, pp. 287-369.

民權無法受到保障。也因此，中國的案例亦明顯違反福祉性原則，故無法被證成。

最後要注意的是，上述三原則僅是必要條件，而非充分條件。甚至很可能只是眾多必要條件之一。[15] 未來如何完善使用 AI 預測的相關規範，有待更深入的研究。

第五節　結語

事實上，近幾年全球主要的研究機構已針對 AI 提出一般性的倫理準則。[16] 這些準則至少超過 115 條，但多可歸納為以下五個主要共同點：[17]（a）尊重自主性：AI 作出的決策或是人在 AI 的協助下做出

---

[15] 除自主原則之外，或也需考慮「比例原則」：風險預防措施的嚴屬程度必須與結果危害程度合乎比例（例如刑法只處罰重大犯罪的未遂，危險犯或未遂犯的處罰也比實害犯或既遂犯來得輕）。此外，也必須考慮是否有同樣有效，但對人民權利介入或侵害程度更輕微的手段（必要性原則）。關於危害程度的評估，以及相應的不同嚴格程度預防措施的匹配，反而可能是當前 AI 技術更有發揮餘地也更適合處理的問題。

[16] 例如在北美洲，電機電子工程師學會（IEEE）通過了 Ethically Aligned Design（2019）、阿西洛馬 AI 會議提出 Asilomar AI principle（2017）、加拿大也有 the Montreal Declaration for Responsible AI（2017）。在歐洲，歐盟通過 Ethics Guidelines for Trustworthy AI（High-Level Expert Group on Artificial Intelligence 2019）。英國國際特赦組織（2018）則出版了 five overarching principles for an AI code. 在亞洲，新加坡宣布了其 Model Artificial Intelligence Governance Framework（2019）。臺灣的科技部也提出 the Guidelines for the Research and Development of AI（2019）。日本除了總務省也提出其 AI Principles（2017）草案外，理化學研究所（RIKEN）、深度學習協會（JDLA）與東京大學也都提出自己的倫理準則。

[17] Yen and Hung, *Achieving Equity with Predictive Policing Algorithms: A Social Safety Net Perspective*, pp. 27-36.

的決定不應損害人類的自由和控制。（b）透明且負責任的 AI：AI 的
處理過程應需要是可解釋的，並應符合問責制的法律機制。（c）數
據完整性和安全性：確保數據在整個生命週期中都是正確的並受到適
當的保護（例如應減少偏見、不準確性和侵犯隱私的行為）。（d）
風險管理：承認 AI 有其負面影響，尤其是對弱勢群體（例如窮人和
少數族群）的負面影響，並公平地處理它們。（e）以人為本：開發
和部署 AI 的目標是改善人類福祉（例如權利、民主、繁榮和環境保
護）。

　　這五項對一般 AI 的原則，如果放在預測性警務的特殊脈絡下，
則體現在本文所提出「自主性原則」（滿足 a、b）、「社會安全網」
（滿足 c、d）、「福祉原則」（滿足 e）中。換言之，本文的這三個
原則除了符合既有對一般 AI 的規範性要求，又對預測性警務的規範
性爭議提出近一步的指引建議。

　　總而言之，本文目的是探討將 AI 預測技術用於蒐集、使用人類
資料作為風險預測之爭議並探討其規範性考量。本文以預測性警務為
例，主張在限制 AI 技術的使用上，必然性與事實性條件無法一致地
避免 AI 預測的極端案例，卻又不排除現有法律或社會規範的案例。
此外，在使用 AI 技術時，引進「自主性原則」做為一必要條件，可
確保權責相符、避免人類喪失能力並降低 AI 發展的社會阻力。「社
會安全網」可避免社會不平等結構中需要被公正對待者被鎖定為罪
犯。至於「福祉原則」可排除極權政府的濫用，以促進最大的社會公
益。

參考文獻

李岳瑞，《春冰室野乘》（卷下 166 則）。上海：廣智書局，1910。
重刊於蔡登山主編，李岳瑞、陳恒慶著，《清朝官場祕聞：《春
冰室野乘》《諫書稀庵筆記》合刊》。臺北：獨立作家出版社，
2016。

Aougab, Tarik, Federico Ardila, Jayadev Athreya, Edray Goins, Christopher
Hoffman, Autumn Kent, Lily Khadjavi, Cathy ONeil, Priyam Patel,
and Katrin Wehrheim. "Boycott Collaboration with Police." *The
Notices of the American Mathematical Society* 67.9 (2020): 1293.

Couchman, Hannag. "Policing by Machine, Liberty, LIB11." (2019),
https://bit.ly/3BhnsBR (January 13, 2022).

Egbert, Simon and Susanne Krasmann. "Predictive Policing: Not Yet, But
Soon Preemptive?" *Policing and Society* 30.8 (2020): 905-919.

Fajnzylber, Pablo, Daniel Lederman, and Norma Loayza. "Inequality and
Violent Crime." *The Journal of Law and Economics* 45.1 (2002): 1-40.

Ferguson, Andrew Guthrie. *The Rise of Big Data Policing.* New York: New
York University Press, 2017.

Hollywood, John S., Kenneth N. Mckay, Dulani Woods, and Denis Agniel.
"Real-Time Crime Centers in Chicago" (2019), https://bit.ly/3BgSQjT
(November 11, 2020).

Hung, Tzu-Wei and Chun-Ping Yen. "On the Person-based Predictive
Policing of AI." *Ethics and Information Technology* 23.3 (2021): 165-
176.

Hung, Tzu-Wei. "A Preliminary Study of Normative Issues of AI
Prediction." *EurAmerica* 50.2 (2020): 229-252.

Jenkins, Ryan and Duncan Purves. "AI Ethics and Predictive Policing: a

Roadmap for Research" (2020), http://aipolicing.org/year-1-report.pdf (November 11, 2020).

Lewis, Margaret K. "Presuming Innocence, or Corruption, in China." *Columbia Journal of Transnational Law* 50 (2011), 287-369.

Lin, Ying-Tung, Tzu-Wei Hung, and Linus Ta-Lun Huang. "Engineering Equity: How AI Can Help Reduce the Harm of Implicit Bias." *Philosophy & Technology* 34.1 (2021): 65-90.

Liu, Yunjie, Evan Racah, Prabhat, Joaquin Correa, Amir Khosrowshahi, David Lavers, Kenneth Kunkel, Michael Wehner, and William Collins. "Application of Deep Convolutional Neural Networks for Detecting Extreme Weather in Climate Datasets." *ArXiv* (2016), https://arxiv.org/abs/1605.01156 (Januaray 11, 2022).

Ohyama, Tomoya and Mamoru Amemiya. "Applying Crime Prediction Techniques to Japan: A Comparison Between Risk Terrain Modeling and Other Methods." *European Journal on Criminal Policy & Research* 24.4 (2018): 469-487.

Room, Robin. "Stigma, Social Inequality and Alcohol and Drug Use." *Drug and Alcohol Review* 24.2 (2005): 143-155.

Yen, Chun-Ping and Tzu-Wei Hung. "Achieving Equity with Predictive Policing Algorithms: A Social Safety Net Perspective." *Science and Engineering Ethics* 27.3 (2021): 1-16.

第六章
問卷調查是否可以解決自駕車的道德難題？

祖旭華 *

第一節 前言

　　Tesla 的股價從 2020 年之後一飛沖天，這似乎顯示出人們對於自駕車時代的來臨，充滿了許多的期待。不可否認地，自駕車將為人類生活帶來許多便利性。在可想見的未來，無法自行開車的盲人，將可乘坐自駕車四處遨遊。喜歡小酌兩杯的朋友，似乎也不再需要擔心酒駕的問題。對需要或喜好長途旅行的朋友，也不再需要擔心疲勞駕駛的問題。只要在出發前設定好目的地，就能在車上睡覺，直達終點。甚或至，自駕車可以大量降低交通人力成本，搭乘計程車，不再需要雇用司機。宅配服務，或許也可以由自駕車代勞。這些都是自駕車的潛在優點。然而，如同其它許多蓬勃發展中的新科技（如生物科技，基因編輯等等），自駕車也引發了許多道德上的隱憂，特別是筆者稱之為「自駕車的道德難題」。

　　自駕車所面臨的道德難題在結構上與電車難題（trolley problem）十分相似。電車難題的情況是，一輛高速行駛的電車，煞車突然失靈，

* 國立中正大學哲學系教授。

如果駕駛員不及時將電車轉向的話，便會撞上前方五個正在鐵軌上施工的工人，但是如果轉向的話，則會撞死鐵軌分支上施工的另一個工人。此時，駕駛員在道德上應該如何做選擇？是選擇什麼都不做，讓電車輾壓過在其前方的五個工人？還是選擇讓電車轉向，撞死在鐵軌分支上的那一個工人，以保全五個工人的生命？這就構成了著名的電車難題。

　　類似的難題，也可能發生在自駕車上，形成了「自駕車的道德難題」。假設有一輛高速行駛的自駕車，煞車也突然失靈，此時，自駕車是否應該繼續前進，撞上在其行進路徑前方的五個路人？還是應該轉向，撞上在路旁的另一個路人（假定沒有其它不造成傷害的選項）？在電車的情境中，駕駛員有能力自己做出決定，然而，在自駕車的情境中，並沒有駕駛者，因此，我們必須事先為自駕車設定好規範，讓自駕車在面臨此狀況時，能夠在行為決策上有所依據。然而，如何設定此規範的具體內容，就成了自駕車在設計時所必須解決的道德難題。

　　為了解決此類型的難題，國內外有學者透過問卷調查（survey）的方式，蒐集並統計社會上大多數人針對此類型道德難題的意見，希望可以據此制訂出一套可以為社會大眾所接受的規範。[1] 然而，筆者認為這種研究方法可能會有下列的問題或侷限。

---

[1] 國內研究可參見清華大學丁川康教授與中正大學謝世民教授共同主持的人工智慧倫理學計畫，請見網址：https://aiethics.ml，瀏覽日期：2021 年 3 月 5 日；國外研究可參見 Bonnefon, J. et al., "The Social Dilemmas of Autonomous Vehicles," pp. 1537-1576; Awad, E. et al., "The Moral Machine Experiment," pp. 59-64。

第二節　問卷調查的八大難題

一　透過問卷調查所蒐集來的社會上大多數人的共識，不見得是最理想的規範，有可能只是代表了絕大多數人的偏見甚或是歧視（problem of bias）

　　問卷調查訪問的對象的意識形態會影響問卷結果是否值得參考。就筆者參加過的相關問卷調查來說，該問卷似乎沒有排除具有歧視或偏見者加入問卷調查。在是否可以撞死一個人，以避免撞死另一個人的情境中，若有人基於性別歧視，認為可以撞死一個女人以避免撞死一個男人，但不可以撞死一個男人以避免撞死一個女人，這樣的意見是否也要納入考量？換句話說，若是一個社會普遍對女性充滿歧視，那麼將這種帶有性別歧視的規範教給自駕車，做為其面臨道德抉擇時的依據，是否合理？有人或許會認為抱持這種偏見者，只是社會的少數，但這未免漠視了父權社會存在的事實，也忽略了社會的文化與教育，對人們的道德潛意識的影響。事實上，在國外的研究中，[2] 在面對是否可以撞死一個流浪漢去拯救一個企業的 CEO 這樣的問題時，在某些社會中，大多數人認為是可以的，但這會不會只是反映出該社會上普遍的階級偏見，對於為自駕車制定道德規範來說，不具有參考價值？此外，在某些社會中，在老人與孩童中做選擇時，傾向於救孩童，在其他社會中，則無顯著差異，這也說明了一個人所處的社會的文化與教育可能會對一個人所認同的道德規範有影響。也因此，我們似乎不能夠排除，在一個充滿種族歧視的社會文化環境成長的人們，

---

[2] 參見 Awad, E. et al., "The Moral Machine Experiment."

他們大多數人所做的選擇，可能不自覺地反映出了他們所被灌輸的種族歧視。

　　承上所述，透過問卷調查所蒐集來的社會上大多數人的共識，不見得是最理想的規範，有可能只是代表了絕大多數人的偏見甚或是歧視。而客觀上來講，什麼是最理想的規範，不是可以透過經驗上的問卷調查可以解決的，這往往落入到道德哲學家先驗探究的範疇之內，需要有好的理由來支持與說明。舉例來說，假定我們社會中絕大多數人接受自駕車轉向撞死一個人來避免撞死五個人，這是否代表客觀上來講，轉向撞死一個人來避免撞死五個人的行為就是正確的呢？道德哲學中的康德主義者（Kantian），或許就認為，客觀上來講，轉向撞死一個人來避免撞死五個人的行為是道德上錯誤的，因為每個人的生命都具有內在的價值，需要被尊重，而不應該為了避免更大危害而就被抹滅。[3] 筆者在此無意為康德主義者的（可能）觀點說項或背書，舉此例的目的，只是為了說明，透過問卷調查所蒐集來的社會上大多數人的共識，可以有進一步檢驗的空間。若輕率地認為最佳的道德規範是由社會上大多數人的共識所決定的，這似乎抹滅了我們現有的規範可能具有可改革與優化的空間。

二　問卷調查結果對實際狀況的適用性問題（problem of applicability）

　　在面對「自駕車是否可以為了避免撞上五個人，而轉向撞上另一個人？」這類問題時，問卷填答者可能要視情況，以及更具體的描述

---

[3] 哲學家 Regina Rini 稱這種客觀論的道德觀為 Celestial view（天體觀）。在某種詮釋底下，康德認為道德上的是非對錯，好比夜空的繁星，其存在都具有客觀性。並不是人類主觀心靈或社會文化的產物。參見 Rini, Regina, "Raising Good Robots."

才能給出較為符合實際情況的答案。如果缺乏這些具體描述，那麼在很抽象的情境中所給出的答案，不見得可以適用於具體實際的情境。例如，在抽象情境中，或許絕大多數人同意可以為了避免撞上五個人，而轉向撞上另一個人。但若在實際具體的情況中，那一個人是自己的兒子時，大概鮮少人會同意這麼做。這顯示出了，如果問卷調查的題目不夠具體的話，那麼透過此問卷所得出的答案，對於實際狀況的適用性可能是有問題的。[4]

三　概括性描述的問題（problem of general description）

有人或許會認為，要解決以上（2）所提到的問題，只要在問卷調查時，將題目設計得更具體就可以了。但這是否可以在根本上解決問題，筆者基本上抱持著懷疑的態度。這主要是因為，即便題目再具體，只要題目中的情境敘述還是概括一般性的描述（general description），那仍然會有許多在程度上更具體的情境可被此描述所涵蓋，也因此，（2）所提到的適用性問題仍然存在。舉例來說，有人或許會認為在問卷設計時，我們不問「為了避免撞上五個人，而轉向撞上另一個人是否可以」，而改問「為了避免撞上五個人，而轉向撞上自己的兒子是否可以」，如此的話，似乎就可以針對此特定較具體的情境，統計出大多數人認同的答案，而可以適用於此類型的情境。

然而，筆者想強調的是，「為了避免撞上五個人，而轉向撞上自己的兒子」這樣的描述，仍然可以涵蓋許多程度上更具體的情境。例如，那五個人當中也有自己的另一個小兒子，或者那五個人當中，除

---

[4] 關於將適用於想像情境中的道德答案應用到實際情況的一般性的困難，可參見 Dancy, Jonathan, "The Role of Imaginary Cases in Ethics," pp. 141-153.

了有自己的小兒子以外，還有自己的父親、母親與太太在裡面。問卷在一開始相對具體的情境中所統計出的多數共識，就也不見得可以適用於更為具體的情境當中。例如，雖然大多數人可能認為不行讓自駕車為了避免撞上五個人，而轉向撞上自己的兒子，但當那五個人當中有自己的小兒子、父親、母親與太太時，或許就會做出截然不同的判斷。

　　值得一提的是，筆者自己在填答問卷，遇到這種概括一般性的描述的問題時，往往不知道如何作答，因為被這種概括一般性描述涵蓋的具體狀況可以有太多了。而在這些具體的狀況中，筆者會因具體情境細節的不同，而給出不同的答案。也因此，在面對概括一般性描述的情境時，筆者往往勾選「不知如何作答」的選項。如果大多數填答的學者或民眾，跟筆者一樣，而在面對概括一般性描述的問題時，給出「不知如何作答」的答案，那麼這份問卷的結果，就不太能夠達成為自駕車制定規範的目的，其參考價值也就大大地打上了折扣。相對來說，若是填答者在面對概括一般性描述的情境時，忽略了此概括一般性描述可涵蓋的具體細節，而搪塞出一個確切答案時，那麼如前所述，這個答案是否可以適用於真實的狀況，是令人存疑的，其參考價值似乎也不高。

四　具體問題在應用上的侷限性（problem of limited applicability of answers to highly specific questions）

　　針對（3）所提出來的概括性描述的問題，或許有人認為可以將問卷的題目改為更具體的「為了避免撞上自己的小兒子、母親與妻子以及兩個陌生人，而轉向撞上自己的女兒是否可以」，而不再問「為了避免撞上五個人，而轉向撞上自己的女兒是否可以」。如此的解套方式，主要是希望可以藉此得出更貼切適用具體情境的答案。然而，

筆者認為，這個提案在其應用上會有很大的侷限性。簡單來說，從此題目所獲得的多數共識而制定出來的規範，其能夠涵蓋的層面非常地有限，不適用於其它部分不同或甚至完全不相同的情境。在此前提下，如果要為自駕車建構一套完整的行為抉擇規範，我們就必須針對每一種自駕車可能遭遇的具體情況，設計一道問卷題目，來為自駕車在該類情境下訂立一條相對應可以遵守的規則。然而，自駕車所可能面臨的相關具體情境，可能是千變萬化的，如果要事先為每一種可能遇到的情境設計題目，恐怕不是透過問卷調查可以窮盡達成的。此外，就技術上而言，似乎也無法將無窮盡的規則，教導給自駕車。[5]

五　模糊性設計無法解決適用性問題（failure of fuzziness design）

　　值得注意的是，有的問卷為了解決（2）所提到適用性的問題，在選項中有加入模糊性（fuzziness）的設計，也就是說，該問卷中的選項不是非黑即白，只能選擇撞死或犧牲一邊的人來避免撞上另外一邊的人，而可以在程度上選擇更傾向撞死或犧牲哪一邊。根據問卷設計者的想法，加入了模糊性的設計後，更符合人們實際做決策的狀況。但就筆者的觀點來看，即便在選項中有模糊性的設計，還是無法解決適用性的問題，雖然答案的選項因為模糊性的設計而變多了（填答者可選擇強烈傾向或是稍微傾向），但填答者所面臨的問題仍然是概括一般性的描述，被此一般性的描述所涵蓋的具體情境，仍然有很多。填答者在面臨概括一般性描述時所傾向給出的答案，也不見得是他們在面臨更具體的情況時所傾向給出的答案。

---

[5] 類似論點可參見 Lipson, Hod and Melba Kurman, *Driverless: Intelligent Cars and the Road Ahead*, p. 16。

　　此外，如果填答者在填答概括一般性描述的問卷問題時，已經意識到問卷題目不夠具體，但卻仍然給出一個他們傾向接受的答案，這可能表示，他們刻意地忽略了一些在實際情況中可能會遇到而且應該被納入考量的因素。以之前的例子來說，在面對「為了避免撞上五個人，而轉向撞上自己的兒子是否可以」這樣的問題時，填答者可能會刻意忽略那五個人中有可能是有自己的父母與另一個小兒子的可能性，而給出他們傾向同意的選項。雖然這些因素是填答者實際上所刻意忽略的，但卻是他不應該忽略的，因為實際狀況的確有可能是如此。所以填答者在刻意忽略某些因素的狀況下，所給出的答案，在實際狀況中是否值得參考，也值得商榷，畢竟實際的狀況是有可能包含了那些被填答者所刻意忽略的因素。

六　問卷的變因控制問題（problem of confounding factors）

　　問卷對於自駕車可能遭遇的道德兩難情境的建構，如果沒有控制好變因，我們就很難指認出，當自駕車面臨道德兩難情境時，有哪些因素是社會大眾多數認為必須納入考量的。也因此，我們也就很難為自駕車在面臨行為上的道德抉擇時，提供一組確切的因素，以簡馭繁，做為抉擇上的依據。[6]

　　舉例來說，在國外設計的問卷中（Awad et al., 2018），其中一個問題大致上是：煞車失靈的自駕車是應該直行撞死闖越紅燈的兩位老先生與一位老太太（A 組），還是應該轉向撞向安全島犧牲自駕車中的一位成年男子與一位成年女子還有一位小男孩的生命（B 組）？假定填答者選擇了 A 組，這到底是因為填答者認為（a）自駕車無論

---

[6] Amy Maxmen 也在她的文章中，提到了類似的問題，雖然她並未針對此問題詳加論述。參見 Maxmen, Amy, "A Moral Map for AI Cars," pp. 469-470.

如何都不應該轉向，還是因為（b）B 組的平均年齡較輕，還是因為（c）B 組中有孩童的關係，還是因為（d）A 組的人不遵守交通規則，還是因為填答者認為（e）自駕車無論如何都不應該犧牲乘客，還是這五者都是？還是只是因為這五個因素中的其中幾個？還是有這五個以外其他的因素？。我們光從填答者所給出的答案是無從知道哪一個（或哪一些）因素是填答者認為應該納入一般性考量的。

　　如此的話，似乎就很難從答案中去萃取出哪一個變因是人們在做決定時實際納入考量的。而且也不能排除因人而異的可能性，兩個給出同樣答案的人，有可能他們考量的因素不見得全然相同，甚至完全不同。而如果我們無法從問卷的答案萃取出，有哪些因素，是我們在一般情境下都必須要考量的因素，這樣我們就無法為自駕車在面臨道德抉擇時，提供一組因素做為其選擇的憑據。換句話說，在為自駕車設計倫理規範時，我們就無法以簡馭繁，根據有限的抉擇因素，來駕馭因應所有可能遭遇到的道德兩難情境。我們就只能夠針對每種道德兩難情境去制定規則，但如同前面所述，自駕車有可能遭遇到的道德兩難情境，可以是千變萬化，無窮無盡的。所以不可能透過問卷調查，去針對所有可能遇到的道德兩難情境，去制定一條相對應的倫理規範。

七　一般性規則在應用上的侷限性（problem of limited applicability of general rules）

　　承上所述，或許有人會認為我們可以藉由改變問卷題目的方式，從問卷調查的結果萃取出某些社會大眾傾向納入一般性考量的因素（例如潛在受害者是否在人數較少的那一邊，是否為乘客，以及潛在受害者的年齡、性別、職業與有無違反交通規則等等），並據此制定出一些一般性的規則與倫理規範。例如，假定其它與道德相關的條件

都相同的情況下（holding fixed all the other morally relevant factors），
（f）在兩方人數不等時，必須選擇撞死人數較少的那一方。（g）在
兩方年齡有差距時，必須選擇撞死年紀較大的那一方。（h）在兩方
男女有別時，必須選擇撞死男性那一方。（i）在兩方在遵守交通規則
這點上有差異時，必須選擇撞死有違反交通規則那一方。（j）在兩方
在有無職業這點上有差異時，必須選擇撞死沒有職業的那一方。（k）
在兩方在是否為乘客有所區別時，必須選擇犧牲撞死乘客那一方。諸
如此類等等。[7]

　　但值得注意的是，即便我們可以歸納出一些一般性的規則，這些
一般性的規則，只適用於下列情況：兩方的狀況只有在規則所言明的
單一因素上有所差異（例如性別）時。換句話說，潛在的受害者兩方
必須在其它與道德相關的各方面都沒有差異（或其他條件都相同）
時，如此一般性的規則才適用。但實際的狀況中，兩方在其它與道德
相關的方面，往往不盡相同。針對（f）而言，如同之前所論述過的，
如果自己的兒子或親屬在人數較少的那一方時，該規則恐怕就不能夠
獲得社會多數人的認同，而無法適用於實際的狀況。針對（j）而言，
如果無業者是自己的母親，或女兒時，（j）這個規則可能也無法獲得
社會大多數人的認同，也無法適用於相關的實際情況。

　　此外，就算我們暫且擱置以上的問題，當我們將這些一般性的規
則應用到實際情況時往往會有衝突。舉例來說，如果人數較少的一方
是女性，（f）與（h）規則就產生了衝突，此時是以遵守哪一個規則
為主呢？面對這種兩個規則衝突的狀況，或許可以透過問卷調查的方

---

[7] 根據 Awad, E. et al., "The Moral Machine Experiment," pp. 59-60，他們的問卷蒐集
了來自 233 個國家與地區，將近四千萬個在兩難情境中的回答，得出下列三個
比較顯著的一般性規則：（1）拯救人類優先於動物（2）拯救人數較多那一方（3）
拯救較年輕的生命。

式，來獲得社會大多數人的意見。但規則衝突不是僅僅會發生在兩個規則之間，在很多情況中，可能包含了多個規則之間的衝突。舉例來說，人數較少的一方是女性，她是行人非乘客，有違規的事實，她是小學生。在此情況下，規則應用上的衝突就可能涵蓋了（f）（g）（h）（i）（j）（k），如此的話，要如何解決此衝突呢？如果還是透過問卷調查的方式，以社會大多數人的意見為解決方式的話，那麼這種解決方式，恐怕最多只能適用於與此相同類型的情境，而無法適用於其它不同情境。換句話說，如果是相對具體地針對所面臨的情境（比如說：「人數較少的一方是女性，她是行人非乘客，有違規的事實，她是小學生」）去做統計，那麼從此所得出的多數共識所涵蓋的範圍就很狹隘，只適用於特定這一類型的情境，也無法因應其它不同類型情境。

　　比如說，就職業來講，職業可以有上百種（商人、護士、醫生、軍人等等），造成違規的事實的原因也不一而足，例如是因為怕上學遲到，還是為了去探望在加護病房臨終急救的爺爺？還是因為一時疏忽？而就人數而言，人數較少那一方有多少人？與人數較多的那一方比較起來的比例為何？而人數較少那一方，如果不是全然是未成年女性，還有未成年男性的話，是否也要另外納入考量？如果這些因素都要納入考量的話，那麼如果未來要為自駕車制定出一套完整的行為規範，問卷題目的數量即便不是無限的，也必定十分龐大，其可行性令人存疑。

　　此外，筆者認為這種統計多數社會共識的做法最根本的問題，還是歸結到適用性的問題。也就是，即便是在某一特定類型的情境描述中所得出的多數社會共識，也不見得可以適用於符合該類型描述的實際具體情境。舉例來說，如果在面對「人數較少的一方是女性，她是行人非乘客，有違規的事實，她是小學生」這類型的情境描述的問題

時，社會中絕大多數人都認為不可撞死該小學生，而應該選擇撞死另一方，但這是否意味著，如果另一方當中，乘客中有自己的父親與也是小學生的女兒時，絕大多數人仍然同意這麼做呢？如果不同意的話，這就表示，在此類型描述中所得出的多數社會共識，就不能夠適用於符合此類型描述的實際具體情境。

八　落實問卷調查結果的困難（problem of practicability）

問卷調查的題目如果不切實際，也可能造成其結果是無用的。舉例來說，在筆者所填寫的問卷中，有的題目是牽涉到潛在受害者的職業，例如，某些潛在受害者是政治工作者，而某些是商人，而某些人則是無業或失業的人。即便根據社會大眾填答問卷的多數共識是，可以撞死一個政治工作者，以避免撞死一個商人，但我們是否能教會自駕車辨識出一個人是政治工作者還是商人，在技術層面上是大有問題的。只憑一個人的外觀，很難辨識出這一點。而如果自駕車無法從外觀上辨識出一個人的工作性質，那麼此問卷所得出的相關結果，就不具有任何的可施行性。一個或許可能的解套方案是，當自駕車的時代來臨時，每個人出門時都必須攜帶感應晶片，晶片上會記載自己的職業，甚或性別與年齡與財產，可以讓自駕車很快地偵測到，作為辨識。但這會不會侵害到個人隱私或自由？是否真的具有實際上的可行性呢？這是需要進一步研議的。

第三節　結論

綜合以上所述，筆者認為透過問卷調查的方式，來為自駕車制定自動駕駛的道德規範，這樣的做法是有困難的。筆者在此無意斷言本文所提到的八點困難之處是無法解決的，或許某些困難只是特定問卷

本身設計不良所產生的問題，只要透過不同的設計，該問題就會迎刃而解。但有些困難似乎是顯示出，透過問卷調查來為自駕車制定行為規範的這種研究取徑本身是有問題的。無論如何，筆者本文目的是希望研究者可以正視本文所提出的八點困難，面對與接受困難的存在，才能處理與放下。但筆者的確相信，要完全地解決以上八點困難，的確不是件容易的事，需要學者專家們集思廣益，共同努力。事實上，筆者在未來也希望可以貢獻棉薄之力。但在一套完整的解決方案被提出來以前，筆者認為我們至少應該審慎小心地看待問卷調查的結果，不應該草率地將其應用在自駕車的道德規範的制定上。[8]

[8] 感謝兩位匿名審查人與謝世民教授、張智皓同學、連祉鈞同學、洪松同學與詹偉倫先生對本文的初稿提供了寶貴的參考意見。也感謝戴華教授與筆者討論與本文相關的議題。此外，也要感謝蔡政宏教授、林文源教授與李建良教授來信邀稿。最後，本文可以順利完成，也要感謝科技部 MOST 105-2410-H-194 -096 -MY4。本文章是根據下列兩篇文章修改而成：發表在非營利網路媒體立場新聞，〈問卷調查是否可以解決自駕車的倫理難題？〉，請見網址：https://www.thestandnews.com/philosophy/ 問卷調查是否可以解決自駕車的倫理難題 /，瀏覽日期：2020 年 11 月 12 日；以及發表在臺灣人工智慧行動網，〈自駕車道德難題與問卷調查的研究方法〉，請見網址：https://bit.ly/3APVdbN，瀏覽日期：2020 年 2 月 15 日。這兩篇文章的版權，與兩位主編確認過，均屬於筆者，也感謝其中一位審查人提醒筆者加註說明，特此致謝。

參考文獻

丁川康、謝世民，人工智慧倫理學計畫，https://aiethics.ml。

立場新聞，〈問卷調查是否可以解決自駕車的倫理難題？〉，2020，
　　https://bit.ly/3cNb6YC，瀏覽日期：2020 年 11 月 12 日。

臺灣人工智慧行動網，〈自駕車道德難題與問卷調查的研究方法〉，
　　2020，https://bit.ly/3APVdbN，瀏覽日期：2020 年 2 月 15 日。

Awad, E. et al. "The Moral Machine Experiment." *Nature* 563 (2018), pp.
　　59-64。

Bonnefon, J. et al. "The Social Dilemmas of Autonomous Vehicles."
　　Science 352 (2016), pp. 1537-1576.

Dancy, Jonathan. "The Role of Imaginary Cases in Ethics." *Pacific
　　Philosophical Quarterly* 66 (1-2). (1985): 141-153.

Lipson, Hod and Melba Kurman. *Driverless: Intelligent Cars and the Road
　　Ahead*. Cambridge: MIT Press, 2016, p. 16。

Maxmen, Amy. "A Moral Map for AI Cars." *Nature* 562 (2018), pp. 469-
　　470.

Rini, Regina. "Raising Good Robots." https://bit.ly/3RjkiTv (January 7,
　　2017).

第七章
Data for Good——初探數據計畫的倫理框架

余貞誼 *

第一節　前言

　　人工智慧和數據科學，幾乎是進步與創新的同義詞。藉由把事物轉成後設資料的形式，進行邏輯判準的運算，以找出資料中潛在的結構和模式，可以讓人們從這些有條理的數據中識別事物樣態，並以此解決問題。如此訴諸運算客觀性的方法，也讓人們認為其所趨近的就是一種客觀嚴謹的知識，甚或是真實的同義詞。然而，若以 Robert Kowalski（1979）所提出的演算法運算式 ——Algorithm = Logic + Control——來看，演算法是由邏輯元素和控制元素所組成。邏輯元素指的是一種用來解決問題的知識，它確立這個演算法要做什麼（What is to be done）；控制元素指的則是決定問題要如何解決的策略 （How it is to be done），並以此來形塑演算法的效能。從這雙元素的相互配合中，如同 Berendt（2019: 53）所言，許多人已日漸意識到，人工智慧的誕生並不僅是出於演算法的運算邏輯，我們還需要關注奠基在演算法背後的知識體系，亦即，讓我們據以把社會問題轉化成數據科學

* 高雄醫學大學性別研究所助理教授。

能處理的形式問題（formal question），以及提出解方的框架體系。前者關乎的是一個問題會從什麼樣的視角來被定義，後者則包括從誰的觀點來設定解決方案，以及透過方法程序來落實解方的決策。因此，若要讓 AI 和數據科學的成果朝向社會共同利益（Common Good），工作者都需要去察覺這個框架的認知立場與價值取向，才能去看見框架中蘊含的選擇是奠基在何種意識之上，且會讓誰得利、誰又會蒙受損害。

據此，我們確實可以說，人工智慧與數據科學所牽涉的，是一種科技―文化政治（techno-cultural politics）（Bassett, 2012: 120-121）。要理解軟體是如何運作的，並不只需要考慮其邏輯符碼，還要探索控制層面所涉及的框架體系，即看見它如何界定問題、衡鑑問題、和解決問題的方法，及其背後所蘊含的價值預設；亦即，讓這些人機組合及用以決定某個特定社會群體的價值、實踐和技術產物的決策制定和爭論的過程，從黑箱中被拉出來（Striphas, 2015: 406），我們才可能知曉人工智慧運作、影響的程度和侷限。這也意味著，當我們把任務交託給演算法時，並不等於讓人類責任止步。反之，演算法中始終鑲嵌著的科技文化政治（如：我們如何意識到這是個需要解決的問題？在思考解決方案過程中挾帶著什麼樣的假設與視角？），會參與形塑出演算法的效用和潛能，進而改變或強化社會的秩序。

也正是如此的科技文化政治，使得現今在討論人工智慧的社會效應時，除了關注其效能的優化之外，也開始注意到其中所鑲嵌的倫理符碼，希望其數據計畫的產品能對社會帶來益處，或至少不帶來危害。不過，對於何謂對社會帶來共同利益，其答案並未指向一個普世的定義指南（Berendt, 2019: 44），而是更分殊的依據數據計畫所處的脈絡來討論其中的倫理和道德原則。因此，更確切的問法會是，數據計畫對誰、如何、何時、在哪裡會帶來正面或負面的效應；以及，

它在徹底改變現在以邁向新未來的轉轍革命中，是否和所有人分享優
勢與利益，是否對每個人來說，都是公平的（Floridi et al., 2018: 690-
692）？

　　這些討論所涉及的，是發展 AI 與數據計畫時必須討論的倫理議
題，甚至是其運作關鍵的社會政治框架。本篇文章將嘗試從數據計畫
所鑲嵌的權力網絡，來探究我們能如何進行數據計畫的倫理討論。

第二節　Data for Good?

　　什麼樣的數據計畫在為社會謀善？其所謂的善又是何種定義？
以 Luciano Floridi 為首的 AI4People 科學委員會，統整近期業界與
學界提出的眾多主張，認為可將其放進生命倫理學常用的四個核心
原則中：行善（beneficence）、不傷害（non-maleficence）、自主
（autonomy）和正義（justice）；此外他們也提出一個新原則：可
解釋性（explicability），亦即是否可理解（intelligibility）及可問責
（accountability）（Floridi et al., 2018: 696）。

　　所謂行善，指的是促進人類的福祉。抽象的福祉概念編撰至倫
理準則中，所呈現的包含維持人類尊嚴、權力、自由和文化多樣性
（Berendt, 2019: 49-50）。不傷害，是指要避免數據計畫中因為人類
意圖或機器中不可預測的行為（包含無意中促成的人類行為）造成傷
害（Floridi et al., 2018: 697）。自主，在數據計畫的脈絡中意味著，
要在人類為自己保留的決策權與人類賦予人工智能的決策權中求取平
衡；如此的平衡不僅是要促進人類的自主性，還包括要限制機器的自
主性，並讓機器所做的決策在本質上是可逆的、具有讓人類自主性重
新建立的空間（如人類駕駛可以關閉自動駕駛功能並取回駕駛的完整
掌控權）。換言之，自主的關鍵在於保護人類擁有選擇的自由：在眾

多選項中做出必要選擇的自由，與當機器的運作會讓人們喪失控制權的時候，令其嘎然而止的自由（Floridi et al., 2018: 698）。正義的關鍵在於數據計畫帶來的利益能夠開放給所有人平等共享，不具偏私與歧視（Floridi et al., 2018: 698-699）。最後，可解釋性包含透明、可問責、可理解與可詮釋的特質，讓人們藉此理解數據工作是如何運作的，以及，誰可以對其運作的結果負責。Floridi 等人（2018: 700）認為可解釋性補充了前四種原則的運作脈絡，如當我們要判斷人工智慧是否具備行善或不傷害的特質時，我們必須理解它究竟以什麼樣的方法帶來社會上的利益或損害；在促進人類擁有自己做決策的自主性時，我們也必須具備 AI 如何行動的知識，如此才能評估人類何時需要介入拿回決策權；在正義的向度上，若 AI 產生負面結果，我們除了要理解這些結果是如何產生之外，也必須確保整個技術網絡會對此結果負責。

　　從 Floridi 等人綜整出目前所發展出來的 AI 倫理原則，可以看見其中多以通用原則畫出一種為社會謀善的數據計畫基準。然而，如同 Gebru（2019: 19）所言，AI 倫理不是一個抽象的概念，而是一個迫切需要整體方法的概念。因為從技術的創造初始，到 AI 目標和價值的設定，皆是鑲嵌在特定視角之上。因此，若我們只從特定視角（如西方中心主義）來制定、引導、倡議 AI 倫理，並將其呈現為一種全球共識的姿態，不僅會忽略倫理該如何有效落實的方法，同時也會模糊這些倫理是由誰、在哪裡、如何被操作的問題（Crawford et al., 2019: 19）。Collett 與 Dillon（2019: 20）便循著此種批判的脈絡，更進一步地進入性別特定的情境，指出一體通用（one-size-fits-all）的倫理原則並不足以應對 AI 系統放在特定脈絡下的問題，因而認為需要從性別理論的視角來檢視數據的使用是否公平、甚至應該要重新審視公平與偏見的概念，以釐清性別交織性如何穿梭在 AI 系統中的效應。

　　在這樣的關懷下，深度學習研究團隊 Google Brain 的研究員 Sara Hooker（2018）便指出，用數據謀善（data for good）的說法，對技術實踐者來說並不精確，因為其並未說明所謂的「善」究竟是什麼；亦即，究竟是誰眼中的「善」？所謂的行善、不傷害、自主、正義的標準，是由誰來判定的？例如，一般普遍認定當大公司為非營利組織提供免費的數據工具就是一種行善，但由於這些非營利組織極有可能欠缺相應的技術能力，因而此行動事實上無法激發出更有意義的參與模式。又如，當志願者願意免費為弱勢組織提供數據工具或是教育訓練來提升其數位機會時，能夠引起志願者興趣的議題在分布上是不均等的（如最新穎的題材最容易受到青睞），因而可能造成近用機會上的差距，甚或對某些群體關上利益分配的大門。

　　延續上述認為須以更具脈絡特定性的方式來描述數據工作的倫理準則，DIgnazio 與 Klein（2020a: 41-44）轉以「用數據來共同解放」（data for co-liberation）作為數據計畫的終極目標，認為好的數據工作需要體認到數據和演算法是如何根植在統治的矩陣之中（如表7.1），才有可能讓數據工作去挑戰權力結構和系統的根源，以帶來終結壓迫的解放結果。以巡邏警力的配置系統 PredPol 為例，其預測警力配置的演算法，是以過往的犯罪數據做為訓練資料。過往的犯罪資料之所以能成為可被信任的數據，是根源於規訓領域，因為我們信賴法治科層系統的正當性，因而相信這些資料是真實可信的。然而，若我們細究這些犯罪數據的脈絡，就會發現這往往是因為有色人種先被污名化為潛在罪犯，因而警方在其所處的街區不成比例的安置較多警力，自然也就更容易的去發現這些犯罪行為（同理，犯罪率較低的區域，不是源於其沒有發生犯罪行為，而很可能是由於該處部署較少的巡邏警力，因而這些犯罪行為較不容易被警察看見、納入紀錄）。因此，這些犯罪數據的產製，事實上根植於霸權領域中掌權者所流通

的刻板印象與歧視理念。而當 PredPol 的演算法以上述的犯罪數據作
為訓練集,得出巡邏警力的預測配置方案時,這個方案可以說是既反
映過往的種族歧視行為,又接續強化、鞏固種族歧視的效應。而這樣
的效應會轉進結構領域和人際領域,在組織端成為遂行族群壓迫的政
策,在個人端則使之在隱私與生活經驗上都萌生被差異對待的感受。

表 7.1:統治矩陣的四個領域 (DIgnazio and Klein, 2020a: 42)

結構領域	規訓領域
組織壓迫:法律和政策	治理者和管理者壓迫:法律和政策透過科層加以應用和執行
霸權領域	**人際領域**
流通的壓迫理念:文化和媒體	壓迫的個人經驗

　　從 data for good 到 data for co-liberation,我們看見這討論的過程
從抽象的普世原則,走向具體化的關係網絡。這意味著,要較為適切
的討論 AI 倫理時,我們應該去看見它是鑲嵌在什麼樣的關係網絡中,
它牽連在什麼樣的統治矩陣中,誰是其中的行動者,所謂的謀善行動
是否毫無疑義的具有共識?好壞是由誰的視角來判定?這些疑問都指
向了,要討論 AI 倫理,需要進入具體脈絡才能有足夠多的資訊來辨
別其樣態。

第三節　倫理框架的選擇

　　進入具體脈絡之後,要從何切入才能判斷 AI 與數據計畫是否帶
來共同解放的社會機會?數據計畫的出發,都起源於將日常生活遭遇
的問題,轉化(transform)成為一個數據科學能處理的、具有清楚定
義的任務。唯有這個「問題」——一個對社會有害(undesirable)的

狀態──被理出清楚的定義與方向，數據科學家才能以精確、可理解且有力的方式，來將它導向成為理想（desirable）的狀態（Berendt, 2019: 52）。因此，這個「轉化」問題的過程，不但決定了數據計畫能介入的程度，也決定了何謂值得嚮往的樣貌。據此，當我們想判斷其是否為一種邁向共同解放的數據計畫，就需要去討論其所擘畫出的嚮往光景，能具有何種解放潛力。

　　從 DIgnazio 與 Klein（2020a: 42）的統治矩陣可知，數據工作所具有的壓迫／解放力量來自多個層次，若要判斷其是否帶來解放潛力，該從何著手？Floridi 等人（2018: 690）提出的四個關鍵點可以做為討論框架的啟發：我們可以變成誰（who we can become）（自主的自我實踐）；我們可以做什麼（what we can do）（人類能動性）；我們可以達成什麼（what we can achieve）（個人和社會的能力）（individual and societal capabilities）；我們能如何和彼此與世界互動（how we can interact with each other and the world）（社會凝聚力）。作為解放與否的指標，這每一個關鍵點都具有三面體：運用得宜，AI 將能助長人類的能力，帶來解放的效果；未充分利用，則會帶來機會成本而無益於解放效果；若是濫用，將會帶來風險，亦即因為其非意圖的結果，扭曲了最終的解放意圖，反而帶來了壓迫力量。

　　當我們意識到，AI 與數據計畫實為一處於統治矩陣的權力事業時，這四個關鍵點有助於我們在討論數據計畫的解放潛力時，以更為細緻的方式去看見它牽涉到哪些權力運作？它以何種方式促進人類尊嚴與進步？它助長了誰的能力，又弱化了誰？檢視這些關鍵點，能有助於我們去判斷，AI 與數據計畫的目標，該朝向何種形式來為社會謀善，或促成共同解放。底下將從幾個具有啟發的例子來思考這個問題。

一　要照妖鏡還是要過濾器？

當我們面對社會中的文本存在著性別刻板印象與偏見語言時，該如何改善這種有違性別正義的現象？從現行的數據工作計畫來看，其希望透過數據工作所擘畫出的理想狀態，可以約略分成照妖鏡和過濾器兩種型態。IBM 於印度的 Nishtha Madaan 團隊（2018）對曼布克獎（Man Booker Prize）得獎小說中的性別刻板印象之分析，即可以說是一種照妖鏡的存在。該團隊針對 1969 年至 2017 年間入圍該獎項的書籍（共 275 部小說），從 Goodreads 網站收集關於這些小說的描述和評論，發現其中普遍存在著性別偏見和刻板印象，比如女性角色被提及的次數少於男性角色；用來描述男性的形容詞是富有的，描述女性的則為美麗的、具有吸引力的；男性角色的人設是有權力的，女性角色則顯露為有所憂懼；男性角色的職業地位高於女性，多為醫生、科學家、董事長，女性則為教師、護士、妓女。另一個照妖鏡的例子如 Emma A. Jane（2018）的「隨機強暴威脅產生器」（The Random Rape Threat Generator, RRTG）。[1] 她收集真實發生在線上的性挑釁、強暴威脅和攻擊語言的例子，透過可以拼接、洗牌、重新整合的運算程式，能夠隨機產生 800 億種獨特的強暴威脅和性差辱、性辱罵的文字，以此闡釋線上性別仇恨語言中的模板化、機械性和不近人情的性質。這兩個例子，都宛若照妖鏡的存在，藉由數據工作來揭露既存的社會秩序，前者看見了小說所反映的社會性別偏見，後者看見了性別仇恨的語言總是與強暴文化交織在一起，並以此施展噤聲女性的宰制權力的現象。

現出妖形，然後呢？從 Floridi 等人（2018）提出的四個關鍵

---

[1] 「隨機強暴威脅產生器」（The Random Rape Threat Generator，RRTG），請見網址：https://www.rapeglish.com/，瀏覽日期：2022 年 1 月 30 日。

點──我們可以變成誰，我們可以做什麼，我們可以達成什麼；我們能如何和彼此與世界互動──來看，照妖鏡的行動，在「我們可以變成誰」（即自主能力的實踐）上，喚起我們對權力的自覺，從單純的被宰制者，轉變成對權力的臨摹者，能清楚看見權力對己的作用。在「我們可以做什麼」（亦即能動性）的層面，當人們看見並熟悉權力的運作，就容易長出回嘴的力量。如 RRTG 的行動，就是一種同時以嚴肅的政治行動，與幽默的創意回嘴來對抗這些線上性別仇恨言論的能力（Jane, 2018: 662）。而隨著自主與能動性的提升，照妖鏡的行動所達成的與所互動的，是一種對社會論述作為權力宰制作用的開箱；開箱既是種揭發與見證（把權力的刻痕拓印再現），也是種代為體驗（你沒碰上但我帶／代你去碰撞）：數據敘事裡頭呈現的系統性結構與模式，能揭發過往未曾察覺的力量；同時它所見證的，也能超越個人經驗的局部性和有限性，讓人們從結構性的視角看見，性別不平等確實透過交織在孔隙中的權力運作，成為一個影響深遠的公共議題。

　　如果說照妖鏡是把社會的不平等盡量現形，那過濾器的作用就是為社會濾去雜質與毒害。第二屆性別暴力防治駭客松（2016/12/03-04）中的作品「Poly you」，以打造性別友善環境為發想，開發 Google Extension 套件，將網路文本中含有性別歧視標籤的語句，置換為中性用語詞彙，藉此讓網路上的閱聽眾能減少面對性別歧視和暴力的噪音，並讓性別歧視標籤於社群傳播中消音。從 Floridi 等人（2018）的四個關鍵點來看，這個企圖作為篩網，篩去性別歧視的語言以打造性別友善網路環境的數據計畫，在「我們可以變成誰」、「我們可以做什麼」、「我們可以達成什麼」這三個關鍵點中，皆隱約可見其懷抱數位公民權的概念（Citron, 2009），亦即，透過改善網路空間中的性別敵意文化，為每個人打造出一個自在的網路活動空間，使其享受自主於網路空間行動、表達、創造的自由，而不會因為網路的敵意氛圍

而自我隔絕於數位空間，甚或剝奪其數位知能。然而，隨著我們邁入第四點「我們如何互動」的討論，這個計畫的定位就顯得曖昧。透過這個 Google Extension 套件，我們在和誰互動？數位公民權在揚舉參與網路空間的權利時，很關鍵的概念是認為網路虛擬空間與現實空間並非斷裂的兩個世界，反之，兩者間是相互滲透與交融的。然而，過濾器的互動模式卻宛若將網路世界與真實世界一切為二：友善僅限於網路空間，實體世界則無從改變。那麼，我們該如何理解我們究竟在和誰互動、而又解放了誰？當性別歧視語言被演算法篩去並置換成中性詞彙後，是否就意味著性別歧視消失了？我們甚至可以想見當這樣的服務普及後，可能會有新的可閃躲偵測的性別仇恨語言出現，宛如貓捉老鼠的遊戲。只是當我們在網路上以為貓已把老鼠關進籠子裡，但進入實體空間後才發現那籠子的禁錮有其界線性，那麼，出了界後，我們能從這樣的數據計畫中學得新的工具來培力我們應對嗎？

二　是保護主義還是缺陷敘事？

　　當我們面對社會中層出不窮的性別暴力，既造成身體的侵害，也帶來精神上的壓迫與自我限制時，我們可以期待數據計畫為我們擘劃什麼樣的改善計畫？ 2021 年 2 月，印度警方決定在北方邦的勒克瑙市區 200 處性犯罪熱點，加裝人臉辨識監視器來偵測女性的表情變化；若該女性遭到性騷擾而產生臉部表情的變化，系統就會向最近的警局通報，讓巡邏員警盡速抵達現場。[2] 第二屆性別暴力防治駭客松也有從犯罪熱點著手的計畫，「Go home」，其是一款 App，會將性別暴力的犯罪地點標註成地圖熱點，當女性要通往某處時，這款 App

---

[2] 王柏文，〈打擊猖獗性犯罪 印度加裝 AI 監視器偵測女性表情〉，《公視新聞網》，請見網址：https://news.pts.org.tw/article/511874，瀏覽日期：2021 年 02 月 04 日。

會在路程規劃中避開這些犯罪熱點，以讓女性能走條安全到達的路徑。

　　上述兩個數據計畫，對於性別暴力的因應都採取保護立場。從「我們可以變成誰」到「我們可以做什麼」的層面，都是在保護性的條件下保障女性的公共空間行動權，呼應了臺灣自 1990 年代後期通過的性暴力相關法案的精神（包括性侵害犯罪防治法、刑法妨害性自主罪章等）。然而，進展到「我們可以達成什麼」以及「我們能如何互動」的層面，就會發現站在保護立場上的數據計畫，雖然可望保障個別女性的行動安全與自由，但在社會集體的層次上，透過數據計畫的推動，從有害（undesirable）進展到理想（desirable）狀態的步伐，並未踏得太遠。

　　從 DIgnazio and Klein（2020a）的統治矩陣來看，若以最理想的狀態來看，這兩個數據計畫可望能在結構、規訓、人際這三個領域帶來一些進步，比如在結構領域成為可確實執行的政策（若忽略其在執行上的各種障礙），[3] 在規訓領域透過政策的雷厲風行而形成規制效果（若忽略嚴刑峻罰與性暴力犯罪間的關聯性），在人際領域改善女性對空間安全的感受（若忽略女性在有巡邏警力的深夜仍會在街道行走時感受到自我忐忑的不安）。然而，對於霸權領域的權力與壓迫概念，我們似乎很難樂觀地說，可以透過這個數據計畫看到改變。更甚者，DIgnazio 與 Klein（2020a: 86-87）認為，若數據工作沒有去挑戰存在於文化中的霸權理念，則很有可能在無意間助長了文化中流傳的缺陷敘事（deficit narratives），亦即，將某些文化或群體化約為受害

---

[3] 比如以印度的人臉辨識監視器來說，這個大規模的監測行動背後便隱含了許多執行面的討論，包含究竟什麼表情該被判定為遭受性騷擾？人臉辨識的隱私保護與資料保存的資安維護是否足夠？

者，而不去描寫其具有的力量、創意和能動性。以 COVID-19 為例，
"Data for Black Lives" 等群體便反對「任何使用 COVID-19 的數據來
強化種族作為風險因子的敘事」，因其認為這種呈現地理、環境和經
濟條件對黑人社群造成負面健康結果的調查，反而讓這些社群蒙受更
多被歧視的風險，而無益於促進人們理解種族歧視在之中扮演的角色
（DIgnazio and Klein, 2020b）。回到性別暴力的例子來看，當這兩個
數據計畫都將女性設定為潛在受害者，但並未同時挑戰根植於霸權領
域的暴力宰制概念時（比如性暴力的本質是性，還是如 Kate Manne
（2021）所言的權力，即男人認為其享有控制女性身體的資格感？），
是否會因為把女性固著為需要被保護的形象，而又更強化了霸權領域
中的宰制關係？

第四節　混亂中的微光

　　如同 Frank Pasquale（2015）所言，從數據計畫到政策制定，這
過程本質上就是混亂的；過程中的混亂不是數據工作中的選配，而是
數據工作中持續且具變化性的特質。從上述的討論中我們確實可以看
見，AI 與數據計畫是否能為社會謀善，甚至促成共同解放（且所謂
的「共同」包含了哪些行動者？），並不只是技術問題。反之，從釐
清社會問題、設定理想狀態、到鎖定可實行的方案等過程，都涉及了
價值關聯與價值選擇的議題；且每個價值選擇都鑲嵌在統治的矩陣之
中，在不同領域的力量間彼此關聯，相互牽制。因此，要回答什麼
樣的數據計畫才稱得上為社會謀善，幾乎不可能是有標準答案的是非
題，而是必須開放予大眾進行辯論的倫理難題。且如同 Floridi 等人
（2018: 701）而言，這些辯論永遠都需要動態的、持續的進行下去，
讓藉此建立起來的倫理準則成為一份活文件（living document）。

　　面對這些難以輕易下定論的反思與辯論，Hooker（2018）和 DIgnazio 與 Klein（2020a）對此給的解方，不約而同的都是：重視地方知識。如 Hooker（2018）認為有技術的志願者（如駭客松參與者）因為對在地的脈絡並不熟悉，且也會受囿於自身熟悉的工具，因而經常會給出不適宜的解決方案。同樣的，DIgnazio 與 Klein（2020a: 180-181）也認為數據科學家經常是「數據庫的陌生人」，無法知曉數據生產和座落的脈絡，因而很容易在「馴服」數據的過程中造成認識暴力（epistemic violence），讓自己熟悉的觀點凌駕於在地知識之上。因此她們兩位採用女性主義立場論，主張在數據收集、清理、分析和溝通的過程中，都要重視不同的觀點和聲音（尤其是那些來自實際生活和身體體驗的觀點），並納入多元參與的可能。因為單一一個數據科學家絕不可能對抗統治矩陣，但藉由參與式的、納入邊緣者聲音的設計型態，就有可能培力計畫參與者，讓數據工作於專家和社區間進行知識轉移，並帶動起社區的資訊基礎建設，創造出更具有創意、更有效、且更紮根於行動中的參與式數據計畫。而這也許就是用數據工作挑戰並改變權力的機會所在。

參考文獻

王柏文，〈打擊猖獗性犯罪 印度加裝 AI 監視器偵測女性表情〉，《公視新聞網》，2021，https://news.pts.org.tw/article/511874，瀏覽日期：2021 年 2 月 4 日。

凱特・曼恩（Kate Manne）著，巫靜文譯，《厭女的資格：父權體制如何形塑出理所當然的不正義？》。臺北：麥田出版，2021。

隨機強暴威脅產生器（The Random Rape Threat Generator，RRTG），https://www.rapeglish.com/，瀏覽日期：2022 年 1 月 30 日。

Bassett, Caroline. "Canonicalism and the Computational Turn." In David M. Berry ed., *Understanding Digital Humanities*. London: Palgrave Macmillan, 2012, pp. 105-126.

Berendt, Bettina. "AI for the Common Good?! Pitfalls, Challenges, and Ethics Pen-testing." *Paladyn, Journal of Behavioral Robotics* 10.1 (2019): 44-65.

Citron, Danielle Keats. "Cyber Civil Rights." *Boston University Law Review* 89 (2009): 61-125.

Collett, Clementine and Sarah Dillon. *AI and Gender: Four Proposals for Future Research*. Cambridge: The Leverhulme Centre for the Future of Intelligence, 2019.

Crawford, Kate et al. *AI Now 2019 Report*. New York: AI Now Institute, 2019, https://ainowinstitute.org/AI_Now_2019_Report.html (January 30, 2022).

DIgnazio, Catherine and Klein Lauren F. "Seven Intersectional Feminist Principles for Equitable and Actionable COVID-19 Data." *Big Data & Society* (2020b).

DIgnazio, Catherine and Klein Lauren F. *Data Feminism*. Cambridge: MIT

Press, 2020a.

Floridi, Luciano et al. "AI4People—An Ethical Framework for a Good AI Society: Opportunities, Risks, Principles, and Recommendations." *Minds and Machines* 28.4 (2018): 689-707.

Pasquale, Frank. *The Black Box Society: The Secret Algorithms that Control Money and Information.* Cambridge, MA: Harvard University Press, 2015.

Gebru, Timnit. "Oxford Handbook on AI Ethics Book Chapter on Race and Gender." *ArXiv* (2019).

Hooker, Sara. "Why Data for Good Lacks Precision." *Towards Data Science* (2018), https://bit.ly/3TLDOd1 (January 30, 2022).

Jane, Emma A. "Systemic Misogyny Exposed: Translating Rapeglish from the Manosphere with a Random Rape Threat Generator." *International Journal of Cultural Studies* 21.6 (2018): 661-680.

Jane, Emma A. The Random Rape Threat Generator, RRTG (2018), https://www.rapeglish.com/ (January 30, 2022).

Kowalski, Robert. "Algorithm = Logic + Control." *Communications of the ACM* 22.7 (1979): 424-436.

Madaan, Nishtha, Sameep Mehta, Shravika Mittal, and Ashima Suvarna. "Judging a Book by Its Description: Analyzing Gender Stereotypes in the Man Bookers Prize Winning Fiction." *ArXiv* (2018).

Striphas, Ted. "Algorithmic Culture." *European Journal of Cultural Studies* 18.4-5 (2015): 395-412.

第八章
人工智慧與醫療侵權責任之初探

吳全峰[*]

第一節　前言

　　隨著巨量資料（big data）、深度學習（deep learning）[1] 與機器學習（machine learning）[2] 技術之進步，人工智慧之發展與運用已逐漸成熟並廣泛運用在不同產業，包括醫療照護產業，如 IBM Watson for Oncology 臨床決策輔助系統便藉由認知計算（cognitive computing）解釋癌症病人之臨床資訊，並提供以實證醫學（evidence-based medicine）為基礎之個人化（individualized）治療方案與建議（Chung, 2017: 37）。而類似之趨勢更延伸至可穿戴式裝置、醫療影像判讀、基因研究、遠距醫療、製藥產業等領域（2017 年之報導指出美國已有 86% 之健康照護相關產業正在使用某種形式 AI 技術（Siwicki, 2017），而另份報告則指出 AI 在全球健康照護產業之產值於 2021 年

[*] 中央研究院法律學研究所副研究員。
[1] 為實現機器學習之技術，能夠讓電腦模擬人類神經網絡運作，並將其應用在視覺辨識、語音識別、自然語言處理等領域。李有專，《AI 醫療大未來：台灣第一本智慧醫療關鍵報告》，頁 39。
[2] 實現人工智慧之技術，透過巨量資料與演算法「訓練」電腦，並從中找出並「學習」一定規律，使機器能像人類一樣具備學習與判斷能力。李有專，《AI 醫療大未來：台灣第一本智慧醫療關鍵報告》，頁 39。

已達 104 億美元，並在未來十年內維持 38.4% 之年複合成長率），[3]
並對醫療專業人員之行為產生實質之影響。

　　在傳統醫療侵權責任之架構下，因目前醫療 AI 自動化程度還有
很大發展空間，醫療 AI 還是被視為協助醫師在既有決策模式下之
協助工具（而非必須遵循之規則）（Price II, Gerke, and Cohen, 2019:
1765-1766），故醫師仍被視為最終治療方式之決定者，而須負擔醫療
責任（medical liability）（Gerke, Minssen, Cohen, 2020: 295, 313）。
然而，隨著 AI 之影響力逐漸深入臨床醫療領域，甚至成為臨床醫療
行為之核心要素時，醫療專業人員之醫療責任是否可能因而產生具體
變化，便成為重要議題，包括：傳統侵權行為法在醫療糾紛案件中對
注意標準（standard of care）、注意義務（duty of care）、連帶責任之
判斷是否需要調整；醫療 AI 或其演算法（algorithms）之廠商是否可
能成為醫療糾紛案件之主體等。

　　尤其如果醫療 AI 逐漸由弱 AI（weak AI，指醫療 AI 僅作為工具
協助醫師以更嚴格與更精確之方式驗證診察判斷）進化為強 AI（strong
AI，指醫療 AI 藉由演算法設計而具有理解事實與認知判斷之能力，
從而使醫療 AI 不再僅是單純工具，其演算法本身便成為解釋）[4] 時，
醫療責任之判斷將更為困難。舉例而言，若未來醫療 AI 不僅能精準
診斷治療，還能藉由人類所無法完全理解之龐大資料進行深度學習
與預測，並運用學習結果做出獨立判斷時（如表 10.1 所示之等級 4
（高度自動化）與等級 5（全自動化）醫療 AI）（Topol, 2019: 85-88;

---

[3] See e.g., Market Research Report: Artificial Intelligence in Healthcare Market Size,
Share, and Trends Analysis Report by Component (Software Solutions, Hardware,
Services), by Application (Virtual Assistants, Connected Machines), by Region, and
Segment Forecasts, 2022-2030.

[4] 有關強弱 AI 之敘述，詳請參考 Searle, "Minds, Bains, and Programs," pp. 417-424.

Kazzazi, 2021: e259-260），[5] 醫師因其本身臨床執業經驗而拒絕接受醫療 AI 所提供之治療選項卻導致醫療傷害，會否被視為醫療常規或醫療水準之違反？但若全然接受醫療 AI 之建議，會否不當限制醫療專業且過度降低醫師注意義務？甚至更進一步，傳統認為機器人不能被起訴之原則[6]是否可能被挑戰（Chung, 2017: 38）？這些問題便牽涉到醫師是否有義務、何時有義務依循（或不依循）醫療 AI 之判斷（Schweikart, 2021: 5）。即令退一步言，在醫療 AI 仍以弱 AI 為主之發展現狀下（Topol, 2019: 86; Kazzazi, 2021: e260），[7] 缺乏透明度之黑箱（black box）決策模式（Price II, 2015: 421），[8] 仍可能會導致醫師判斷受到醫療 AI 之影響（甚至實質限縮醫師專業裁量空間）（李崇僖，2019: 78-91），亦將導致醫師在缺乏適度論理（reasoning）下過度依賴醫療 AI 決策，進一步衝擊傳統醫療責任之分配。換言之，在弱醫療 AI 之情況下，雖然傳統醫療侵權責任架構仍能適用，但醫療 AI 之黑箱決策模式仍可能影響責任分配；而在強醫療 AI 之情況下，

---

[5] 但對於醫療 AI 是否有可能發展成為高度自動化（等級 4）與全自動化（等級 5）之強醫療 AI，學者間之見解並不一致，有學者認為醫療業務與醫病關係涉及高度之主觀判斷與情感溝通，故實務上並不太可能出現強醫療 AI；但亦有學者認為在技術上並非不可能，故爭議點應在於法律上與倫理上是否要限制此類技術之發展。

[6] See e.g., United States v. Athlone Industries, Inc., 746 F.2d 977 (3rd Cir. 1984); OBrien v. Intuitive Surgical, Inc., No. 10 C 3005, 2011 WL 304079 (N.D. Ill. Jul. 25, 2011); Mracek v. Bryn Mawr Hosp., 610 F. Supp. 2d 401(E.D. Pa. 2009), affd, 363 F. Appx 925 (3d Cir. 2010); Greenway v. St. Josephs Hosp., No. 03-CA-011667 (Fla. Cir. Ct. 2003).

[7] 參考表 8.1，弱醫療 AI 通常指具有輔助控制（分級 1）、部分自動化（分級 2）、條件自動化（分級 3）功能者，但醫師之操作或監督仍屬必要。

[8] 醫療 AI 演算法所運算之資訊趨向巨量、且資料（或變項）間之關係網絡呈現一對一、一對多或多對多之複雜聯繫，導致醫療 AI 藉由不透明之複雜演算法過濾、框架相關資訊並據此得出運算結果，無法被明確理解或說明。

傳統醫療侵權責任架構是否足以因應醫師、病人、醫療 AI 間之複雜
關係，則需要更多的討論。

表 8.1：醫療 AI 之自動化分級 [9]

	弱醫療 AI			強醫療 AI	
	等級 1 醫療輔助系統	等級 2 部分自動化	等級 3 條件自動化	等級 4 高度自動化	等級 5 全自動化
功能	僅具單一功能之狹義工具	僅具單一功能之狹義工具	具多重功能之狹義工具	多功能自動化系統	多功能自動化系統
醫療 AI 角色	參考功能	助手功能	獨立提供診斷建議，但仍由醫師選擇判斷並執行	獨立提供診斷結果，經醫師審查後由 AI 執行	獨立提供診斷結果，且不需醫師審查即可執行
人類醫師角色	獨立	獨立	獨立	獨立？	被取代
發展階段	已出現	已出現	發展中	發展難度高	發展難度高

　　因此，在討論醫療 AI 對醫師責任可能產生之影響時，不能不正
視醫療 AI 不同於傳統醫療行為之特性（Scherer, 2016: 369）：（1）
不透明性（opacity）／不可解釋性（inexplicability），亦即黑箱決策
模式，醫療 AI 建議背後之論理與決策邏輯可能無法被清楚說明；（2）
不可預測性（unpredictability），當醫療 AI 之發展跳脫人類監督而進
入自我維持與進化（self-sustaining and evolving）時，其建議可能擺
脫人類偏見或既有知識之侷限，但亦可能造成無法控制之後果；（3）
分散性（diffuseness），指醫療 AI 之運作可能必須仰賴跨領域專業

---

[9] 仿照國際汽車工程師協會（Society of Automotive Engineers，簡稱 SAE）對自動
　駕駛之分級法，學者亦嘗試將醫療 AI 自動化之程度加以分級（Kazzazi, 2021:
　e259-261）。

人員之合作，而非如傳統醫療僅限於醫師或醫療團隊；（4）離散性
（discreteness），指醫療 AI 之運作雖然仰賴不同專業人員之合作，
但該合作卻可能相互獨立且無需有意識之協調。

　　但臺灣對於醫療 AI 對醫療責任體系可能帶來之挑戰，卻仍沒有
適當之討論與修法因應；而囿於篇幅，本文亦無法就此複雜之議題進
行完整之分析，也無意在本篇論文中提出完整之解決方案，本文僅嘗
試從注意義務、因果關係、告知後同意三大面向切入，就醫療 AI 對
臺灣侵權行為法下醫師醫療責任所可能產生之影響與挑戰，提出簡單
討論。另須說明者為，傳統侵權行為法上對於醫師之醫療行為，大致
可分為醫療服務（以侵權責任與契約責任處理）與醫療器材（以產品
責任處理）兩大部分，但這兩者之界線在醫療 AI 介入後卻漸趨模糊，
故醫療責任體系中應如何納入醫療 AI 之產品責任，亦為一大爭議，
惟此議題亦因篇幅限制而不在本文之討論範圍內。

第二節　注意義務

　　醫療法第 82 條於 2018 年修正後，將醫療上注意義務之違反與臨
床專業裁量之範圍，明確定義為「應以該醫療領域當時當地之醫療常
規、醫療水準、醫療設施、工作條件及緊急迫切等客觀情況為斷」。
而目前實務上認為，「醫療水準」係指醫師本於善良管理人注意義
務，「就醫療個案，本於診療當時之醫學知識，審酌病人之病情、醫
療行為之價值與風險及避免損害發生之成本及醫院層級等因素」所為
之綜合判斷，[10] 而「醫療常規」則為醫療處置之一般最低水準。[11] 暫

---

[10] 最高法院 106 年度台上字第 227 號民事判決。
[11] 最高法院 106 年度台上字第 227 號民事判決。

且不論醫療水準與醫療常規在醫療法修正後所可能產生之爭議，[12] 醫療法第 82 條對醫師注意義務之解釋為，除合理醫師標準（陳聰富，2014：316-343）下所應具備之客觀注意義務（醫界反覆經驗累積後形成之醫療常規）外，並應配合醫師主觀專業知識與經驗綜合考量病患狀況、技術風險、醫療環境之反思均衡（即臨床專業裁量），構成注意義務內涵（楊秀儀，2007：71）。

　　以下便分別從醫療常規、臨床專業裁量、注意義務內涵調整三個面向檢視醫療 AI 對醫師注意義務可能產生之影響。

一　醫療 AI 與醫療常規

　　當醫療 AI 介入後，醫師對醫療 AI 建議之遵循是否可視為對醫療常規之遵循，便可能產生爭議（陳鋕雄，2020：429）。一般而言，因醫療 AI 係廣泛收集醫療資訊並逐步標準化後所形成之決策路徑，在某些醫療臨床決策之穩定表現已可與人類醫師類比（如對醫療影像判讀之錯誤率可能降到 5% 以下）（Topol, 2019: 9），此時醫療 AI 所提供之建議似乎可被視為理性醫師（醫療 AI 學習之對象）在當時科技水準下所應具備之基本注意義務內容（Froomkin et al., 2019: 34-99），而使得醫療 AI 之判斷成為醫療常規之依據（甚至成為觸發醫師醫療責任之潛在因素）（Lupton, 2018: 6）；且鑑於醫療 AI 可應用性與實用性範圍逐步擴張、臨床醫師逐漸且反覆依賴醫療 AI 協助醫療判斷之作法，亦不宜逕自否定醫療 AI 決策作為醫療常規之可能性。

　　但在法律上討論醫療 AI 能否成為醫療常規時，卻不能不正視醫

---

[12] 相關爭議請見參考楊秀儀，〈論醫療過失：兼評醫療法第 82 條修法〉，頁 65-80；吳全峰，〈醫療法第 82 條修正對病患權益之影響：從醫療機構責任談起〉，頁 81-101；廖建瑜，〈醫療法第 82 條修正帶來新變局〉，頁 60-71。

療 AI 之學習資料內容與演算法設計之重要性；換言之，醫療 AI 運算邏輯應接受同儕審查是否已符合醫療習慣、條理或經驗並形成模式（常規）。問題在於，傳統上醫療常規之審查同儕為醫療專業人員，但判斷醫療 AI 運算邏輯是否已足以構成醫療常規之審查同儕，是否仍同樣僅限於醫療專業人員，卻不無疑問（Topol, 2019: 94）。主要原因在於，醫療 AI 之設計與操作原理與傳統醫療行為並不相同，需有資訊、電機、程式設計等專業人員之參與，始能適當地鏈結演算資料與醫療常規之關聯性；若依循傳統醫療常規判斷之實務操作，因醫療專業高度排他之分工而將非醫療專業人員排除在醫療 AI 之同儕審查以外，將使得醫療 AI 決策雖然已經實質成為醫師依循之重要判斷標準，但醫師卻可能仍對醫療 AI 之運作、考量因素與運算邏輯缺乏適當認識，此時若沒有其他適當、公開管道納入非醫療之其他專業人員協助檢視醫療 AI 之運算邏輯能否形成模式，似非妥適，亦不利於病人權益保障。

　　因此，法律上雖然不能否定醫療 AI 決策作為醫療常規之可能性，但亦不宜單純以醫師已遵循醫療 AI 決策，便判斷其已遵循醫療常規而滿足注意義務，而需更進一步反思醫療 AI 成為醫療常規之程序要件；換言之，醫療 AI 之資料與程式碼是否公開、是否經跨領域專業審查等程序（此與醫學會或醫療機構訂定醫療行為準則之程序類似）（黃富源，2012：11-12），[13] 應作為醫療 AI 是否能成為醫療常規之重要判斷準據。

---

[13] 醫療常規之形成，除適應性（維持或增進病患健康為目的）、適正性（符合當時當地醫療水準）與倫理性外，尚須具備同級醫院、同專科醫師普遍認同之實踐性。

二　醫療 AI 與臨床專業裁量

　　而在注意義務之判斷上，可能出現之爭議情境有以下兩種狀況：逾越醫療 AI 之建議但主張依循合理臨床專業裁量，與依循醫療 AI 之建議但未進行合理臨床專業裁量。

（一）逾越醫療 AI 之建議，但主張依循合理臨床專業裁量

　　若肯認醫療 AI 決策可能成為醫療常規，並不代表醫師必須完全遵守醫療 AI 之建議，醫師仍有依其專業判斷拒絕依循醫療 AI 決定之空間（臨床專業裁量）；惟醫師在作出不符合醫療 AI 建議之處置時，可能會被要求必須有堅強之專業裁量與論理基礎，足以說服其他同業醫師其判斷具有正當性（張麗卿，2019：475-476）。但在醫療 AI 之黑箱決策模式下（Price II, 2015: 421），因演算法所運算之資訊趨向巨量、且資料（或變項）間之關係網絡呈現一對一、一對多或多對多之複雜聯繫，導致醫療 AI 藉由不透明之複雜演算法過濾、框架相關資訊並據此得出運算結果，無法被明確理解或說明；在此情況下，醫師要如何說服其他同業醫師與法院其依據個案所做之專業判斷優於醫療 AI 之建議，而未違反注意義務，便可能成為艱鉅挑戰。

　　即使醫療 AI 不被認為屬醫療常規，前述之挑戰仍然存在。主要原因在於，當醫療 AI 已被廣泛使用時，其決策與醫療常規衝突之狀況將成為少數（因為醫療 AI 主要仍是從醫療常規中學習），故除非醫療 AI 之建議與醫療常規相悖（此時醫師可以兩者結論衝突作為不依循醫療 AI 決策之理由），若兩者結論相仿而醫師仍決定不依循醫療 AI 決策，醫師除要說明不依循醫療常規之臨床專業裁量依據外，可能還要在醫療 AI 已做出醫療決策之前提下說明其排除醫療 AI 決定之合理性；但當醫師無法理解醫療 AI 從資料輸入到決定輸出之過程

與運作邏輯時，其是否能證明個案之特殊性已超越醫療 AI 之判斷範圍，同樣有其難度。

另一點值得注意的是，醫療法第 82 條所規範醫師臨床專業裁量之具體判斷事項（醫療設施、工作條件與緊急迫切等客觀情況），往往與醫療 AI 在設計與應用上所欲避免之醫療困境相關；故醫療 AI 之應用有無可能限縮臨床專業裁量「特殊情形」之空間，不無討論餘地。舉例而言，臨床診治情境之急迫、人力之侷限、或設備之不足，可能使醫師缺乏充裕時間或足夠資源判斷病情或無法窮盡文獻尋找適當治療方式，而難以期待醫師依據醫療常規做出判斷，從而使不符醫療常規之處置仍能因符合「臨床專業裁量」而滿足注意義務之要求（張麗卿，2019：476）；但因醫療 AI 之介入本即在協助避免醫師之認知偏見（cognitive bias）（Topol, 2019: 45-50）與減少資源有限與急迫情況之限制（Topol, 2019: 57-58），故在醫療 AI 作為工具協助醫師做出適當醫療決定之前提下，傳統上以醫療設施、工作條件、緊急迫切等理由限縮醫師注意義務範圍之情境便可能受到挑戰（因醫療設施有限、工作條件不足、或緊急迫切等影響醫師注意義務之狀況，可能因醫療 AI 之使用而緩解或消失），這些具體判斷事項在醫療責任體系上之評價是否可能因醫療 AI 介入而改變，也值得進一步觀察。

雖然有學者主張，除非醫療 AI 之精確度已遠超過人類之判斷力，否則應將醫療 AI 之建議與醫學文獻在醫療訴訟中之價值（證據能力）相擬（陳鋕雄，2020：430），而不應過度追究醫師不依循醫療 AI 之責任。但問題在於：（1）在弱 AI 或醫療 AI 僅運用在單一且特定之診斷（如判讀醫療影響是否有乳癌病徵），醫療 AI 精確度與人類判斷力之比較可能相對容易回答；但在強 AI 或醫療 AI 被更廣泛運用在具有交互作用之醫療程序時，醫療 AI 精確度是否超過人類判斷力便成為一個開放性問題，而黑箱決策模式更使得這個問題難以回答。

舉例而言，研發者或醫師對於醫療 AI 開發之成功要素可能無法確認（Topol, 2019: 94-95），在效能（efficacy）之操作型定義無法明確界定之前提下，醫療 AI 是在哪個特定醫療領域（或專科）應用之判斷精確度已超過人類判斷力，便可能成為一個複雜問題。（2）進一步，醫療 AI 與人類判斷力之比較係以理性醫師標準、或是以頂尖醫師標準作為判斷依據？若是採理性醫師標準，則若醫療 AI 已通過相關查驗登記程序而被廣泛使用，是否即可被視為該醫療 AI 之判斷精確度（至少在特定醫療行為上）已不差於一般理性醫師之判斷？若是，則在醫療糾紛案件中將通過查驗登記之醫療 AI 建議僅單純視為醫學文獻，而非構成（或考慮構成）醫師在使用醫療 AI 時之注意義務內容，便不無爭議空間；但若直接將通過查驗登記之醫療 AI 視為理性醫師標準，卻又可能不利於在醫療 AI 之使用上適度減輕醫師注意義務之政策目標。相對地，若在醫療糾紛案件中以頂尖醫師標準作為比較醫療 AI 與人類判斷力之基準，雖然有助於減輕醫師之注意義務（因為在未達成頂尖醫師之標準前，醫療 AI 決策僅會被視為醫學文獻之參考價值），但這是否也表示醫療 AI 在查驗登記程序中之通過標準亦將以頂尖醫師標準為依據？若是，這個嚴格標準將不利於醫療 AI 之開發。換言之，將醫師不遵循醫療 AI 決策是否應負擔醫療責任之標準，繫於醫療 AI 精確度是否超過人類判斷力，可能在人類判斷標準之選定上（理性醫師或頂尖醫師）面臨維護醫師合理責任與發展醫療 AI 產品之衝突。（3）醫師（或法院）在閱讀醫學文獻時仍能理解其背後之理論依據與推理過程，故對於是否利用該醫學文獻證成被告醫師在特定醫療行為上注意義務之遵守（或違反），有其基本邏輯可依循；但醫療 AI 之黑箱決策模式卻使得醫師（或法院）對於被告醫師應否依循醫療 AI 之建議，處於無知狀態。故單純將醫療 AI 之建議類比為醫學文獻，並無法解決醫療 AI 對醫師注意義務所帶來之挑戰，

反而將減損醫療 AI 之潛在價值（Price II et al., 2019: 1765）。

（二）依循醫療 AI 之建議，但未進行合理臨床專業裁量

　　依據醫療法第 82 條之修法理由，學者認為醫師若已遵照醫療常規進行醫療處置，但未就依其專業知識就個案是否適合醫療常規建議之處置進行專業判斷，其過失責任仍可被認為排除（張麗卿，2019：477）。但在醫療 AI 介入之情況下（不論其是否被視為醫療常規），類似之規範卻可能使得醫師為避免醫療糾紛責任而放棄其臨床專業裁量權（廖建瑜，2018：65），導致即令臨床具體條件較醫療 AI 之建議對患者更有利，仍選擇後者（Gerke et al., 2020: 313），反而造成對病患權益不利之後果。

　　但若要求醫師應在個案中負擔臨床專業裁量責任並嚴格檢視醫療 AI 之建議，卻又可能賦予醫師過度嚴格之注意義務。醫療 AI 處理之龐大資訊量與複雜運算邏輯，遠超過多數醫師所能理解之範圍，在人類能力與機器能力存在巨大落差下，醫師可能欠缺適當能力對醫療 AI 所提供之建議提出實質挑戰，從而在實務上造成必須全盤接受醫療 AI 判斷之結果（吳全峰，2020：173-174）；而醫師對醫療 AI 之倚賴，可能因黑箱決策模式而進一步被強化（Carr, 2016: 81-82），造成醫師雖然是名義上之決策主體，但實質決策權力卻已轉移至醫療 AI。如研究便發現，雖然醫師可以藉由臨床決策支持系統（Clinical Decision Support System，CDSS）對病理切片或醫療影像之標註，進行更精密之檢查；但當醫師逐漸倚賴 CDSS 後，可能會忽略檢視 CDSS 未標註項目之必要性、降低其評估複雜案例之能力（Sutton et al., 2020: 7）、或是減少與病人直接互動以觀察病徵之機會（Khairat et al., 2018: e26）。在前述研究所述情境下，醫師是否仍應因其未就個別狀況進行專業裁量或判斷，便被認為未善盡其注意義務，不無討論空間。

（三）小結

　　前述之分類僅屬較為簡略之分類，若再考慮醫療 AI 建議與醫療常規產生差異之可能性，學者便發展出不同之情境（見表 8.2）（Price II et al., 2019: 1766），並認為法律規範應適當調整以因應醫療 AI 介入後可能對醫師注意義務產生之複雜影響（尤其在表 8.2 之網底部分）。因此，醫師注意義務在醫療 AI 介入後可能產生之影響，有必要進行全面性之檢視，並思考侵權行為法之規範是否有調整之必要。

表 8.2　醫療常規、醫療 AI 與醫師臨床專業裁量之關係

情境	醫療 AI 建議	醫療 AI 建議 之正確性	醫師臨床專業裁量 是否依循醫療 AI 建議	病患預後情形
	符合醫療常規	正確	是	健康
			否	傷害
		錯誤 （醫療常規錯誤）	是	傷害
			否	健康
	違反醫療常規	正確 （醫療常規錯誤）	是	健康
			否	傷害
		錯誤	是	傷害
			否	健康

三　注意義務範圍之擴張

　　另需考慮者為，注意義務之「必要」範圍在侵權行為法上被視為流動之概念（楊秀儀，2018：76），故醫師注意義務可能因醫療 AI 之介入而擴張；亦有學者主張在法律規範尚未修正時，可利用注意義務內涵之調整來因應醫療 AI 所帶來之挑戰（如要求醫療機構或醫師在採用醫療 AI 前應進行嚴格之評估，並將其使用與評估方式納入照護標準）（Parikh et al., 2019: 810-812）。

　　若同意醫師注意義務可能因醫療 AI 之介入而有所調整，考量醫療 AI 是否能夠妥適運作高度仰賴資料與演算法之正確性，則醫師在運用醫療 AI 作為工具並協助其診斷或治療時，便可能被要求應同時負擔主動確認醫療 AI 資料與演算法之正確性，從而造成注意義務範圍之擴張，包括：（1）醫師須負擔確保病患資料輸入正確與完整之注意義務（Maliha et al., 2021），以確保醫療 AI 能依據完整正確之資訊進行演算並輸出適當之建議。此類注意義務可從傳統醫療行為之注意義務導出，應較無疑義。（2）因醫師仍被視為醫療行為之主體，故被認為應具備獨立於醫療 AI 做出判斷之能力（Ross and Swetlitz, 2017），而該能力之具體展現便是醫師能夠理解醫療 AI 從資料輸入到決定輸出之過程與運作邏輯，與判斷醫療 AI 數據資料之正確性；也因此，醫師之注意義務擴大至預見醫療 AI 作為工具是否可能對病患生命或身體健康形成傷害並避免其發生，便有其依據。如美國在 21 世紀治癒法（21st Century Cures Act）中雖然重新定義並將部分醫用軟體排除在食品藥物管理署（Food and Drug Administration, FDA）監管範圍，[14] 但仍要求在蒐集、處理與分析醫學影像、體外診斷醫療器材訊號、或訊號蒐集系統之模式或訊號（"acquire, process, or analyze a medical image or a signal from an in vitro diagnostic device or a pattern or signal from a signal acquisition system"）之軟體部分，不受 FDA 監管者仍需「確保使醫師能夠獨立審視該軟體所提供建議之依據，從而使醫師能夠在非主要仰賴該軟體所提供之建議下，作出與個別病患有關之臨床診斷或治療決定」；[15] 換言之，該條文規範某種程度暗示醫師

---

[14] See generally 21 U.S.C. §360j (o).

[15] 21 U.S.C. §360j (o) (1) (E) (iii), "The term device, as defined in section 321 (h) of this title, shall not include a software function that is intended - …(E) unless the function is intended to acquire, process, or analyze a medical image or a signal from

仍須保留對醫療 AI 輸出進行事實查核（fact check）之能力（Gowda et al., 2021: 2）。因此，在醫療 AI 仍被視為輔助醫師進行醫療行為之工具（亦即表 8.1 所列等級 1 至等級 3 之弱醫療 AI）之前提下，使用醫療 AI 之醫師可能被要求（在傳統醫療知識外）理解並控制資訊技術（Maliha et al., 2021），[16] 並有義務確認醫療 AI 輸出之建議符合病人利益與當時當地醫療水準，故醫師注意義務將因此產生變動（Calo, 2016: 125-126）。

　　但綜前述卻不難發現，傳統醫師注意義務之管制架構，可能使醫師在使用醫療 AI 時，面臨其醫療責任將如何受到影響之矛盾訊息（Maliha et al., 2021）：一方面，現有醫療責任歸責體系似鼓勵醫師利用醫療 AI 以降低人為疏失之風險；另方面，醫師卻可能因使用醫療 AI 而產生注意義務內涵之改變，或因使用不透明演算法之醫療 AI 而在無法預見後果之情況下需負擔醫療責任，導致降低醫師使用醫療 AI 之意願，甚至影響醫療 AI 之發展與創新。為避免衝突之醫療責任體系，醫師使用醫療 AI 之醫療責任體系有必要重新檢討，並思考如何在明確化醫師注意義務、保障病患權益、與促進醫療 AI 發展間取得平衡。

---

an in vitro diagnostic device or a pattern or signal from a signal acquisition system, for the purpose of …(iii) enabling such health care professional to independently review the basis for such recommendations that such software presents so that it is not the intent that such health care professional rely primarily on any of such recommendations to make a clinical diagnosis or treatment decision regarding an individual patient."

[16] 或有論者主張可在制度上設計要求使用醫療 AI 之醫師須通過相關認證程序（類似專科醫師制度），以確保其具備理解並控制醫療 AI 資訊技術之能力。

第三節　因果關係

　　過失理論在醫療糾紛案件之法律因果關係適用上，除醫師之行為是否實際上對病患之損害發生具有原因力（事實上因果關係）外（陳聰富，2014：376），多會考量醫療行為之高度專業性與複雜性，在法律因果關係判斷上，除以醫師有無預見可能（預見義務）做為標準外，尚需評估醫師有無盡力防止結果發生（結果迴避義務）（曾淑瑜，2007：417-418），並進一步依經驗法則綜合判斷行為時客觀環境條件之行為與結果關聯性[17]（相當因果關係）（陳聰富，2014）。

　　但醫療 AI 的黑箱決策模式卻使得因果關係判斷更為複雜。首先，醫師對醫療 AI 輔助醫療行為是否具「相當程度可能性」導致／避免病患死亡或傷害之結果，其預見可能性可能因醫療 AI 黑箱決策模式之介入而受到影響；原因在於，醫療 AI 可能以醫師無法預見、或違反其直覺之方式分析其所收集之醫療資訊並提供建議，導致醫師無法以任何方式預見醫療 AI 之決定或行為結果（Bathaee, 2018: 924）。但是否能因醫師無法理解醫療 AI 演算法，便依傳統侵權行為法認定醫師在客觀上對於醫療 AI 所導致之醫療傷害無合理預見可能性，並做出法律上因果關係難以認定或建立之結論？本文則認為不宜遽然做出此結論，因為若單純因醫療 AI 之黑箱決策模式便排除醫師之預見可能性，不僅過度簡化醫療 AI 介入後之因果關係判斷（Tobey, 2019），更將使因果關係判斷成為任意排除醫療責任之節點（Bathaee, 2018: 905-906），並將醫療 AI 可能產生之健康風險外部化給病患（Yadav, 2016: 1039, 1083; Scherer, 2016: 388-392）。

　　其次，醫療行為對病患傷害之原因力判斷亦可能因醫療 AI 之介

---

[17] 最高法院 89 年台上字第 2483 號民事判決。

入而受到影響，因醫療 AI 可能涉及醫師以外之資訊、電機、程式設計等專業人員，且錯誤之發生可能並非單純之程式設計錯誤，亦可能涉及資訊輸入不當等因素；因此，醫療 AI 之複雜性——醫療 AI 之演算法並非線性，因此並不容易追溯醫療 AI 之錯誤係由演算法設計錯誤、資料輸入錯誤、或使用失誤所造成——使得因果關係判斷（判斷哪個行為人應為醫療 AI 之錯誤負責）成為一大挑戰。而醫療之不可預測性，也將使醫師醫療行為、醫療 AI 建議、與病患傷害間之因果關係更加難以判斷。在此情況下，即令醫師在判斷是否遵循醫療 AI 建議上有違反注意義務之情形，醫療行為與病患損害間原本就已複雜之因果關係判斷，可能因醫療 AI 介入所帶來之複雜干擾因素，而更加難以建立。

最後，醫療 AI 能不受醫師所依賴之經驗法則、傳統智慧、與先入為主之觀念影響，而有能力提出醫師所沒有考慮之治療方案（Calo, 2016: 532, 538-539），正是醫療 AI 發展之基本原則之一（亦即以表 8.1 中等級 4 與等級 5 所示不僅具備歸納能力、亦具有獨立演繹能力之強醫療 AI 作為發展目標）；但醫療 AI 之不可預測性（因其演算模式可能因持續之資料輸入而修正改變），加上黑箱決策模式之加成作用，也使得在醫療糾紛案件中負舉證責任之病患，難以證立其所受損失究係與醫師、或係與醫療 AI 間具有因果關係。但如果侵權行為法因為醫療 AI 之不可預測性與黑箱決策模式之限制，便不在因果關係上探究使用醫療 AI 之醫師責任、或無視病患舉證因果關係之困境，則受有損害之病患將處於無從獲得損失賠償之弱勢局面（Scherer, 2016: 366），亦難稱允當。雖然病患因果關係舉證之不利益可透過舉證責任倒置加以解決（如民事訴訟法第二七七條但書規定），對病患之損害賠償亦可透過保險補償機制之設計以迴避因果關係不易證明之困

境；但因臺灣法界[18]與醫界對醫療糾紛是否能適用舉證責任倒置仍有爭執（謝炎堯，2017；胡方翔，2017），醫療糾紛之補償機制亦因財源規劃無法取得共識而卡關多年（陳再晉等，2019：63）（雖然醫療事故預防及爭議處理法終於在 2022 年通過，但已刪除原規劃之病患補償機制），故是否能以舉證責任倒置或保險補償機制解決醫療 AI 所可能引發之因果關係舉證困境，臺灣社會尚需深入討論。

　　因此，欲減緩醫療 AI 介入所導致因果關係不易判斷之困境，可能無法單純透過侵權行為法加以解決，而必須在醫療 AI 之管制上要求減輕黑箱決策模式之影響。如 Yavar Bathaee 便主張黑箱決策模式應進一步區分為強黑箱（strong black box）與弱黑箱（weak black box）（Bathaee, 2018: 906）：前者係指醫療 AI 決策過程完全不透明，人類無法確定醫療 AI 如何做出決定、無法確定哪些資訊對醫療 AI 之輸出結果具有決定影響力、無法確定醫療 AI 處理變項之排序與權重（Bathaee, 2018: 906）；後者之決策過程雖然也呈現不透明狀態，但可透過逆向工程（reverse engineer）確認醫療 AI 考量輸入資訊與變項之鬆散排序與權重（Bathaee, 2018: 906）。藉由要求醫療 AI 需採取弱黑箱之設計，雖然仍無法完全解決醫療 AI 所形成之因果關係判斷困境（如仍無法判斷哪些資訊或變項對醫療 AI 之輸出具有決定性影響）（Bathaee, 2018: 923），但透過特定時間點所存在之醫療 AI 版本，仍可某程度判斷醫療 AI 處理相關資訊之排序，並依此釐清醫師是否善盡注意義務依個案評估醫療 AI 對資訊之排序是否適當，並可作為證據釐清並證立因果關係（Bathaee, 2018: 923）。而弱黑箱之設計，亦有助於醫師理解醫療 AI 從資料輸入到決定輸出之過程與運作邏輯，

---

[18] 最高法院 106 年度台上字第 227 號民事判決，臺北地方法院 89 年度重訴字第 472 號判決。

從而使醫師在醫療 AI 之使用上之注意義務能夠得到滿足（見第二節之討論）。

除此之外，透明（transparent）之醫療 AI 演算邏輯與可近用且易於理解之使用指引（European Commission, 2020; Ferretti et al., 2018: 321），也同樣有助於解釋醫療 AI 對分析資訊之排序與權重（Froomkin et al., 2019: 90），而可以緩醫療 AI 對傳統侵權行為法下因果關係規範之挑戰。因此，弱黑箱與透明性便構成可解釋 AI（Rudin and Ustun, 2018: 449）之重要要素，而藉由醫療 AI 在診斷建議上之解釋能力提升（McNair et al., 2019: 191），醫師在個案上是否依循醫療 AI 之臨床專業裁量之界線便可更趨明確且具有實質意義，醫師在使用醫療 AI 之注意義務內涵亦可進一步確立，並使因果關係判斷之複雜程度能獲得某種程度之緩解。

第四節　告知後同意

我國告知後同意原則於臨床醫療上之落實可散見於醫師法第十二之一條，醫療法第六三條、第六四條、第八一條，與病人自主權利法第四條、第五條、第六條；其主要目的在維護病人受充分告知並理解疾病嚴重程度、治療方針與可能替代方案、預後情形、不良反應等資訊後，能自主決定與自己身體有關之治療（或不治療）。而醫師若未能告知病患相關資訊、或未取得其同意便施行治療，在契約上可能構成說明義務之違反，在侵權行為法上則構成不作為之加害行為（陳聰富，2009）（或有學者認為可透過民法第一八四條第二項，構成侵權行為法上「保護他人法律」之違反（楊秀儀，2018：250））。

但醫療 AI 之黑箱決策模式，卻嚴重限縮醫師告知病患影響其作出醫學決定之重要資訊（material information）之能力（Schweikart,

2021: 17-18）；因為醫師若無法理解醫療 AI 決策輸出背後之演算法邏輯，則很難想像醫師能夠告知並向病患解釋其依醫療 AI 建議所採取治療方針之理由為何（Price II, 2018: 299），甚至導致醫療 AI 之建議成為沒有經過醫師與病患充分討論（或即令要討論但亦缺乏理解基礎）之最終醫療指示（Tobey and Cohen, 2020: 24）。而在此情況下，醫師之告知並取得病患同意之義務內涵將被明顯架空，並在醫師告知說明義務之履行上形成一個兩難局面：（1）若承認病患得主張醫師未善盡告知義務，將對醫師形成過嚴且無從被期待達成之注意義務標準。舉例而言，法院認為醫師應向病患說明其所建議之治療方案及其他可能之替代治療方案及利弊，[19] 而醫療 AI 若被認為僅是輔助醫師決定之工具（醫師仍為醫療行為之主要行為者），則醫師未能理解並說明其接受醫療 AI 建議治療方案之理由與利弊分析，便有可能被認為未善盡告知說明之義務；但在醫療 AI 之黑箱決策模式下，醫師卻可能無法理解醫療 AI 所建議之治療方案與其他替代方案間之利弊得失，更遑論向病患完整解釋。（2）另方面，若否認醫師在使用醫療 AI 時之告知義務——如免除醫師就醫療 AI 決策內容之說明義務，並將其轉移至產品製造商或程式設計人——卻又將對病患之自主權形成嚴重侵害；因為除非已發展至強醫療 AI 之階段，醫師在使用弱醫療 AI 之情況下仍無法迴避醫療資訊輸入、判讀與監督之責任，而這些重要資訊並非產品製造商或程式設計人所能告知病人之資訊。且醫療 AI 開放性、機器（硬體）與行為（軟體）緊密結合之特色，也使得告知後同意義務並無法完全從醫師轉移給醫療 AI 製造商或設計者（吳

---

[19] 另外應告知之資訊還包括診斷之病名、病況、預後及不接受治療之後果；治療風險、常發生之併發症及副作用雖不常發生，但可能發生嚴重後果之風險；治療之成功率（死亡率）；醫院之設備及醫師之專業能力等事項。最高法院 94 年台上字第 2676 號刑事判決。

全峰，2020：197-98），導致在否認醫師告知說明義務同時，可能造成病患在醫療 AI 之使用上獲得解釋之權利（right to explanation）（McNair et al., 2019: 191）呈現真空之狀態。

　　除告知義務分配之挑戰外，醫師之告知義務內涵也可能因醫療 AI 之介入而擴張（吳全峰，2020：196-197），亦即應告知病患之重要資訊，除應包括治療過程中是否使用醫療 AI 外，可能會進一步包括醫師之醫療 AI 使用訓練與經驗（Cohen, 2020: 1435-1436）、醫師是否在治療之某個階段將完全倚賴醫療 AI 之決定（排除專業裁量空間）（Cohen, 2020: 1436-1439）、醫師與醫療 AI 之分工（如醫師於手術時雖然在場，但主要療程均由醫療 AI 執行）、利益衝突（conflict of interests，如與醫療 AI 廠商之商業利益回饋安排）（Cohen, 2020: 1439）。尤其是利益衝突，為目前臺灣告知後同意法制所未明文規範要求醫師應告知病患之重要資訊[20]（在美國法下則被認為屬重要之應告知資訊），[21] 但因醫療 AI 介入後在醫療上之商業運作模式可能使利益衝突更被凸顯而影響病患自主決定之權利，故既有規範是否需要修正並明文將利益衝突納入醫師告知義務之內容（或透過解釋納入病人自主權利法第五條第一項應告知病人之「相關事項」），便需要進一步檢討。

　　另一個需要思考的可能爭議是，醫療 AI 之演算法內容、分析資訊排序、變項權重對於病患治療方針之判斷亦有決定性之影響力（Weiler, 1991: 30; Annas, 2004: 116-117; Schuck, 1994: 917-919,

---

[20] 依相關法律規範，醫師應對病患為告知說明之內容為病情、醫療介入之原因、治療方針、處置與用藥、治療之成功率、常發生之併發症及副作用、預後情形及可能之不良反應，法院可能在此基礎上稍做修正（如最高法院 94 年台上字第 2676 號刑事判決便認為成功率之內涵隱包括死亡率）。

[21] See e.g., Moore v. Regents of the University of California, 51 Cal. 3d 120 (1990).

939），[22] 但這些資訊是否應包括在醫師告知後同意之範圍內？有學者認為，雖然醫師有告知病患醫療介入原因之義務，但卻無義務描述其推理出最終醫療決策之每個步驟（如醫學院上過哪些課程、曾經治療過哪些病患等）（Cohen, 2020: 1442），故要求醫師告知病患有關醫療 AI 之具體演算內容，難稱合理。但本文認為，這個問題可能沒有辦法單純以肯定／否定之截然二分法加以解釋，如同病患詢問醫師在決定醫療方案時是否有考慮某替代療法，醫師有義務說明解釋其病情不適合替代療法之原因；同理，當病人詢問醫療 AI 所分析之資訊內容是否包括某特定資訊時（類似做出醫療決定之背後原因），醫師亦應有義務加以說明。但這並不是說醫師有義務深入理解醫療 AI 之演算法或所有變項，而是建議應思考在醫療 AI 之運用已漸趨普遍時，醫師是否需要增加對醫療 AI 運作之基本認識。以醫師開立處方箋為例，醫師對於已通過查驗登記審查並取得許可證之藥物，雖然通常不會向病人具體解釋其藥理作用，但醫師多少仍對藥物之作用機制有所認識，並能在病患詢問時向病患適當地解釋選擇該藥物之理由；同理，醫師或許不需要在利用醫療 AI 時具備完整之資訊、程式設計、或電機之專業背景，但仍可思考是否應要求使用醫療 AI 之醫師需要受到適當訓練並對醫療 AI 之運作有基本之認識（類似對專科醫師之要求）。

因此，就醫療 AI 演算法與醫療行為間關聯性之資訊是否屬於告知後同意原則之規範範疇，在學理上與法規適用上均有深入討論之必要性。而可解釋 AI 之發展（詳第二節）可某種度緩解前述醫療 AI 與

---

[22] 知情同意原則基本上採理性病人標準（reasonable patient standard），藉由醫師與病人之溝通，提供病人認為之重要資訊（material information」（意即可讓理性病患判斷是否接受建議之資訊），再由病人彙整所得到之資訊做出符合個人價值之理性判斷。

醫師告知說明義務之緊張關係，但如何界定需要被解釋之範圍（如需要解釋者究竟為醫療 AI 之一般性功能或是個別決定）（Watcher et al., 2017: 81），同樣需要更深入之討論。

第五節　小結

在可預期之未來，醫療 AI 之使用勢將漸趨普遍，而其對醫師醫療責任之影響亦將更為顯著，並對傳統侵權行為法應用在涉及醫療 AI 之醫療糾紛案件上形成挑戰，且該挑戰可能不僅是單純醫療責任體系之微調便可因應，更涉及規範基礎之調整；故政府、學界與社會應針對醫療 AI、醫療行為與侵權責任間之複雜關係，發展更深入之討論。

但在法律規範以外，有些基本價值問題可能是臺灣社會與專業團體所必須思考的。對社會大眾與立法者而言，在思考如何明確化各種行為者（包括醫療與非醫療專業行為人）對醫療 AI 之作為與不作為法律責任外，亦需進一步確認醫療糾紛侵權責任制度在醫療 AI 年代下所欲解決之核心問題為何。若制度設計之目的在避免醫療 AI 可能帶來之風險，則傳統侵權行為法之威懾（阻止不合理風險行為）與賠償功能將繼續維持（Gerke et al., 2020: 313）；但若制度設計目的在促進醫療 AI 之廣泛運用，則如何明確化醫師與醫療 AI（或其設計者與製造者）之責任、如何處理醫師專業裁量與醫療 AI 之衝突，便可能需要進一步修正侵權行為法並納入考量（Price II, 2017: 12），甚至納入無過失賠償制度（類似藥害救濟基金之設計），[23] 以系統化、風

---

[23] See e.g., Annex of the 2015/2013 resolution, "... An obligatory insurance scheme, which could be based on the obligation of the producer to take out insurance for the autonomous robots it produces, should be established. The insurance system should be supplemented by a fund in order to ensure that damages can be compensated for in

險集體化之方式分散醫療 AI 因科學不確定性所產生之風險（Gerke et al., 2020: 314）。

　　而對醫療專業團體而言，則必須正視其在醫療 AI 介入醫療行為後之責任配議題上，所面臨之困境：一方面，醫療專業團體仍強調醫療 AI 之應用不應超越以人為基礎之基本原則（human-centered design principles），亦即醫療 AI 僅為「輔助智慧（augmented intelligence，同樣簡稱為 AI）」而非獨立執行醫療業務主體之主體（American Medical Association, 2018: 1）、僅為協助（而非取代）醫療專業人員判斷之工具；但另方面，科技之發展已使得醫療 AI 逐漸超越傳統之人類─工具之截然二分（吳全峰，2020：171-176），如黑箱決策模式導致醫師無法正確理解醫療 AI 決定之風險內涵與調校過程，甚至導致醫師過度倚賴機器（Pasquale, 2015），故醫療責任分配便面臨需要重新設計（如納入非醫師之醫療 AI 程式設計者）之挑戰（American Medical Association, 2018: 3）。而後者對醫療 AI 介入下之醫療責任應重新分配之主張，顯然與前者堅持醫師在醫療 AI 介入下仍掌握全面專業決定權力之主張（Crigger, 2019: E188），相互矛盾；因此，如何在兩者間取得平衡，亦應是制度設計上所應考量之重點。

---

cases where no insurance cover exists. ..."

參考文獻

吳全峰，〈初探人工智慧與生命倫理之關係〉，李建良編，《法律思維與制度的智慧轉型》。臺北：元照出版，2020，頁 173-174。

吳全峰，〈醫療法第 82 條修正對病患權益之影響：從醫療機構責任談起〉，《月旦醫事法報告》第 16 期，2018，頁 81-101。

李有專，《AI 醫療大未來：台灣第一本智慧醫療關鍵報告》。臺北：好人出版，2018。

李崇僖，〈從演算法看醫療法〉，陳鋕雄、楊哲銘、李崇僖編，《人工智慧與相關法律議題》。臺北：元照出版，2019，頁 78-91。

胡方翔，〈醫療不是消費行為，不該使用「舉證責任倒置」〉，《獨立評論》，2017，https://bit.ly/3TGcP2J，瀏覽日期：2022 年 10 月 25 日。

張麗卿，〈醫療法第 82 條修法之法學意涵〉，《台灣醫學》第 23 卷第 4 期，2019，頁 474-479。

陳再晉等，〈醫療事故處理機制倡議〉，《台灣醫學》第 62 卷第 8 期，2019，頁 63-65。

陳鋕雄，〈智慧醫材臨床應用之法律責任〉，陳鋕雄編，《智慧醫療與法律》。臺北：翰蘆圖書出版，2020，頁 429。

陳聰富，〈告知後同意與醫師說明義務（上）〉，《月旦法學教室》第 80 期，2009，頁 75-91。

陳聰富，《醫療責任的形成與展開》。臺北：國立臺灣大學出版中心，2014。

曾淑瑜，《醫療過失與因果關係》。臺北：三民書局，2007。

黃富源編，《醫療糾紛鑑定初見醫師指引手冊》。新北：財團法人醫院評鑑暨醫療品質策進會，2012。

楊秀儀，〈論病人自主權—我國法上「告知後同意」之請求權基礎

探討〉，《國立臺灣大學法學論叢》第 36 卷第 2 期，2007，頁 229- 268。

楊秀儀，〈論醫療過失：兼評醫療法第 82 條修法〉，《月旦醫事法報告》第 16 期，2018，頁 65-80。

廖建瑜，〈醫療法第 82 條修正帶來新變局〉，《月旦裁判時報》第 74 期，2018，頁 60-71。

謝炎堯，〈臨床談「舉證責任倒置」〉，《自由時報》，2017，https://bit.ly/3qe6FJv，瀏覽日期：2022 年 10 月 25 日。

尼可拉斯・卡爾（Nicholas Carr）著，楊柳譯，《被科技綁架的世界：無人駕駛、人工智慧、穿戴式裝置將帶你去哪裡？》。臺北：行人文化實驗室，2016。

American Medical Association (AMA). "Augmented Intelligence in Health Care H-480.940." (2018) https://bit.ly/3QiaI1R (July 9, 2021).

Annas, George. *The Rights of Patients: The Authoritative ACLU Guide to the Rights of Patients*. New Jersey: Humana Press, 2004.

Bathaee, Yavar. "The Artificial Intelligence Black Box and the Failure of Intent and Causation." *Harvard Journal of Law and Technology* 31.2 (2018): 889-938.

Calo, Ryan. "Robotics and the Lessons of Cyberlaw." *California Law Review* 103 (2015): 513-564.

Calo, Ryan, A. Michael Froomkin, and Ian Kerr. *Robot Law*. Camberly: Edward Elgar, 2016.

Chung, Jason. "What Should We Do about Artificial Intelligence in Health Care?" *NYSBA Health Law Journal* 22.3 (2017): 37-40.

Cohen, Glenn. "Informed Consent and Medical Artificial Intelligence: What to Tell the Patient?" *Georgetown Law Journal* 108 (2020): 1425-1469.

Crigger, Elliott. "Making Policy on Augmented Intelligence in Health Care." *AMA Journal of Ethics* 21.2 (2019): E188-191.

European Commission. "White Paper on Artificial Intelligence—A European Approach to Excellence and Trust" (2020), https://bit.ly/3eqrTkN (May 1, 2020).

Ferretti, Agata, Manuel Schneider, and Alessandro Blasimme. "Machine Learning in Medicine: Opening the New Data Protection Black Box." *European Data Protection Law Review* 4.3 (2018): 320-332.

Froomkin, A. Michael, Ian R. Kerr, and Joelle Pineau. "When AIs Outperform Doctors: Confronting the Challenges of a Tort-Induced Over-Reliance on Machine Learning." *Arizona Law Review* 61.1 (2019): 33-99.

Gerke, Sara, Tim Minssen, and Glenn Cohen. "Ethical and Legal Challenges of Artificial Intelligence-Driven Healthcare." In Adam Bohr and Kaveh Memarzadeh eds., *Artificial Intelligence in Healthcare*. London: Elsevier, 2020, pp. 295-336.

Gowda, Vrushab et al. "Artificial Intelligence in Cancer Care: Legal and Regulatory Dimensions." *The Oncologist* 26 (2021): 1-4.

Kazzazi, Fawz. "The Automation of Doctors and Machines: A Classification for AI in Medicine (ADAM Framework)." *Future Healthcare Journal* 8.2 (2021): e259-260.

Khairat, Saif et al. "Reasons for Physicians Not Adopting Clinical Decision Support Systems: Critical Analysis." *JMIR Med Inform* 6.2 (2018): e24-e33.

Lupton, Michael. "Some Ethical and Legal Consequences of the Application of Artificial Intelligence in the Field of Medicine." *Trends in Medicine* 18.4 (2018): 1-7.

Maliha, George et al. "Artificial Intelligence and Liability in Medicine: Balancing Safety and Innovation." *Milbank Quarterly* (2021), https://bit.ly/3er1AuO (July 13, 2021).

McNair, Douglas et al. "Health Care AI: Law, Regulation, and Policy." In Michael Matheny et al. eds., *Artificial Intelligence in Health Care: The Hope, the Hype, the Promise, the Peril*. Washington: National Academy of Medicine, 2019, pp. 181, 191.

Parikh, Ravi B, Ziad Obermeyer, and Amoi S. Navathe. "Regulation of Predictive Analytics in Medicine: Algorithms Must Meet Regulatory Standards of Clinical Benefit." *Science* 363.6429 (2019): 810-812.

Pasquale, Frank. *The Black Box Society: The Secret Algorithms that Control Money and Information*. Cambridge: Harvard University Press, 2015.

Price II, W. Nicholson. "Artificial Intelligence in Health Care: Applications and Legal Implications." *SciTech Lawyer* 14.1 (2017): 10-13.

Price II, W. Nicholson. "Black-Box Medicine." *Harvard Journal of Law & Technology* 28.2 (2015): 419-467.

Price II, W. Nicholson. "Medical Malpractice and Black-Box Medicine." In Glenn Cohen et al. eds., *Big Data, Health Law, amd Bioethics*. Cambridge: Cambridge University, 2018, pp. 295, 299.

Price II, W. Nicholson, Sara Gerke, and Glenn Cohen. "Potential Liability for Physicians Using Artificial Intelligence." *Journal of the American Medical Association* 322.18 (2019): 1765-1766.

Ross, Casey, and Ike Swetlitz. "IBM to Congress: Watson will Transform Health Care, so Keep Your Hands off Our Supercomputer." *STAT* (2017), https://bit.ly/3QkaVla (July 13, 2021).

Rudin, Cynthia and Berk Ustun. "Optimized Scoring System: Towards Trust in Machine Learning for Healthcare and Criminal Justice." *INFORMS Journal on Applied Analytics* 48.5 (2018): 399-486.

Scherer, Matthew U. "Regulating Artificial Intelligence Systems: Risks, Challenges, Competencies, and Strategies." *Harvard Journal of Law and Technology* 29.2 (2016): 353-400.

Schuck, Peter. "Rethinking Informed Consent." *Yale Law Journal* 103 (1994): 899-959.

Schweikart, Scott J. "Who Will Be Liable for Medical Malpractice in the Future? How the Use of Artificial Intelligence in Medicine Will Shape Medical Tort Law." *Minnesota Journal of Law, Science & Technology* 22.2 (2021): 1-22.

Searle, John R. "Minds, Bains, and Programs." *Behavioral and Brain Sciences* 3.3 (2010): 417-424.

Siwicki, Bill. "86% of Healthcare Companies Use Some Form of AI." *Healthcare IT News* (2017), https://bit.ly/3CYneAP (July 9, 2021).

Sutton, Reed T. et al. "An Overview of Clinical Decision Support System: Benefits, Risks, and Strategies for Success." *NPJ Digital Medicine* 3.1 (2020): 1-10.

Tobey, Danny and Allie Cohen. "Medical Frontiers in AI Liability." *AHLA Connections* 24 (2020): 22-25.

Tobey, Danny. "Explainability: Where AI and Liability Meet." *DLA Piper* (2019), https://bit.ly/3RETbSN (July 13, 2021).

Topol, Eric. *Deep Medicine: How Artificial Intelligence Can Make Healthcare Human Again*. New York: Basic Books, 2019.

Watcher, Sandra, Brent Mittelstadt, and Luciano Floridi. "Why a Right to Explanation on Automated Decision-Making Does Not Exist in the General Data Protection Regulation." *International Data Privacy Law* 7.2 (2017): 76-99.

Weiler, Paul. *Medical Malpractice on Trial*. Cambridge: Harvard University Press, 1991.

Yadav, Yesha. "The Failure of Liability in Modern Markets." *Virginia Law Review* 102 (2016): 1031-1110.

第九章
人造社會性的未來？——社會學參與
人工智能研究的 2+1 途徑 *

劉育成 **

第一節　前言：殊途同歸？——社會學與人工智能的核心議題

　　德國社會學家 G. Simmel 在對 Kant 有關「自然如何可能（How is nature possible）？」的探問中指出，Kant 之所以能夠提出這樣的問題，前提是對他而言，自然「只不過是對自然的再現而已（nothing else but the representation of nature）」（Simmel, 2009[1908]: 40-41）。這意思是說，我們所熟知的自然界中的顏色、溫度、味道、音調等，都是透過我們的意識所延伸而來的主體經驗，乃是透過心智的活動而將世界中的各種元素放在一起——包含因果連結等，使其變成為所謂的自然。據此，Kant 認為真正的自然，意謂的是，「世界的不一致且沒有法則的快閃片段（incoherent and lawless flashing fragments of the world）」（Ibid.）。總而言之，Simmel 指出，自然對 Kant 而言，「就

---

* 本文部分內容發表於巷仔口社會學網站，較為完整與偏向學術討論的版本可參考劉育成，〈人造社會性：從俗民方法學觀點初探人工智能如何作為一種社會現象〉。
** 東吳大學社會學系副教授。

是個特定種類的經驗，一個透過且在我們的知識範疇中所發展出來的圖像」（Ibid.）。

Simmel 藉此提出其所關心的問題：「社會如何可能？（How is society possible?）」他認為，在認識「社會」這個概念上，也可以用類比於 Kant 對自然的探問方式。也就是說，那些個別的元素，「只有透過一種意識的過程，將這些個別的存有物，根據確定的法則，以確定的形式而與其他存有物關聯起來」，以形成為社會（Ibid.）。然而，Simmel 提到兩者的不同之處在於，自然僅會是發生於正在進行觀察的主體（observing subjects）之中，而社會則是「只能由其自身之元素來實現，因為這些元素本身就是具有意識的，並且是主動地綜融出社會，同時其也不需要旁觀者。……這些社會的連結，乃是直接地在個別的心智中獲得實現」（Ibid.: 41）。對這個問題——社會如何可能？——的回答，便可借由在元素中所發現的先驗（a priori）條件，透過這些先驗條件，這些元素實際上結合而形成該綜合體，也就是「社會」（Ibid.: 42）。這些 Simmel 所言之先驗條件，指的便是個別的心智（個體）對不同事物及其內容可能會有的相類似的理解、看法或期待。例如，在我前面擺著的這一顆蘋果，我會認為對另一個人而言，其也會是一顆蘋果，而不是其他水果。因此，Simmel 說，「對社會進行有意識的建構，確實並非是抽象地展現在個體之中，而是對所有個體而言，每一個人都知道其他人是與自身綁在一起的；……」（Ibid.）。換句話說，社會之所以可能，或許正是因為我們同時是建構社會、也是這個被建構之社會的一部分，而非如同對自然的再現所指出的一個外部觀察者之存在。

從以上簡單對 Simmel 的「社會如何可能？」之討論，除了一方面指出過去社會學的核心問題之外，另一方面，就本文旨趣而言，筆者認為，這樣的社會學探問或許正指出的是，社會學不應該在人工

智能（artificial intelligence）研究中缺席。[1] 假如就像 Kant 所言，我們口中所談論的自然，只不過是對自然的再現，那麼我們如何能夠肯定，我們所認識或討論的自然，就是自然本身？同樣地，對人工智能而言，其最終目的如果是要打造出「像人一樣思考與行動的機器」（Nilsson, 2010: 77），那麼這樣的機器如何確定，其所進行的思考與行動，確實就是「像人一樣」。這兩個探問或弔詭之間所存在的一個中介，其實還是得回到人類自身。據此，從 1950 年代開啟的三場關於人工智能研究的重要會議中——尤其是 1956 年在達特茅斯舉辦的人工智能的夏季研究計畫會議，其參與者關注的即多是「人類如何解決問題」，而非人類「為什麼」要解決問題。「為什麼」的重要性在早期人工智能技術發展的面向上，不若「如何」的提問（Andler, 2006: 383-384; Dreyfus, 1965, 1972; 2006: 44）。換句話說，先讓演算法能夠盡可能地「像人類甚至超越人類」完成各種動作，可能要比讓演算法知道「為什麼要這麼做」來得重要許多。在技術面向上，前者也較後者容易操作（劉育成，2020a）。這是有關「人工智能」之定義上，一個美麗但稍後卻被認為可能是個錯誤的開端。

　　儘管如此，若社會學的探問從「社會如何可能？」出發，並且視社會行動者彼此間的相互期待——無論是基於文化、信仰、科學知識或者是其他面向——為理解社會之所以可能的基礎之一，那麼在討論人工智能研究及其現象上，社會學的探問就會具有更深刻的內涵與功用。就人工智能研究的目標或者是其得以成功的基礎，乃是對社會與人類智能之運作的理解而言，人類智能（個體心智或意識）如何認識

---

[1] 筆者在本文中依舊將 artificial intelligence 譯為「人工智能」，而非一般所用的「人工智慧」，相關原因已在筆者另一篇文章討論過，敬請參考劉育成（2020b, p. 95）。

世界，並且如何在對彼此──包括人與非人行動者──的相互期待上，進而能夠構作出社會實在（social reality）或社會自身，更是不可或缺的。例如，現象學家 Schutz 借由社會學家 Max Weber 對社會行動的討論中也指出，社會行動中的人「不僅意識到他人的存在，還需意識到他人行為的意義，以及詮釋他人行為的意義」（Schutz, 1991: 13）。這又將問題推進了一步，也就是關於「意義製造」與如何詮釋的問題。無論如何，對社會學與對人工智能而言，其目標可說都是在認識什麼是社會、社會如何運作，以及為何會如此運作等。這裡的「認識」也包含了諸如觀察、拆解、解構、揭露（debunk）、建構、再現、拼貼等社會學研究中的經典概念。這些概念也已可見於人工智能研究中的應用。

　　總地來說，社會學與人工智能都是在認識社會，但這兩種「認識」仍存在著差異：社會學是透過「解釋」來認識社會，而人工智能則是透過「模擬」來認識社會。這樣的差異也會在本文的最後一個部分中，進一步探討「人造社會性（artificial sociality）」概念。就對社會或社會現象的「解釋」與「模擬」而言，前者包含了人際之間的關係與互動、個體與社會結構之間的關聯性等，更包括了人們如何賦予前述之關係、互動、關聯性等以「意義」的過程與產物。就後者而言，人工智能並不尋求發展出對上述這些內容進行解釋──或者說是賦予意義──的能力，也並未對其自身及其與環境之關係進行解釋，而更多是透過模擬來進入人類社會世界，甚至發展出引導人類世界進程的「洞見」。不可否認的是，社會學也經常透過各種研究方法來模擬社會自身，例如透過統計推論、模型或者是理論觀點等，這或許也都可以視為是一種對社會的「模擬」。然而，這些「模擬」的目的在於提供解釋或賦予意義，且其一方面並未假定個體心智或意識、社會或社會現象等，是能夠被完全地再現，另一方面該模擬本身也非社會學自

身的目的。相對地，人工智能科技的發展，乃先假設了個體心智、大腦運作或社會現象等，或許遵循了一套演算法或公式，而大腦被視為是一種訊息處理單元，用以執行某種演算法等。據此，人工智能的發展，便著重於如何打造出更好、更快速且正確的訊息處理系統上，亦即是關於「如何」而非「為何」的問題。這或許也回應了心理學家 Mead 與社會學家 Weber 有關人類與非人類之區別的討論——也就是關於「意義製造能力」之問題，人類行動者具有製造意義的能力，而人工智能可能尚未有能力知道自己在執行的程序或演算法具有什麼意義。

　　此外，另一個值得提問的是，假如模擬的前提是理解——在相當程度上意味著，對於一件事物的模擬，乃是以對該事物之理解或解釋為前提，然而，能夠「模擬」，便意味著或等同於是「解釋」嗎？以自動駕駛技術為例，自動駕駛車輛能夠在自身系統中模擬其所處之真實世界中可能出現的情況，並據以執行相對應的指令及行動。我們是否可說，自動駕駛車輛對其環境有了清楚且適切的「理解」？還是說，其只是在執行一種「模擬的理解（simulated understanding）」，但其對該理解本身並不理解？就此而言，社會學的模擬是為了提出解釋，並非是透過模擬以「參與」社會，這就如同 Simmel 所言之，「其不需要旁觀者」，每一個社會行動者既是建構社會的一份子，也是社會建構的一部分。然而，人工智能的模擬卻為的是參與社會，透過模擬而得以進入社會之中，這就像 Kant 所謂的對自然的再現總是伴隨著旁觀者之討論。在某種意義上，人工智能的模擬或許不是取消了與人類智能之間的那條界線，而是在創造出一個向其靠攏的世界觀，就如同那個被再現的自然——包含了科學、理性、客觀等概念，已經成為主宰人類世界的認識論一般。據此，這個看起來殊途同歸的發展——

同樣都是在認識社會，卻可能帶來的是前所未有的顛覆潛力，假如社會學不積極介入的話。

第二節　社會學如何探問人工智能？－2＋1取徑

　　社會學對人工智能的討論或應用，主要有兩個途徑，其一是應用人工智能技術於社會學研究之中，這就如同社會學也使用了許多統計方法或其他各種研究方法，用以協助理解並解釋社會現象。其二是將人工智能視為一種社會現象或「社會事實」，透過社會學觀點而對之進行探究。過去在社會學與人工智能之關聯的討論上，並未受到太多重視。Steve Woolgar 對 1980 年代社會學缺席於人工智能研究的討論中指出，社會學大多被排除在外，或者是僅關注於有關「社會的」概念之討論，以及社會學家對當前技術水準的討論與描述存在很大差異（Woolgar, 1985: 557）。第一種途徑在過去二十年間也未能成熟發展，但仍有不少研究者認為，人工智能技術應可在方法論上為社會學理論帶來貢獻（Anderson, 1989; Brent, 1998; Carley, 1996; Schnell, 1992）。例如 Rainer Schnell 認為人工智能技術可以用來進行理論建構，也就是透過人工智能模擬社會行動者所需要的日常知識之資料結構。也因此，在其應用過程中，Schnell 也指出，人工智能與社會學探問的共通之處。例如，人工智能中的框架問題與俗民方法學的目標或有直接對應，亦即：「哪種知識對日常行動而言是必須的？」（Schnell, 1992: 35-336）。然而，儘管兩者間有一定程度的相似性，但就其內涵而言，人工智能主張以形式化（formalization）的方法，也就是透過計算、數學或量化等來更好地模擬其對象物，但社會學——尤其是 Schnell 提到的俗民方法學（ethnomethodology），並不完全同意形式化方法的確能夠更好地認識世界。臺灣近年來的人工智能研究在社會科學場

域也多以此路徑為主，筆者以「人工智能（人工智慧）」為關鍵字搜尋「華藝線上圖書館」資料庫，若再加上關鍵字「臺灣」、「TSSCI」進行篩選後，餘有 34 篇論文，其中除一篇書評之外，非應用型的論文僅有三篇。此外，也沒有一篇論文是將人工智能本身視為社會學探問的對象，而多是探討其在個別場域中的應用可能性。然而，若從前述有關社會學與人工智能研究具有之相似性來看，兩者間應更可相輔相成。

　　在進入二十一世紀之後，另一個與之有關的概念應用則是「分散式人工智能（Distributed Artificial Intelligence, DAI）」與「多重行動者系統（Multiagent Systems, MAS）」的觀點與應用。Thomas Malsch 提出的「仿社學（socionics）」概念——亦即，「如何利用從社會世界中所獲得的模型，以發展出智能計算機科技」，同樣也是將人工智能應用於社會學研究的途徑 （Malsch, 2001: 155; Malsch and Schulz-Schaeffer, 2007）。「仿社學」概念或許也回應了前述 Kant 對「自然」的看法，人工智能對社會與行動者（心智、行為與行動）的模擬，就如同對自然的再現。Malsch 認為社會學家對現代社會的觀察、描述與解釋等，與「分散式人工智能研究或以其為基礎的社會模擬很類似。「分散式」一詞意指是為了解決個別機器運算上的限制，期待透過分散且協作的方式來解決複雜問題（Ibid.: 158）。DAI 架構可以用來發展「多重行動者系統（MAS）」，主要可用以「模擬」社會學理論的建構，其核心提問是：「在何種意義上，我們有可能透過多重行動者技術作為媒介，以模擬現代社會的理論？」（Ibid.: 161）。這樣的觀點在近年來也為另一位著名荷蘭社會學家、心理學家 Gert Jan Hofstede 所實踐並推進，其對「人造社會性」概念的主張即是對「社會心智的模擬（modelling the social mind）」，他認為不只要關注人工智能，還需要兼顧社會學經常論及的「關係性（relational）」與「集

體性（collective）」概念。據此，他提出 GRASP 模型以發展 Agent-based Model，可用來模擬社會互動（Hofstede, 2018）。

第二個取徑是將人工智能當作是社會現象或社會事實，以作為社會學探問的對象。Woolgar 在其 "Why not a Sociology of Machines? The Case of Sociology and Artificial Intelligence" 一文中即指出，「人工智能現象提供了一個重新評估社會學之核心教條的重要情境，亦即某種獨特地關於人類行為的社會性」（Woolgar, 1985: 568）。Alan Wolf 則認為社會學家應該將人工智能是為一種思想實驗，並提出一系列「假如（這樣）……會（怎樣）……（What if...）」的問題。其對社會學提出的一個 What if 問題就是：「假如塑造社會學思想的那個自然與人造的二元性是錯誤的，那怎麼辦？」（Wolfe, 1991: 1074）將人工智能現象放在社會學的研究對象之位置上，似乎很容易指出傳統社會學二元觀點的限制，無論是人與自然、人與社會、自然與社會、心智與身體，甚至是人與非人等概念。儘管如此，對人工智能的討論或許有助於社會學對「何謂社會的」進行重新檢視或甚至是定義。例如，社會不只是傳統上人與人的互動，或者是 Latour 的人與技術物的互動，更是兩種智能——人工智能與人類智能——的互動。當技術物被人類視為是有智能的時候，這樣的觀點或許有可能改變每一件既存認知之事物，而技術物的角色與意義在人類社會中也產生了變化——尤其是在倫理與道德面向上。換句話說，人工智能研究對社會學與其他與人文相關學科的挑戰在於，其能夠有機會面對人類智能本身，當人類開始覺得有可能打造出具有跟人類一樣思考與行為能力的機器時，「人之所以為人」的獨特性也開始受到挑戰。這個挑戰對行動者（agency）與社會（society）之間的那條界線也提出了新的問題（例如 Muhle, 2017: 88）。

關於社會學如何介入人工智能研究這部分，筆者認為或許還有第

三個取徑是，「對人造社會性進行社會學的探問與研究」。這與過去有關「社會建構」概念的討論不同，也與 STS 研究中將物拉進人的世界來討論某個或某些實在之建構也有些許差異。例如在 Bruno Latour 的行動者網絡（Actor Network Theory, ANT）理論中，科技物是被行動者主體——也就是人——所徵召或召喚進網絡中，其對實在之建構的參與相對來說仍是靜態或被動的，或者，其具有的動態性是由人類行動者所賦予的 （Latour and Woolgar, 1979）。這裡所謂的「靜態」與「徵召」可從兩個面向來討論，其一是在 ANT 內部，其二是作為 ANT 的外部使用者。意思是說，在網絡內部，人與非人行動者乃是共構了網絡本身，並且透過網絡而賦予這些行動者予能動性（agency）（Sismondo, 2010: 127）。然而，其二，ANT 或許也假定了外部使用者或觀察者的存在，可以是 Latour 自己，也可以是任何將人與非人之互動視為行動者網絡的研究者、科學家、工程師或社會學家等。例如 Sismondo 在探討 ANT 時提到：「不論 ANT 具備對稱性（對人與非人行動者同等重視）的程度有多麼高，它關心的還是科學家和工程師的行動」（Sismondo, 2010: 128）。換句話說，如果所謂「社會的」一詞，涵括的是人類行動者彼此之間互動的產物，那麼可以肯定的是，ANT 推進了行動者這個角色的性質，也就是將非人行動者——技術物等——也視為共構出網絡的行動者，且其重要性甚至可比擬人類行動者。然而，這些非人行動者似乎尚未如同人類行動者能夠佔據「社會的」之角色。這樣的一種具有「社會性」之位置，不僅參與「社會的」一詞的詮釋，也為其所影響。反過來說，儘管非人行動者在 ANT 內部因為網絡而獲得了能動性，但這不自動意味著其也獲得或佔據了「社會的」內涵。這也是本文主張與過去人與非人行動者之互動可能有的差異。也因此，在人工智能現象的討論上，我們或許可以

思考一種「非人社會行動者」概念的可能性，以及由此與人類社會行動者所共構出來的「人造社會性」（Rezaev and Tregubova, 2018）。

　　順此，對人類行動者來說，儘管物在形塑實在的這件事上，是與人類行動者共同行動的，然而人類並未將其視為與之相同的具有智能的行動者。這就像是，我們或許可以同意，社會成員對教室的解明在過去或許僅關注的是師生角色與互動關係——也就是只有人類行動者之參與，現在則加入了空間中的各種技術物，例如黑板或白板、整齊面向某個方向的桌椅、麥克風與電腦相關設備、佈告欄等，共同形塑了社會成員對場景的解明（accounting）——人與非人行動者共同形塑對場景的解明。然而，這些技術物只是作為非人行動者而加入社會成員對場景的解明實作過程之中，其並未如同人類行動一樣，佔據了「社會」這個概念或詞彙。當人類行動者將某個技術物視為是「具有智能」且其又相當程度上參與或介入或決定日常生活之時——無論這裡的智能所指可能為何，其毋寧是獲得了某種「社會的」性質。這意思是，我知道你會思考，但我不知道你在想什麼，我也無法知道你如何思考，這樣的對象在參與日常生活上，便生產出某種社會性，其也與人類行動者共構某種社會性，這是為「人造社會性」之內涵。這也符應於 Simmel 對「社會如何可能」的想像，而這種「人造社會性」指涉的不再只是人與人之間的相互期待，還包括人類智能與人工智能之間的相互期待，前者甚至受後者所決定。換句話說，社會學在傳統上研究的社會性，多以人類行動者及其彼此間之互動為對象，ANT 理論觀點向前跨了一步，社會性的內涵是由人與——不被認為具有智能的——非人行動者所形塑。如今在人工智能的發展下，人類行動者開始將某些科技物——例如某些聊天機器人、照顧機器人、自動駕駛車輛等——視為具有智能的對象時，這些科技物的參與較過去有更高的主動性，他們不是被召喚而進到某個行動者網絡，他們甚至是可以

決定了行動者網絡的內容與樣貌。這些「非人社會行動者（non-human social actors）」在某種意義上取得了「社會的」性質。這也是許多研究者在自動駕駛的倫理研究中的提問：人類會如何看待那些在路上自動駕駛的車輛，以及可能如何對待他們？對此的研究成果顯示，這個倫理問題就像是人類如何看待其他物種或其他族群或種族的「人類」一般，許多人會刻意阻擋自動駕駛車輛的行進、挑戰其各種行動，或者對車身進行破壞。換句話說，這些具有智能的自動駕駛車輛，僅是其存在就足以構成對另一種智能的威脅。然而，在做出這些行為的當下，人類行動者展現的其實是對其之存在——或具有某種智能——這件事的肯認，也才會想要挑戰或試探對方，因此會產生各種情感或情緒，就如同人類在對待其他物種、對待同樣身為人類的其他人種一般。這樣的一種「人造社會性」，或許便可成為社會學研究的對象，人類行動者不再只是其關注的對象，物的參與或介入實在之建構也不再是由行動者所召喚，而是研究兩種不同智能之互動，而其所建構的就是所謂的「人造社會性」。

第三節　結論：「人造社會性」的未來？

　　前述 Hofstede 所發展的「人造社會性」概念與方法，基本上就是一個奠基於社會科學中關於人類社會性的基礎概念模型，並將其應用於以行動者為基礎的複雜系統模型（Agent-based model, or ABM）之中。「人造社會性」對其而言，就是存在於模型中的那些「關係邏輯」。他認為這些關係邏輯能夠反映形式化的社會結構以及規則（Hofstede, 2018: 5）。他提出了一個後設模型 GRASP，由五種元素所組成：團體（Groups）、儀式（Rituals）、聯繫（Affiliation）、地位／重要性（Status/Significance），以及權力（Power）（Hofstede, 2018: 13-17）。他認為這個架構將有助於處理團體之間的社會認同議

題。其目標在於建立社會行為的生成模組（generic modules of social behavior），可以重複使用於許多社會次系統的模擬，也可用以支持政策制定等（Hofstede, 2018: 21）。儘管人造社會性或模擬的概念在「計算社會學（computing sociology）」領域中相當普遍，但不可否認的是，真實的人類世界過於複雜，在嘗試理解人類社會性的這條道路上，無論是科學家或社會學家，都是以各種簡化的版本來處理之，嘗試透過對部分的理解，或有可能拼湊出所謂的──若有的話──全貌。這也是長久以來有關於部分與整體之間關係的爭論。然而，或許也正由於人類及社會具有高度複雜性，此一研究取徑雖有缺陷但仍廣為大眾與研究者所接受。問題可能在於，在科技高度介入的可能性日益增加之時，這些用以理解人類社會性的簡化版本，似乎有凌駕於真實版本的樣貌，換句話說，原本人類社會性是作為人造社會性的基礎，如今卻有反過來的趨勢──人造社會性反倒成為理解甚至是制訂在真實世界中管理與規範人類社會性的主要來源。

　　近年來，俄國社會學家 Rezaev 等人從不同角度思考「人造社會性」概念，或許在人工智能現象對社會學提出之挑戰上更具有啟發性。其定義「人造社會性」為「新的以人工智能為基礎的行動者，對人類彼此間互動之參與（participation of new AI-based agents in human interactions）」（Rezaev and Tregubova, 2018: 106）。Rezaev 等人認為，在以人工智能為學習與應用基礎的科技架構下，對社會學知識之結構的反思，主要有兩個面向，其一是社會學與相關學科內部的分工，其二是與計算機科學與工程的相互關連。據此，對於「人造社會性」的研究應是跨領域的，或至少社會學也要能夠理解相關技術的原理與應用。然而，其也正確地指出，這類的研究所缺乏的是，對「社會性」本身的研究。因此，Rezaev 認為，「……對社會互動的檢視是為第一優先，因為其是一個關鍵現象，使社會存在有其特徵，並且

對人類與機器之間的互動帶來暗示」。這也意謂著，社會學及社會學
理論在鉅觀層次上有關結構的討論，以及在微觀面向上對互動的研
究，將有助於人工智能科技的發展。對其而言，有關人造社會性的研
究，要從社會性概念本身出發，也就是關於社會互動的研究，由此也
可銜接於微觀社會學——例如象徵互動論、俗民方法學等觀點——對
人造社會性之研究的正當性與創造性。畢竟，俗民方法學乃是對社會
成員——無論是專家或是常民——如何使得社會場景變成是可觀察的
（observable）且是可解明的（reportable）解明實作進行探究，這或
許能對所謂「非人社會行動者（non-human social actor）」參與社會
互動的內涵與意義提出不同觀點與啟發。

參考文獻

劉育成，〈人造社會性：從俗民方法學觀點初探—人工智能如何作為一種社會現象〉，《政治與社會哲學評論》第 72 期，2020a，頁 1-55。

劉育成，〈如何成為「人」：缺陷及其經驗作為對人工智能研究之啟發—以自動駕駛技術為例，《資訊社會研究》第 38 期，2020b，頁 93-126。

舒茲（Schutz Alfred）著，盧嵐藍譯，《社會世界的現象學》。臺北：桂冠圖書，1991。

Anderson, Bo. "On Artificial Intelligence and Theory Construction in Sociology." *The Journal of Mathematical Sociology* 14.2-3 (1989): 209-216.

Andler, Daniel. "Phenomenology in Artificial Intelligence and Cognitive Science." In Hubert L. Dreyfus & Mark A. Wrathall eds., *A Companion to Phenomenology and Existentialism*. Hoboken: Blackwell Publishing Ltd., 2006, pp. 377-393.

Brent, Edward. "Is There a Role for Artificial Intelligence in Sociological Theorizing?" *The American Sociologist* 19.2 (1998): 158-166.

Carley, Kathleen M. "Artificial Intelligence within Sociology." *Sociological Methods & Research* 25.1 (1996): 3-30.

Dreyfus, Hubert L. "Overcoming the Myth of the Mental." *Topoi* 25 (2006): 43-49.

Dreyfus, Hubert L. *Alchemy and Artificial Intelligence*. Santa Monica, CA: Rand Corporation, 1965.

Dreyfus, Hubert L. *What Computer Cant Do*. New York: Happer & Row, 1972.

Hofstede, Gert Jan. "Artificial Sociality." (2018), https://bit.ly/3evqfys (November 25th, 2020).

Latour, Bruno and Steve Woolgar. *Laboratory Life: Social Construction of Scientific Facts*. London: Sage, 1979.

Malsch, Thomas and Ingo Schulz-Schaeffer. "Socionics: Sociological Concepts for Social Systems of Artificial (and Human) Agents." *Journal of Artificial Societies and Social Simulation* 10.1 (2007): n. pag.

Malsch, Thomas. "Naming the Unnamable: Socionics or the Sociological Turn of/to Distributed Artificial Intelligence." *Autonomous Agents and Multi-Agent Systems* 4.3 (2001): 155-186.

Muhle, Florian. "Embodied Conversational Agents as Social Actors? Sociological Considerations on the Change of Human-Machine Relations in Online Environments." In Robert W. Gehl & Maria Bakardjieva eds., *Socialbots and Their Friends: Digital Media and the Automation of Sociality*. New York: Routledge, 2017, pp. 86-109.

Nilsson, Nils. *The Quest for Artificial Intelligence: A History of Ideas and Achievements*. Cambridge: Cambridge University Press, 2010.

Rezaev, Andrey V. and Natalia D. Tregubova. "Are Sociologists Ready for Artificial Sociality? Current Issues and Future Prospects for Studying Artificial Intelligence in the Social Sciences." *Monitoring of Public Opinions: Economic and Social Changes* 5 (2018): 91-108.

Schnell, Rainer. "Artificial Intelligence, Computer Simulation and Theory Construction in the Social Science." Paper presented to the *SoftStat* 91. Advances in Statistical Software 3: The 6th Conference on the Scientific Use of Statistical Software, Heidelberg, 1992.

Simmel, Georg. *Sociology: Inquiries into the Construction of Social*

Forms, Vol. 1, translated by Anthony J. Blasi, Anton K. Jacobs & Mathew Kanjirathinkal. Leidon & Boston: Brill, 2009[1908].

Sismondo, Sergio. *An Introduction to Science and Technology Studies*. 2nd Edition. Hoboken: Wiley-Blackwell, 2010.

Wolfe, Alan. "Mind, Self, Society, and Computer: Artificial Intelligence and the Sociology of Mind." *American Journal of Sociology 96*.5 (1991): 1073-1096.

Woolgar, Steve. "Why not a Sociology of Machines? The Case of Sociology and Artificial Intelligence." *Sociology* 19.4 (1985): 557-572.

第三篇

思想哲理面

第十章

眼見（不）為憑？——AI時代的政治真相、謊言與深度偽造

陳柏良 [*]

有兩種途徑可以讓文化精神凋萎。第一種是歐威爾途徑，把文化變成監獄。第二種是赫胥黎途徑，把文化變成滑稽諷刺劇。

《娛樂至死》，Neil Postman

極權主義不只藉恐怖手段統治，剝奪人民自由，更使大部分人不敢表達真實想法，於是謊言和自欺欺人成為常態。

《平凡的邪惡——艾希曼耶路撒冷大審紀實》，Hannah Arendt

第一節　前言：憲法保障謊言與虛偽訊息？

當代民主國家，均面臨應如何管制製造或傳播不實訊息（disinformation）[1] 或假新聞（fake news, false news）的難題。[2] 迄今

---

[*] 美國華盛頓大學法學博士，現為國立政治大學創新國際學院助理教授，政治大學法學院合聘助理教授。E-mail: pc91@nccu.edu.tw。

[1] 不實訊息（disinformation）與錯誤資訊（misinformation）之區分：*see* European Commission, "A Multi-Dimensional Approach to Disinformation: Report of the Independent High Level Group on Fake News and Online Disinformation," https://bit.ly/3BgHHiO (July 18, 2021). 前者以製作或散佈虛假，足以誤導讀者之資訊者，主觀具備惡意為要件。後者則不問製作或散佈者主觀意圖。

[2] Gerald G. Ashdown, "Distorting Democracy: Campaign Lies in the 21st Century,"

不論是法律或新聞學界，對於假新聞的定義並無共識，但以製作或傳播者是否具備惡意，為廣狹兩義之界分。採取狹義說者[3]認為，假新聞係：刻意製作得驗證為虛假，並足以誤導讀者之新聞。採取廣義說者[4]則不以製作或傳播者具備主觀惡意為要件。

　　長期以來，美國聯邦最高法院與臺灣司法院大法官都認為：憲法應保障人民有寬廣、強韌以及不受限制的表意空間。[5]且為避免真誠的表意者，因懼於政府以不實訊息為由施予的懲罰，噤聲不語，導致選民及閱聽者可接觸資訊總量與質量降低，有損於公共論壇及民主政治程序。因此，美國與臺灣的大法官縱已認知不實訊息在個案中，可能造成個體或群體傷害或風險，仍多有包容。

　　至於政治不實訊息，是否應予以保障？探求表意自由之價值，最受矚目的理論有三：追求真理（truth seeking theory）、健全民主程序（democratic process theory）與表現自我（self-expression theory）。[6]健全民主程序論者以為：在民主社會，人民才是主權者，公職人員充

p. 1085; William P. Marshall, "False Campaign Speech and the First Amendment," p. 285.

[3] Mark Verstraete, Derek E. Bambauer and Jane R. Bambauer, "Identifying and Countering Fake News," https://bit.ly/3TNympU. (July 18, 2021); Hunt Allcott and Matthew Gentzkow, "Social Media and Fake News in the 2016 Election," p. 211, 213, 227; David O. Klein and Joshua R. Wueller, "Fake News: A Legal Perspective," p. 5, 6.

[4] Edson C. Tandoc, Jr., Zheng Wei Lim and Richard Ling, "Defining "Fake News": A typology of scholarly definitions," pp. 137, 148.

[5] 司法院大法官解釋第 414 號、445 號、509 號、617 號、644 號、734 號。

[6] Robert C. Post, *Democracy, Expertise, and Academic Freedom: A First Amendment Jurisprudence for the Modern State*, p. 6. 國內相關介紹，參照：林子儀，〈言論自由導論〉，頁 121 以下；林子儀，《言論自由與新聞自由》，頁 154-157；法治斌，〈定義猥褻出版品：一首變調的樂章？〉，頁 247-267。

其量只是代理人。[7] 人民透過定期民主選舉，行使政治權利。因此表意自由權利，保障選民得接觸公共議題相關資訊與意見，從而健全公共論壇的資訊品質與審議程序，促進民主政治健全發展。有學者進而以閱聽者及選民的角度出發，主張：政治言論，應受到憲法表意自由權的絕對保障，[8] 該意見也相當程度地影響當代美國最高法院自 1960 年代以降的判決。[9] 然健全民主程序，旨在提供社會大眾在參與政治決策時更多資訊，與追求真理理論之價值，不謀而合。因此本文以下將追求真理與健全民主程序理論兩者，融合於觀念市場自由競爭概念（marketplace of ideas）。

　　然在網際網路興起的 1990 年代以降，使用者在網路上發言的經濟成本急劇降低。廉價言論（cheap speech）大量出現，造成資訊氾濫（information flood）的現象。言論（供給）不再稀有，閱聽者的關注（attention）才是稀有財。因此美國學界自 1990 年代起，高度注意廉價言論時代的來臨，也預言憲法所保障的表意自由權，出現典範性移轉。學者 Lessig 主張：未來的言論審查（censorship）與控制，將存在於網絡（network）及其主要應用程式（applications）的設計（design）。也有為數不少的學者認為：言論審查將透過通訊傳播基礎設施或主要平台（例如：入口網站、搜尋引擎或社群媒體），並對當代民主產生重大影響。因此，管制言論手段，將轉移至閱聽人關

---

[7] See Alexander Meiklejohn, *Free Speech and its Relationship To Self-Government*, pp. 40-41.

[8] See Alexander Meiklejohn, *Free Speech and its Relationship To Self-Government*, pp. 20-27.

[9] *N.Y. Times Co. v. Sullivan*, 376 U.S. 254, 270 (1964); *Red Lion Broad. Co. v. FCC*, 395 U.S. 367 (1969). *See also* Harry Kalven, Jr., "The New York Times Case: A Note on 'The Central Meaning of the First Amendment,'" pp. 191, 221.

注，而非表意者或言論本身。在供需相對關係逆轉後，如何合理分配閱聽者的關注，又不至造成箝制言論的寒蟬效應，將成為研究表意自由學者的艱鉅挑戰。

在網際網路與 AI 技術受到廣泛運用的廉價言論時代，政治言論須受絕對保障的觀點，是否仍然禁得起檢驗？[10] 首先、有論者質疑如何區別政治言論與非政治言論？其次、憲法保障表意自由權，究竟只保障閱聽者？還是也保障表意者？再者、政治言論的絕對保障，雖提供選民充分政治資訊，但是否潛在地鼓勵表意者惡意散播不實訊息，以欺騙選民、扭曲選民的認知結構與決策過程，干預民主程序，斲傷公共論壇健全發展以及民主制度運行？本文囿於篇幅，無法完整探討政治謊言及政治虛偽言論在臺灣與美國立法與司法判決先例之完整比較。

本文主張：因表意人的主觀心態與動機不同，應區辨政治言論中的虛偽訊息以及謊言，課以不同的立法與行政管制密度，以及適用不同的違憲審查標準。再者，使用 AI 與機器學習的深度偽造（deepfake），因大量合成製造影片、畫面與音軌，有混淆或稀釋閱聽人辨識資訊的可信性指標與真正性跡證之虞，嚴重動搖人類的知識與社會實踐的基礎。因此，立法者宜就使用深度偽造技術的資訊表意者、資訊散播者，及網路平台業者，分別課以不同層級的強制揭露時間、方式、資訊密度，以及相關查證義務，以確保公民政治偏好的形

---

[10] Martin H. Redish and Abby Marie Mollen, "Understanding Posts and Meiklejohns Mistakes: The Central Role of Adversarial Democracy in a Theory of Free Expression," pp. 1303, 1307, 1312-13; Robert C. Post, "Meiklejohns Mistake: Individual Autonomy and the Reform of Public Discourse," p. 1109; Martin H. Redish and Julio Pereyra, "Resolving the First Amendments Civil War: Political Fraud and the Democratic Goals of Free Expression," pp. 451, 453.

成與審議程序，不致在動態的資訊結構中遭系統性扭曲，以促進社會多元發展，鞏固民主價值！

第二節　虛偽陳述與謊言

　　有鑑於不實訊息（disinformation）、錯誤資訊（misinformation）與假新聞（fake news）相關定義與分類方式，仍有爭議。[11] 本文由立法管制與憲法表意自由是否應予以保障的角度，以表意者的主觀動機，認為與客觀事實不符之表意內容，可區分為：謊言與虛偽陳述。謊言（lie）乃表意人不相信其陳述的真實性，故意誤導他人。[12] 或可謂：表意人不相信其表意內容與客觀事實相符，但仍故意為之，且在該情境脈絡下，足使客觀閱聽人相信該表意內容為真實。[13] 因此若表

---

[11] 國內關於假新聞或不實資訊之探討文獻，參照：羅世宏，〈關於「假新聞」的批判思考：老問題、新挑戰與可能的多重解方〉，頁 51-85；黃銘輝，〈假新聞、社群媒體與網路時代的言論自由〉，頁 13-29；Jean-Marie Pontier，吳秦雯譯，〈假新聞之控制〉，頁 30-41；許恆達，〈深度偽造影音及刑法規制〉，頁 1-32；吳芳毅，〈深度偽造為色情報復之侵害與規制〉，頁 185-200。

[12] "A lie is a statement made by one who does not believe it with the intention that someone else shall be led to believe it." *See* Arnold Isenberg, "Deontology and the Ethics of Lying," pp. 463, 466. Isenberg adds: "The essential parts of the lie, according to our definition, are three. (1) A statement—and we may or may not wish to divide this again into two parts—a proposition and an utterance. (2) A disbelief or a lack of belief on the part of the speaker. (3) An intention on the part of the speaker." Id.

[13] "[A]n assertion that the speaker knows she does not believe, but nevertheless deliberately asserts, in a context that, objectively interpreted, represents that assertion as to be taken by the listener as true and believed by the speaker." *See* Seana Shiffrin, *Speech Matters*, p. 116. Thomas L. Carson, *Lying and Deception: Theory and Practise*, p. 15: "A lie is a deliberate false statement that the speaker warrants to be true." Carson 對謊言，採取較廣定義：表意人明知為虛偽的陳述，仍蓄意為之。是否欺騙他人，在所不問。

意人因為認知、情緒或記憶等因素，真誠地作出與客觀事實不符的陳述，並非撒謊。

　　對於謊言是否應受立法管制以及是否應受憲法表意自由權保障？有論者認為：表意本身，足以促進個體的智力與德性發展。謊言，不論是否使他人實際受騙，已濫用社會溝通機制與人際間信任基礎。表意自由權乃在保障思想自由與道德功能的社會基礎，也是人權以及政治、社會發展前提條件。表意自由權強調雙方藉由陳述與閱聽真誠地溝通交流的重要性。表意者若蓄意傳達與其內心相信事實相反的陳述，干預表意自由的核心目的，不屬於表意自由權保障範疇。[14] 立法者有權予以管制，否定或嚇阻謊言，防止謊言惡意削弱人際間的真誠與平等對待思維，[15] 促進表意自由與承諾文化。[16]

　　然有論者認為：謊言本身具有內在價值，可以保護隱私、避免尷尬以及增進公眾對於真相的認知。[17] 觀念市場自由競爭論者，認為：管制謊言以及虛偽陳述，將面臨官方可誤性（official fallibility）的難題！亦即，若立法者允許政府懲罰或審查言論是否屬於謊言，終將導致政府或因無法抗拒濫用權力的誘惑，或基於純粹的政治偏誤，禁止所有不受政府歡迎的真相。政府容忍謊言與虛偽訊息，可避免潛在表意者怯於受罰而不願為真實陳述或其他有價值言論。[18] 容忍謊言與虛偽陳述，確保政府不致濫用權力，抑制觀念交換。[19] 故面對虛偽陳述

[14] Frederick Schauer, "Facts and the First Amendment," pp. 897, 916-919.

[15] Micah Schwartzman, "The Sincerity of Public Reason," pp. 375, 378, 392.

[16] Mark Tushnet, "Telling Me Lies: The Constitutionality of Regulating False Statements of Fact," pp. 24-25.

[17] Helen Norton, "Lies and the Constitution," pp. 161, 165, 166.

[18] Helen Norton, "Lies and the Constitution," pp. 169-179.

[19] Helen Norton, "Lies and the Constitution," pp. 170-172; Jonathan D. Varat, "Deception and the First Amendment: A Central, Complex, and Somewhat Curious

與謊言，最佳策略絕不是政府管制，而是確保公眾論壇參與者及資訊的多元性。在多元與充足的資訊環境下，各種言論與觀點自由競爭，供閱聽者思辨與審議，足以糾正謊言與虛偽陳述的弊害。[20]

第三節　AI 時代，觀念市場已經失靈？

觀念市場自由競爭理論，[21] 最早源於 Justice Holmes 在 1919 年 *Abrams* 案的不同意見書：「檢驗真理的最好方式，乃是使其接受市場競爭。」[22] 在 *Whitney v. California* 案，Louis Brandeis 亦表示：「只要公眾有充裕時間，審議虛偽與謬論，足以使人遠離邪惡。因此最好的方式乃促進更多言論，而非迫使眾人噤聲。」[23] Holmes 的智慧，被視為群眾智慧[24] 的先聲。[25]

Relationship," pp. 1107, 1108. 不同意見，詳見：Leslie Kendrick, "Speech, Intent, and the Chilling Effect," pp. 1633, 1633.

[20] David Cole, "Agon at Agora: Creative Misreadings in the First Amendment Tradition," pp. 857, 893-904; *Lamont v. Postmaster General*, 381 U.S. 301, 308 (1965)(Brennan, J., Concurring). 國內相關討論，詳見：林子儀，〈言論自由之理論基礎〉，頁 1-59；賴祥蔚，〈言論自由與真理追求——觀念市場隱喻的溯源與檢視〉，頁 110 以下；劉靜怡，〈回憶寇斯和芝大法學院：從交易成本到言論市場〉，頁 115 以下。

[21] Daniel E. Ho and Frederick Schauer, "Testing the Marketplace of Ideas," pp. 1160, 1167.

[22] Abrams v. United States, 250 U.S. 616, 630 (1919) (Holmes, J., dissenting) (the best test of truth is the power of the thought to get itself accepted in the competition of the market).

[23] 274 U.S. 357, 377 (1927) (Brandeis, J., concurring).

[24] *See* James Surowiecki, *The Wisdom of Crowds*.

[25] Yochai Benkler, *The Wealth of Networks: How Social Production Transforms Markets and Freedom*, p. 4.

　　觀念市場自由競爭理論，預設閱聽人可以分辨真實與虛偽資訊，因此更多的言論與觀點，足以促進發現真理，排除虛偽，並使較優觀點得以勝出。[26] 然而，觀念市場競爭理論，建立在 4 個預設上：1. 閱聽人個體有能力即時區辨真實與虛偽資訊。[27] 2. 觀念市場永遠需要資訊，並無資訊供給過剩之可能性。[28] 3. 觀念市場參與者偏好真理，而非虛偽訊息。[29] 4. 多數參與者在接觸虛偽資訊之同時，亦能近用真實資訊。[30]

　　觀念市場自由競爭理論預設理性觀眾（rational audience），[31] 市場參與者（閱聽人）偏好真理，陸續遭傳播學、認知心理學與行為經濟學者挑戰。[32] 畢竟人類具有選擇性接觸（selective exposure）、確認

[26] Abrams, 250 U.S. at 630 (Holmes, J., dissenting) ("[T]he best test of truth is the power of the thought to get itself accepted in the competition of the market").

[27] Lyrissa Barnett Lidsky, "Nobodys Fools: The Rational Audience as First Amendment Ideal," pp. 799, 801.

[28] McConnell v. FEC, 540 U.S. 93, 258-59 (2003) (Scalia, J., concurring in part and dissenting in part).

[29] Alvin I. Goldman and James C. Cox, "Speech, Truth, and the Free Market for Ideas," pp. 1, 3. 該文以經濟學裡，分析觀念市場自由競爭理論與（促進）發現真理，並無因果關係。

[30] Vincent Blasi, "Reading Holmes through the Lens of Schauer: The Abrams Dissent," pp. 1343, 1357.

[31] Lyrissa Barnett Lidsky, "Nobodys Fools: The Rational Audience as First Amendment Ideal," p. 27.

[32] Sunstein, Cass R. *#Republic: Divided Democracy in the Age of Social Media*, pp. 71-97; Elizabeth Kolbert, "Why Facts Dont Change Our Minds,", https://perma.cc/M354-3UYN (July 18, 2021); Parmy Olson, "Why Your Brain May Be Wired to Believe Fake News," https://perma.cc/UN3J-DFAC (July 18, 2021). It is beyond the scope of this paper to review these bodies of literature. For helpful reviews, *see* Derek E. Bambauer, "Shopping Badly: Cognitive Biases, Communications, and the Fallacy of the Marketplace of Ideas," p. 649.

偏誤、資訊判讀過載等，足以解釋人類往往偏好虛偽資訊，而非真實訊息。[33]

在網路科技及廉價言論時代來臨後，更徹底改變當代傳媒與資訊生態系統地貌，新的資訊製造、分配與消費系統，經資訊中介者的過濾氣泡，造成虛偽訊息的傳遞更廣，嚴重挑戰觀念市場自由競爭理論的基礎假設：1.閱聽者是否偏好真實資訊？ 2.閱聽者是否有能力及時間，釐清虛偽資訊？[34]

一　真實偏誤（Truth bias）

人類傾向於相信他們聽到的資訊，儘管有充分理由駁斥該資訊，甚至以該資訊作為決策判斷基礎。人類傾向將虛偽資訊記憶為正確資訊，而非將正確資訊記憶為虛偽資訊。因此一旦人們聽到某政治人物被稱為「白賊」，縱使嗣後知悉該稱號並無事實依據，仍會持續認定該政治人物無誠信。該現象可稱為後設認知短視（metacognition myopia），亦即人類傾向於相信原始資訊（primary information），但對於判斷原始資訊正確與否的後設資訊（metAInformation），卻鮮少

---

[33] R. Kelly Garrett and Natalie Jomini Stroud, "Partisan Paths to Exposure Diversity: Differences in Pro- and Counterattitudinal News Consumption," pp. 680, 693-94; Michael A. Beam, "Automating the News: How Personalized News Recommender System Design Choices Impact News Reception," pp. 1019, 1020-36; D.J. Flynn, Brendan Nyhan and Jason Reifler, "The Nature and Origins of Misperceptions: Understanding False and Unsupported Beliefs about Politics," pp. 127, 128-32. For a more detailed discussion of the range of cognitive biases that can come into play. see Bambauer, "Shopping Badly: Cognitive Biases, Communications, and the Fallacy of the Marketplace of Ideas," pp. 673-696; see also Alessandro Bessi et al., "Homophily and Polarization in the Age of Misinformation," pp. 2047.

[34] 陳柏良，〈AI 時代之分裂社會與民主：以美國法之表意自由與觀念市場自由競爭理論為中心〉，頁 109-126。

將其在判斷過程中予以權衡。有論者以人類演化論,對真實偏誤予以
解釋。在漁獵及採集社會中,一旦聽聞危難迫近,人類會相信該資訊
並迅速採取避難措施。原始資訊的即時處理,乃人類物種得以生存的
關鍵。[35]

二　虛偽訊息傳遞速率

據實證研究顯示:虛偽訊息傳遞速度較真實訊息迅速,對於觀念
市場自由競爭理論,構成重大挑戰。Soroush Vosoughi 等人的研究指
出:在 2006 到 2017 年間,推特上虛偽訊息傳遞,不論資訊種類涉及
娛樂、科學、經濟,在速度、廣度與深度上,都明顯超過真實訊息。
以虛偽訊息傳遞至 1500 人的時間為例,其傳遞時間快於真實訊息六
倍。而政治類型訊息,兩者傳遞速率差距更大。且若移除網路機器人
帳戶後,實證結果並無統計學意義的顯著差異。[36] 對於根據接受訊息
者的情緒調查,發現:真實訊息多產生傷心、信任與期待感,虛偽訊
息多產生驚訝與噁心感,[37] 因而較真實訊息更容易散播。[38]

此外,亦有實證數據顯示:若該虛偽訊息經事實查核機制認定為
虛偽訊息後,反而增加傳遞速率。[39] 政治學者 Brendan Nyhan 的研究

---

[35] Myrto Pantazi, Olivier Klein, and Mikhail Kissine, "Is Justice Blind or Myopic? An Examination of the Effects of Meta-cognitive Myopia and Truth Bias on Mock Jurors and Judges," p. 214.

[36] Soroush Vosoughi, Deb Roy and Sinan Aral, "The Spread of True and False News Online."

[37] Elizabeth A. Kensinger, "Negative Emotion Enhances Memory Accuracy: Behavioral and Neuroimaging Evidence," pp. 213, 217.

[38] Chip Heath, Chris Bell and Emily Sternberg, "Emotional Selection in Memes: The Case of Urban Legends," p. 1028.

[39] Brendan Nyhan and Jason Reifler, "When Corrections Fail: The Persistence of

指出：經過事實查核後的政治資訊，對於經常接觸政治資訊，且支持
被更正的候選人或政黨的群眾，具有反效果。亦即該支持群眾在接到
更正訊息後，不但不為所動，反而更堅定的維持既定立場。有論者以
為：因為經常接觸政治訊息者，對於特定政治信念投注更多情感，因
此更難被改變。亦有論者以為：因為經常接觸政治訊息者，對相關知
識的辨識能力更自信，因此更能被說服。因此來自於具有公信力來源
的更正，雖對澄清有所助益。然在公共衛生以及其他涉及重大意識形
態議題，虛偽訊息，縱使經過更正，仍對閱聽者有長期影響。[40]

三　同溫層效應

　　人類傾向接觸且相信與自身既存信念或偏好相符的資訊，社群媒
體強化該心理機制，使閱聽人不僅相信、支持，甚至分享相關資訊內
容。社群媒體透過演算法，使受歡迎的資訊，大量傳播。因人類傾向
接受與自身偏好相符的資訊，導致使閱聽人極易陷入同質性高的小群
體而不自知。此後，社群媒體上的使用者接觸任何其認同的資訊，又
分享於同質性高的群體及相關網絡中，最終造成社群媒體使用者被近
似的資訊與同質性極高的使用者包圍，宛如身處回聲室，不斷強化與
鞏固既存信念與偏好。任何相反的資訊，或被完全隔離於外，或被該
小群體棄如敝屣。

　　社群媒體與搜尋引擎精確鎖定閱聽人的技術提升後，更有效地觸
及傳遞者欲影響之個體。[41] 在線上互動產生的數據資料，經蒐集與演

Political Misconceptions," pp. 303, 308-309.
[40] *See* Thomas Wood and Ethan Porter, "The Elusive Backfire Effect," p. 135.
[41] Nicholas Negroponte et al., "Being digital," pp. 261, 261-262.

算後，也可轉化為個別化、客製化資訊傳遞服務。[42] 然閱聽者關注行銷或仲介業者，為極大化商業利益，經過詳細追蹤使用者習慣與層層過濾相關資訊後，呈現給閱聽人符合其既有偏好的資訊，以增加使用者的黏著性（engagement），[43] 在特定政治與文化脈絡下，個別化與客製化服務，產生過濾氣泡。[44] 掌握政治經濟優勢資源者，較以往能更有效率地針對目標受眾群體投放資訊，使虛偽資訊發揮更大影響力！人類的真實偏誤、從眾心理，再加上社群媒體的演算法機制與精確鎖定，不僅使虛偽資訊傳播速度高速成長，威脅集體公民對客觀事實的信賴基礎。[45]

---

[42] Mary Collins, "Personalized Media: Its All about the Data," https://bit.ly/3TLSNUw (July 18, 2021).

[43] *See* Shoshana Zuboff. *The Age of Surveillance Capitalism: The Fight for a Human Future at the New Frontier of Power*; Eli Pariser. *The Filter Bubble: What the Internet Is Hiding from You*; Sunstein, Cass R. *Republic.com.*; Dan Hunter, "Philippic.com," p. 611; Elizabeth Garrett. "Political Intermediaries and the Internet 'Revolution,'" p. 1055.

[44] Eli Pariser. *The Filter Bubble: What the Internet Is Hiding from You*, pp. 47-76; Sunstein, *#Republic:Divided Democracy in the Age of Social Media* ; Jamieson, Kathleen Hall and Cappella, Joseph N., *Echo Chamber: Rush Limbaugh and the Conservative Media Establishment*, pp. 75-90; Pasquale, Frank, *The Black Box Society: The Secret Algorithms that Control Money and Information*, pp. 59-100; R. Kelly Garrett, "Echo Chambers Online?: Politically Motivated Selective Exposure among Internet News Users," pp. 265, 265-285. 然而亦有實證研究顯示，過濾氣泡與同溫層效應的假設，建立於閱聽者僅近用特定單一社群媒體；當閱聽者使用有高度政治興趣且使用多元媒體時，過濾氣泡與同溫層效應有過度高估之疑慮。詳見：Elizabeth Dubois and Grant Blank, "The Echo Chamber is Overstated: The Moderating Effect of Political Interest and Diverse Media," pp. 729, 729-745; Mario Haim, Andreas Graefe and Hans-Bernd Brosius, "Burst of the Filter Bubble?: Effects of Personalization on the Diversity of Google News," pp. 330, 339-340.

[45] *See* Andrew Guess et al., "Selective Exposure To Misinformation: Evidence from the

第四節 老問題，新挑戰：深度偽造（Deepfake）

一 「深度偽造」技術

深度偽造（deepfake）乃蒐集特定人物的畫面、影像或音軌後，透過人工智慧與機器學習，結合人臉辨識技術，[46] 撈取資料庫的畫面或影像，合成製作出栩栩如生，貌似該人物說話或行動的畫面或影像，[47] 顯著提高人類偽造畫面、音軌或影像的能力。Google 工程師 Ian J. Goodfellow，於 2014 年發明生成對抗網絡（Generative Adversarial Network，下稱 GAN）。生成對抗網絡由生成網絡（generative network）以及判別網絡（discriminative network），共同組成。生成網絡係由隨機抽取樣本輸入，盡量模仿訓練的真正樣本後再輸出。判別網絡係由真正樣本或生成網絡的輸出作為輸入來源，將生成網絡的輸出從真正樣本中分辨出來為目的。生成網絡以欺騙判別網絡為目的。透過兩個網絡相互對抗、持續調整參數，最終使判別網路無法判斷輸入的資訊，是來自於生成網路的輸出，或是來自於真正樣本。[48] 在音軌部分，過往主要透過儲存大量聲音碎片的資料庫，經重新組合與錄製後，製造模仿言論。現在則可透過機器學

Consumption of Fake News During The 2016 U.S. Presidential Campaign."

[46] Carrie Mihalcik, "California Laws Seek to Crack Down on Deepfakes in Politics and Porn," https://cnet.co/3D1c1zd [https://perma.cc/78E5-QMRB] (July 18, 2021).

[47] Marc Jonathan Blitz, "Lies, Line Drawing, and (Deep) Fake News," pp. 59, 61; Robert Chesney and Danielle Citron, "Deep Fakes: A Looming Challenge for Privacy, Democracy, and National Security," pp. 1753, 1757-58.

[48] *See* Ian J. Goodfellow et al., "Generative Adversarial Nets"; *see also* Tero Karras, et al., "Progressive Growing of GANs for Improved Quality, Stability, and Variation," p. 1-2.

習，以更複雜的方式，仿製音軌。[49] 例如：Wavenet model、[50] Baidu DeepVoice、[51] GAN model。[52]

影像竄改並非始於今日，不論是調整照片或影片色彩、亮度或品質之 Photoshop，早已被廣泛使用。相應地，電子鑑識技術以區辨照片或影片是否經過數位方式調整，也已發展出自動辨識技術，不再大量依賴人類的肉眼進行辨識。[53] 然而，深度偽造技術的出現，有打破影像竄改與電子鑑識真偽技術間的動態平衡之虞。深度偽造利用人工神經網絡，從零開始（tabula rasa），以隨機數值標準進行機器學習。[54] 將臉與聲音插入或覆蓋，使音軌、畫面或影像中人物維妙維肖，狀似為特定發言或或為特定行為。[55] 雖然目前科技業界對偵測深度偽造影

---

[49] *See* Cade Metz and Keith Collins, "How an A.I. Cat-and-Mouse Game Generates Believable Fake Photos," https://nyti.ms/3QloYqS [https://perma.cc/6DLQ-RDWD] (July 18, 2021). For further illustrations of the GAN approach, *see* Martin Arjovsky et al., "Wasserstein Gan" ; Chris Donahue et al., "Semantically Decomposing the Latent Spaces of Generative Adversarial Networks."

[50] Aaron van den Oord et al., "WaveNet: A Generative Model for Raw Audio."

[51] Ben Popper, "Baidus New System Can Learn to Imitate Every Accent," https://bit. ly/3KSMmuQ [https://perma.cc/NXV2-GDVJ] (July 18, 2021).

[52] *See* Chris Donahue et al., "Adversarial Audio Synthesis"; Yang Gao et al., "Voice Impersonation Using Generative Adversarial Networks."

[53] *See* Tiffanie Wen, "The Hidden Signs That Can Reveal a Fake Photo," https://bbc. in/3wYVF6K [https://perma.cc/W9NX-XGKJ] (July 18, 2021). IZITRU.COM was a project spearheaded by Dartmouths Dr. Hany Farid. It allowed users to upload photos to determine if they were fakes. The service was aimed at "legions of citizen journalists who want[ed] to dispel doubts that what they [were] posting [wa]s real." Rick Gladstone, "Photos Trusted but Verified," https://nyti.ms/3cNW6K9 [https:// perma.cc/7A73-URKP] (July 18, 2021).

[54] Larry Hardesty, "Explained: Neural Networks," https://bit.ly/3cSljTF [https://perma. cc/VTA6- 4Z2D] (July 18, 2021).

[55] Will Knight, "Real or Fake? AI is Making it Very Hard to Know," https://bit.

音的相關技術，亦已急起直追。然在深度偽造技術仍持續精進下，利用演算法自動偵測深度偽造相關技術，是否足以有效事前預防，[56] 或事後即時發覺？[57] 尚待觀察。[58]

　　深度偽造技術乃中性技術，有多重使用可能性。目前最廣泛的應用方式乃是合成製作色情影片，約有高達 96% 的線上深度偽造影片屬於色情影片，且被合成者多為女性名人。深度偽造可能造成被描繪人情緒或心理極大的困擾，甚至對影片中的被描繪人構成騷擾。此外，深度偽造影片也被用於指涉特定政治人物，影響選民對該公職人員或候選人的觀感與喜好，[59] 達到干預選舉結果的目的，[60] 或影響國際關係。[61] 近期案例是美國聯邦眾議院議長 Nancy Pelosi 在眾議院內

---

ly/3BgILDk [https://perma.cc/3MQN-A4VH] (July 18, 2021).

[56] 例如：數位指紋（digital fingerprint），詳參：Brendan Borrell 著，鍾樹人譯，〈新聞、謊言、假影片〉，請見網址：https://case.ntu.edu.tw/blog/?p=38619，瀏覽日期：2022 年 9 月 28 日。Ning Yu et al., "Artificial Fingerprinting for Generative Models: Rooting Deepfake Attribution in Training Data."

[57] 有研究者透過自動偵測該影片內容是否遵循物理定律，以及比對影片內容與外部資料（如：影片當日的氣象），予以辨識，詳參：Brendan Borrell 著，鍾樹人譯，〈新聞、謊言、假影片〉。亦有研究者，指出：可自動偵測影片中的人臉活動或針對特別容易偽造區域，可有效提升偵測自動偽造技術的準確度與成本。See: Ping Liu, et al., "Automated Deepfake Detection"。也有研究者指出結合自動偵測深度偽造技術與使用者對影片時空脈絡的特別知識，始可有效發覺使用深度偽造技術的影音。See: Matthew Groh et al., "Deepfake detection by human crowds."

[58] 台灣事實查核中心，〈台灣團隊研究辨識 Deep Fake 影片 深偽技術的正邪之戰開打〉，請見網址：https://tfc-taiwan.org.tw/articles/5022，瀏覽日期：2022 年 2 月 20 日。

[59] Rebecca Green, "Counterfeit Campaign Speech," pp. 1445, 1463.

[60] Holly Kathleen Hall, "Deepfake Videos: When Seeing Isn't Believing," pp. 51, 60.

[61] See Drew Harwell, "Top AI Researchers Race to Detect Deepfake Videos: We are Out-gunned," https://wapo.st/3D1gphZ [https://perma.cc/6CKV-XU2U] (July 18,

的演講，聲音遭放慢，貌似酒醉口齒不清。該影片雖經證實使用深度偽造技術，然臉書等社群媒體平台，第一時間拒絕移除該影片，導致該影片短期間內，觸及超過 250 萬使用者。[62] 深度偽造影片影響公眾對於特定政治人物的觀感，甚至影響選民最終投票選擇。

實證研究顯示：對選民投放某候選人經扭曲之政治表意，縱使選民事後被告知該投放乃是虛偽訊息，但選民仍無法完全抹滅對該候選人的負面觀感。[63] 選民或改變政治投票意向，或因苦於難以分辨訊息之真實與虛偽，導致僅憑情緒，或既定意識型態或政治偏好投票，導致民主制度正當性基礎受到侵蝕。

因此有論者呼籲：縱使虛偽言論「內容」，受憲法表意自由權保障。但不論臺灣或美國大法官從未對訊息「來源」（source）或「媒介」（medium）予以竄改的虛偽言論，有任何表態。在網路時代，閱聽者可以由陳述的來源 [64]（例如：專業媒體、醫療、司法機構或從業工作者）或媒介（文字、畫面、影片或音軌），作為分辨真正與虛偽資訊的可信性指標（indicia of reliability）或真正性跡證（authenticity）。[65] 然而深度偽造技術的出現，將有混淆或稀釋可信性指標或真正性跡證之虞，嚴重動搖人類的知識與社會實踐基礎。[66] 人類尚未獲得處理偽

2021).

[62] CBS, "Doctored Nancy Pelosi Video Highlights Threat of "Deepfake" Tech," https://cbsn.ws/3TXWw1p [https://perma.cc/RW2D-6ZV2] (July 18, 2021).

[63] Rebecca Green, "Counterfeit Campaign Speech," pp. 1445, 1463.

[64] Helen Norton, "The Measure of Government Speech: Identifying the Expressions Source," pp. 587, 597, 618.

[65] Sunstein, Cass R., "Falsehoods and the First Amendment," p. 422.

[66] Mark Verstraete and Derek E. Bambauer, "Ecosystem of Distrust," pp. 129, 152. For powerful scholarship on how lies undermine culture of trust, *see* Seana Valentine Shriffin, *Speech Matters: On Lying, Morality, and The Law*.

造來源或媒介的可靠辨識技術工具前，應賦予政府對深度偽造等相關技術，更大的立法管制空間！[67]

二　加州立法禁止競選廣告使用深度偽造技術

加州選出的美國聯邦眾議院議長 Nancy Pelosi，疑似酒醉影片在社群及影音網站大肆傳遞[68] 後，加州議會的選舉委員會主席 Marc Berman 在 2019 年提案，要求在選舉前 60 天，禁止未經合理標註，且在具備真實惡意的心態下（actual malice），製造或散播指涉該候選人的重大欺騙性影像或畫面（Materially deceptive audio or visual media），[69] 以避免損害候選人名譽或欺騙選民支持或反對特定候選人。

重大欺騙性影像或畫面乃：1. 足使理性人誤認影片、畫面或音軌的原始性與真正性，且 2. 足使理性人於閱聽經偽造的影片、畫面或音軌後，對主角產生迥然不同的認知與印象。[70] 該立法乃因應深度偽造技術對 2020 年及 2022 年聯邦及地方選舉威脅的限時性立法，該法僅生效至 2023 年 1 月 1 日。該法除在大選前 60 天的特定期間，課以製造和散播深度偽造影片者，強制揭露義務外，亦提供候選人於選舉前，若發現有關其自身的深度偽造影片、畫面或音軌，得向加州法院提請禁制令。

---

[67] Marc Jonathan Blitz, "Lies, Line Drawing, and (Deep) Fake News," p. 114.

[68] Kara Swisher, "Nancy Pelosi and Fakebooks Dirty Tricks," https://nyti.ms/3qfnW4V (July 18, 2021). 相關影片，參照：CBS. "Doctored Pelosi video highlights the threat of deepfake," https://www.youtube.com/watch?v=EfREntgxmDs，瀏覽日期：2022 年 9 月 28 日。

[69] A.B. 730, 2019–2020 Reg. Sess., Ch. 493 (Cal. 2019).

[70] See Cal. Elec. Code § 20010 (a) (2020).

　　然為避免侵害憲法保障的表意自由權，加州議會對以下 4 種情形設置例外免責條款：1. 大眾傳播公司（包含：衛星及有線電視公司、廣播公司從業工作者）製作、播放。2. 諷刺或戲謔模仿作品。3. 大眾傳播公司或其他新興新聞頻道，基於善意，將深度偽造影片、畫面或音軌，作為新聞、紀錄片或新聞訪談的部分內容。4. 網站或其他定期對公眾發佈有關公共利益的新聞或評論，經合理揭露（disclaime）者。[71]

　　該法經加州議會通過後，於同年 10 月 3 日或加州州長簽署生效。加州相關立法規範，[72] 乃延續美國聯邦 2002 年制定 Bipartisan Campaign Reform Act[73]（下稱 BCRA）的立法架構，對選舉前 60 天之競選期間，進行高密度管制，禁止未履行揭露義務，使用深度偽造技術，進行任何「選舉宣傳」（electioneering communications）。[74]

三　聯邦深度偽造責任法草案

　　美國聯邦眾議員 Yvette Clarke 在 2019 年 6 月，提出聯邦深度

---

[71] *See* Cal. Elec. Code § 20010(d) (2020).

[72] 52 U.S.C.A. §§ 30118, 30104(f)(3)(A) (West), A.B. 730, 2019–2020 Reg. Sess., ch. 493 (Cal. 2019).

[73] Bipartisan Campaign Reform Act (BCRA) of 2002, Pub. L. No. 107-155, § 203, 116 Stat. 81, 91 (2002) (codified as amended at 52 U.S.C. § 30101 (2012)).

[74] 美國聯邦法 52 USC 30104(f)(3)(A)(i)，對於選舉宣傳（electioneering communication）的定義如下：「選舉宣傳意指任何廣播、有線電視或衛星電視，（I）清楚地指涉聯邦公職人員候選人；（II）在選舉前 60 天或在黨內初選前 30 天。」相關文章，詳見：蘇彥圖，〈政治中的金錢知多少？台灣政治經費公開的法制評估〉，頁 1-30；蘇彥圖，〈關於政治反托拉斯理論的三個故事〉，頁 541-558；官曉薇，〈美國法上對於公司言論自由保障之反思：論美國最高法院 Citizens United v. F.E.C 判決〉，頁 1-83；陳柏良，〈是貪污？還是民主政治現實？：初探美國聯邦法制下貪污概念的兩種圖像〉，頁 545-584。

偽造責任法草案（Deepfake Accountability Act），[75] 要求所有以新興科技方式「盜用身分的電磁紀錄」（advanced technological false personation record），都須加註標記、加蓋浮水印或以音軌方式，明確且清晰地揭露。[76]

「盜用身分的電磁紀錄」，[77] 係指：利用深度偽造技術，足使理性人依照影像及音軌品質，及傳遞頻道性質，誤信遭指涉之特定人曾為特定實質活動；或足使理性人誤信某往生者曾為特定實質活動，有促進犯罪行為或干預行政程序、公共政策辯論或選舉之實質風險。且該影像或音軌之製作，未獲該特定人或往生者之繼承人同意。「實質活動（material activity）」，[78] 係指遭捏造的言論、行為或其他描寫方式，已生或足生個人或社會危險。

深度偽造技術（Deep Fake），[79] 係指：任何影片、動畫、音軌、電子畫面、照片或以任何科技方式，貌似真正（authentic）地再現特定人（實際未為）之言論或行為，且非由他人以物理或聲音方式模仿產生。若使用深度技術之影片製作者，違反揭露義務，且意圖羞辱或騷擾，合成製作性行為或裸體影像；或意圖造成暴力、傷害、挑唆武裝或外交衝突；或意圖干預選舉，合成製作冒充的個人資料；或意圖詐欺；或為境外勢力，或為其代理人，意圖干預境內公共政策辯論或

---

[75] H.R. 3230, 116th Cong. (2019). See: https://bit.ly/3efSlNO.
[76] Hayley Tsukayama, India McKinney and Jamie Williams, "Congress Should Not Rush to Regulate Deepfakes," https://bit.ly/3RJgLxT [https://perma.cc/9YE4-UMM8] (July 18, 2021).
[77] H.R. 3230, section 1, (n). the consent of such living person, or in the case of a deceased person, such person or the heirs thereof.
[78] H.R. 3230, section 1, (n).
[79] H.R. 3230, section 1, (n).

聯邦或地方選舉，課以 5 年以下有期徒刑之刑事處罰。[80]

聯邦深度偽造責任法草案出爐後，引起美國法學與公共輿論，對該法案是否侵害憲法表意自由權，有相當激烈之爭論。學者 Sunstein 主張：若深度偽造畫面或影像未經合理地標示，且造成嚴重名譽損害時，政府得對該技術施予管制。因為深度偽造技術，對閱聽者判斷影片、畫面或音軌之可信性指標及真正性跡證，具有高度誤導性。縱使閱聽者事後獲得相關資訊，釐清該影片的真正性，仍難以自腦海中完全抹除該影片、畫面或音軌，對被描繪人的形象，從而長存於公眾記憶。因此，深度偽造技術使用本身，值得更高的立法規範密度。[81]

第五節　結語：AI 時代，民主制度仍然在乎真相

深度偽造技術的的廣泛運用後，民主共同體成員不僅對事實與真相缺乏共識，甚至對可確認基礎事實的社會中介機制，都缺乏信賴。[82] 公民對事實的認知，集體情緒往往凌駕客觀或科學證據。共同體成員間，對於基礎事實的認知與觀點，延續黨派、意識形態或身分認同的多重社會分歧線撕裂，甚至出現公民社群對基礎事實認知與共識全面破碎化的後真相現象，[83] 也造成政治場域的黨派極化，[84] 民主體制的

---

[80] Hayley Tsukayama, India McKinney and Jamie Williams, "Congress Should Not Rush to Regulate Deepfakes," https://bit.ly/3RJgLxT [https://perma.cc/9YE4-UMM8] (July 18, 2021).

[81] Sunstein, Cass R. *Liars:Falsehoods and Free Speech in an Age of Deception*, p. 120.

[82] Bobby Chesney and Danielle Citron, "Deep Fakes: A Looming Challenge for Privacy, Democracy, and National Security," pp. 1753, 1786 n.139.

[83] Richard L. Hasen, "Deep Fakes, Bots, and Siloed Justices: American Election Law in a Post-truth World," p. 535.

[84] Richard H. Pildes, "Why the Center Does Not Hold: The Causes of Hyperpolarized Democracy in America," p. 273.

系統性危機。[85]

在網際網路與 AI 時代，虛偽訊息製造與傳播成本降低，傳播速度又顯著升高下，虛偽訊息與謊言的憲法保障界線，是否應行結構性調整？誠值嚴肅思考。美國學者 Cass R. Sunstein[86] 及 Jack Balkin，[87] 均主張對美國觀念市場中的謊言與虛偽訊息，進行結構調整：1. 警語或揭露：網路社群媒體或搜尋引擎平台業者，得針對虛偽陳述加註警語，並附上查證相關連結，使閱聽人近用真實資訊。2. 當有明顯證據顯示特定陳述虛偽且有重大傷害性，網路社群媒體或搜尋引擎平台業者，有廣泛的更正權與移除權。3. 網路社群媒體或搜尋引擎平台業者有通知／取下權利。4. 當特定言論涉及毀損名譽，網路社群媒體或搜尋引擎平台業者，得透過演算機制，降低傳遞速率。[88]

本文呼應美國學者 Balkin 以及 Sunstein 的主張，肯認 AI 時代，觀念市場結構調整的必要性。首先、依表意人的主觀心態與動機不同，應區辨政治言論中的虛偽訊息及謊言，課以不同的管制密度與違憲審查標準。再者，使用 AI 與機器學習的深度偽造（Deepfakes），因大量合成製造影片、畫面與音軌，有混淆或稀釋閱聽人辨識資訊的

---

[85] *See* Nathaniel Persily, "The Internets Challenge to Democracy: Framing the Problem and Assessing Reform," pp. 22-23.

[86] Sunstein, Cass R., *Liars: Falsehoods and Free Speech in an Age of Deception*, p. 131.

[87] *See* Jack M. Balkin, "Information Fiduciaries and the First Amendment," pp. 1183, 1209; Jack M. Balkin, "2016 Sidley Austin Distinguished Lecture on Big Data Law and Policy: The Three Laws of Robotics in the Age of Big Data," pp. 1217, 1228; Jack M. Balkin, "Free Speech is a Triangle," pp. 2011, 2037-2040; Jack M. Balkin, "The First Amendment in the Second Gilded Age," pp. 979, 983; Jack M. Balkin, "Old-School/New-School Speech Regulation," pp. 2296, 2298.

[88] Sunstein, Cass R., *Liars: Falsehoods and Free Speech in an Age of Deception*, p. 102, 103.

可信性指標與真正性跡證之虞，嚴重動搖人類知識與社會共識基礎。因此，立法者宜就使用深度偽造技術的資訊表意者、資訊散播者，及網路社群媒體或搜尋引擎平台業者，在揭露時間、方式、資訊密度課以不同的揭露義務密度，及相關查證義務。

此外，選舉制度乃是民主制度的核心，政治謊言以欺騙選民方式，使選民在候選人間做出錯誤選擇，或是以錯誤方式參與投票，[89] 降低公共論壇或辯論品質，從而使選民不信任選舉程序，或對政治冷感，造成民主制度系統性危機。[90] 因此，政府應立法要求達一定使用者的大型社群媒體、影音與搜尋引擎平台業者，以業界合理技術[91] 偵測，強制標記曾使用深度偽造技術的影像、畫面與音軌。[92] 在競選期間，宜提高網路平台業者，對使用深度偽造技術的政治訊息及政治廣告，課以較高密度的揭露義務與查證義務，以確保公民政治偏好的形成與審議，不至在動態的資訊結構中遭系統性扭曲，以促進社會多元發展，鞏固民主價值！

---

[89] Richard L. Hasen, "A Constitutional Right to Lie in Campaigns and Elections?" pp. 53, 55-56.

[90] Richard L. Hasen, "A Constitutional Right to Lie in Campaigns and Elections?" pp. 53, 63.

[91] Evan Halper, "'Deep Fakes' Videos Could Upend an Election—But Silicon Valley Could Have a Way to Combat Them," https://lat.ms/3KP7dyR [https://perma.cc/A9FV-AE 97] (July 18, 2021).

[92] Richard L. Hasen, "Deep Fakes, Bots, and Siloed Justices: American Election Law in a Post-truth World."

參考文獻

吳芳毅，〈深度偽造為色情報復之侵害與規制〉，《檢察新論》第 28 期，2020，頁 185-200。

官曉薇，〈美國法上對於公司言論自由保障之反思：論美國最高法院 Citizens United v. F.E.C 判決〉，《國立臺北大學法學論叢》第 98 期，2016，頁 1-83。

林子儀，〈言論自由之理論基礎〉，《言論自由與新聞自由》。臺北：元照出版，2002。

林子儀，〈言論自由導論〉，李鴻禧等合著，《臺灣憲法之縱橫剖切》。臺北：元照出版，2002。

林子儀，《言論自由與新聞自由》。臺北：元照出版，2002。

法治斌，〈定義猥褻出版品：一首變調的樂章？〉，《法治國家與表意自由》。新北：正典出版文化，2003。

許恆達，〈深度偽造影音及刑法規制〉，《法學叢刊》第 265，2022，頁 1-32。

陳柏良，〈AI 時代之分裂社會與民主：以美國法之表意自由與觀念市場自由競爭理論為中心〉，《月旦法學雜誌》第 302 期，2020，頁 109-126。

陳柏良，〈是貪污？還是民主政治現實？：初探美國聯邦法制下貪污概念的兩種圖像〉，《刑事法與憲法的對話：許前大法官玉秀教授六秩祝壽論文集》。臺北：元照出版，2017，頁 545-584。

黃銘輝，〈假新聞、社群媒體與網路時代的言論自由〉，《月旦法學雜誌》第 292 期，2019，頁 13-29。

劉芮菁，〈台灣團隊研究辨識 Deep Fake 影片 深偽技術的正邪之戰開打〉，《台灣事實查核中心》，2021，https://tfc-taiwan.org.tw/articles/5022，瀏覽日期：2022 年 2 月 20 日。

宝劉靜怡，〈回憶寇斯和芝大法學院：從交易成本到言論市場〉，《思
　　與言》第 54 卷第 4 期，2016，頁 115-141。

賴祥蔚，〈言論自由與真理追求——觀念市場隱喻的溯源與檢視〉，
　　《新聞學研究》第 108 期，2011，頁 103-13。

羅世宏，〈關於「假新聞」的批判思考：老問題、新挑戰與可能的多
　　重解方〉，《資訊社會研究》第 35 期，2018，頁 51-85。

蘇彥圖，〈政治中的金錢知多少？台灣政治經費公開的法制評估〉，
　　《選舉研究》第 26 卷 1 期，2019，頁 1-30。

蘇彥圖，〈關於政治反托拉斯理論的三個故事〉，《東吳公法論叢》
　　第 5 期，2012，頁 541-558。

Brendan Borrell 著，鍾樹人譯，〈新聞、謊言、假影片〉，《報科學》，
　　2019，https://bit.ly/3BjjtEY，瀏覽日期：2022 年 9 月 28 日。

Jean-Marie Pontier 著，吳秦雯譯，〈假新聞之控制〉，《月旦法學雜誌》
　　第 292 期，2019，頁 30-41。

Allcott, Hunt and Matthew Gentzkow. "Social Media and Fake News in the
　　2016 Election." *Journal of Economic Perspectives* 31.2 (2017): 211-
　　227.

Arjovsky, Martin et al. "Wasserstein GAN." (2017) (unpublished
　　manuscript) (on file with California Law Review).

Ashdown, Gerald G. "Distorting Democracy: Campaign Lies in the 21st
　　Century." *Wm. & Mary Bill Rts. J.* 20 (2012): 1085-1113.

Balkin, Jack M. "2016 Sidley Austin Distinguished Lecture on Big Data
　　Law and Policy: The Three Laws of Robotics in the Age of Big Data."
　　OSLJ Ohio State Law Journal 78 (2017): 1217-1228.

Balkin, Jack M. "Free Speech is a Triangle." *Columbia Law Review* 118
　　(2018): 2011-2040.

Balkin, Jack M. "Information Fiduciaries and the First Amendment."

U.C.D.L. Rev 49 (2016): 1183-1209.

Balkin, Jack M. "Old-School/New-School Speech Regulation." *Harvard Law Review* 127 (2014): 2296-2342.

Balkin, Jack M. "The First Amendment in the Second Gilded Age." *Buffalo Law Review* 66 (2018): 979-1012.

Bambauer, Derek E. "Shopping Badly: Cognitive Biases, Communications, and the Fallacy of the Marketplace of Ideas." *University of Colorado Law Review* (2006): 649-710.

Beam, Michael A. "Automating the News: How Personalized News Recommender System Design Choices Impact News Reception." *Commc'n Rsch* 41 (2014): 1019-1036.

Benkler, Yochai. *The Wealth of Networks: How Social Production Transforms Markets and Freedom.* Connecticut: Yale University Press, 2006.

Bessi, Alessandro et al. "Homophily and Polarization in the Age of Misinformation." *The European Physical Journal Special Topics* 225 (2016): 2047-2059.

Blasi, Vincent. "Reading Holmes through the Lens of Schauer: The Abrams Dissent." *Notre Dame Law Review* 72 (1997): 1343-1357.

Blitz, Marc Jonathan. "Lies, Line Drawing, and (Deep) Fake News." *Oklahoma Law Review* 71 (2018): 59-114.

Carson, Thomas L. *Lying and Deception: Theory and Practise.* New York: Oxford University Press, 2010.

CBS. "Doctored Nancy Pelosi Video Highlights Threat of 'Deepfake' Tech." (2019), https://cbsn.ws/3QsxN2g [https://perma.cc/RW2D-6ZV2] (July 18, 2021).

CBS. "Doctored Pelosi Video Highlights the Threat of Deepfake" (2019), https://www.youtube.com/watch?v=EfREntgxmDs (September 28, 2022).

Chesney, Bobby and Danielle Citron. "Deep Fakes: A Looming Challenge for Privacy, Democracy, and National Security." *California Law Review* 107 (2019): 1753-1786.

Chesney, Robert and Danielle Citron. "Deep Fakes: A Looming Challenge for Privacy, Democracy, and National Security." *California Law Review* 107 (2019): 1753-1819.

Cole, David. "Agon at Agora: Creative Misreadings in the First Amendment Tradition." *The Yale Law Journal* 95.5 (1986): 857-904.

Collins, Mary. "Personalized Media: It's All About the Data." *TV News Check* (2017), https://bit.ly/3TLSNUw (July 1, 2021).

Donahue, Chris et al. "Adversarial Audio Synthesis" (2019), https://bit.ly/3cK77w9 [https://perma.cc/F5UG-334U] (July 18, 2021).

Donahue, Chris et al. "Semantically Decomposing the Latent Spaces of Generative Adversarial Networks." Paper presented to ICLR 2018, 2018, 1-19.

Dubois, Elizabeth and Grant Blank. "The Echo Chamber is Overstated: The Moderating Effect of Political Interest and Diverse Media." *Info., Commcn & Socy* 21 (2018): 729-745.

European Commission. "A Multi-dimensional Approach to Disinformation: Report of the Independent High Level Group on Fake News and Online Disinformation." (2018), https://bit.ly/3BgHHiO (July 18, 2021).

Flynn, D.J., Brendan Nyhan and Jason Reifler. "The Nature and Origins of Misperceptions: Understanding False and Unsupported Beliefs about Politics." *Pol Psych* (2017): 127-150.

Gao, Yang et al. "Voice Impersonation Using Generative Adversarial Networks." (2018) (unpublished manuscript), https://arxiv.org/abs/1802.06840 [https://perma.cc/5HZV-ZLD3] (July 18, 2021).

Garrett, Elizabeth. "Political Intermediaries and the Internet 'Revolution.'" *Loyola of Los Angeles Law Review* 34 (2001): 1055-1070.

Garrett, R. Kelly and Natalie Jomini Stroud. "Partisan Paths to Exposure Diversity: Differences in Pro- and Counterattitudinal News Consumption." *Journal of Communication*, 64 (2014): 265-285.

Garrett, R. Kelly. "Echo Chambers Online?: Politically Motivated Selective Exposure among Internet News Users." *Journal of Computer-Mediated Communication* 14 (2009): 265-285.

Gladstone, Rick. "Photos Trusted but Verified." *The New York Times* (2014), https://nyti.ms/3cNW6K9 [https://perma.cc/7A73-URKP] (July 18, 2021).

Goldman, Alvin I. and James C. Cox. "Speech, Truth, and the Free Market for Ideas." *Legal Theory* 2 (1996): 1-32.

Goodfellow, Ian J. et al. Generative Adversarial Nets (2014) (Neural Information Processing Systems conference paper), https://arxiv.org/abs/1406.2661 [https://perma.cc/97SH-H7DD] (introducing the GAN approach) (July 18, 2021).

Green, Rebecca. "Counterfeit Campaign Speech." *Hastings Law Journal* 70 (2019): 1445-1463.

Groh, Matthew et al. "Deepfake Detection by Human Crowds, Machines, and Machine-Informed Crowds." *Proceedings of the National Academy of Sciences* 119 (1) (2022).

Guess, Andrew et al. "Selective Exposure to Misinformation: Evidence from The Consumption of Fake News During The 2016 U.S.

Presidential Campaign." *European Research Council* 9(3), (2018): 1-49. https://bit.ly/3f7F6zy (September 28, 2022)

Haim, Mario, Andreas Graefe, and Hans-Bernd Brosius. "Burst of the Filter Bubble?: Effects of Personalization on the Diversity of Google News." *Digital Journalism* 6 (2018): 330-340.

Hall, Holly Kathleen. "Deepfake Videos: When Seeing isn't Believing." *Cath. U. J. L. & Tech* 27 (2018): 51-75.

Halper, Evan. "'Deep Fake' Videos Could Upend an Election—But Silicon Valley Could Have a Way to Combat Them." *L. A. TIMES* (2019), https://lat.ms/3KP7dyR [https://perma.cc/A9FV-AE 97] (July 18, 2021).

Hardesty, Larry. "Explained: Neural Networks." *MIT News* (2017), https://bit.ly/3cSljTF [https://perma.cc/VTA6- 4Z2D] (July 18, 2021).

Harwell, Drew. "Top AI Researchers Race to Detect Deepfake Videos: We are Out-gunned." *Wash. Post* (2019), https://wapo.st/3D1gphZ [https://perma.cc/6CKV-XU2U] (July 18, 2021).

Hasen, Richard L. "A Constitutional Right to Lie in Campaigns and Elections?" *Montana Law Review* 74 (2013): 53-77.

Hasen, Richard L. "Deep Fakes, Bots, and Siloed Justices: American Election Law in a Post-truth World." *Saint Louis University Law Journal* 64 (2020): 535-568.

Heath, Chip, Chris Bell, and Emily Sternberg. "Emotional Selection in Memes: The Case of Urban Legends." *J. Personality & Soc. Psychol.* 81 (6) (2001): 1028-1041.

Hunter, Dan. "Philippic.com." *California Law Review* 90 (2002): 611-671. Daniel E. Ho and Frederick Schauer. "Testing the Marketplace of Ideas." *New York University Law Review* 90 (2015): 1160-1127.

Isenberg, Arnold. "Deontology and the Ethics of Lying." *Philosophy and Phenomenological Research* 24 (1964): 463-480.

Jamieson, Kathleen Hall and Joseph N. Cappella. *Echo Chamber: Rush Limbaugh and the Conservative Media Establishment.* New York: Oxford University Press, 2008.

Kalven, Harry Jr. "The New York Times Case: A Note on 'The Central Meaning of the First Amendment.'" *Supreme Court Review* (1964): 191-221.

Karras, Tero et al. "Progressive Growing of GANs for Improved Quality, Stability, and Variation." Paper presented to ICLR 2018, 2018, 1-2, https://bit.ly/3TKcqvU [https://perma.cc/RSK2-NBAE] (explaining neural networks in the GAN approach) (July 18, 2021).

Kendrick, Leslie. "Speech, Intent, and the Chilling Effect." *William & Mary Law Review* 54 (2013):1633-1690.

Kensinger, Elizabeth A. "Negative Emotion Enhances Memory Accuracy: Behavioral and Neuroimaging Evidence." *Current Directions in Psychological Science* 16 (2007): 213-218.

Klein, David O. and Joshua R. Wueller. "Fake News: A Legal Perspective."*Journal of Internet Echnology* 20 (2017): 1-13.

Knight, Will. "Real or Fake? AI is Making it Very Hard to Know." *MIT Technology Review* (2017), https://bit.ly/3BgILDk [https://perma.cc/3MQN-A4VH] (July 18, 2021).

Kolbert, Elizabeth. "Why Facts Dont Change Our Minds." *The New Yorker* (2017), https://perma.cc/M354-3UYN. (July 18, 2021).

Lidsky, Lyrissa Barnett. "Nobodys Fools: The Rational Audience as First Amendment Ideal." *University of Illinois Law Review* (2010): 799-849.

Liu, Ping et al. "Automated Deepfake Detection." *ArXiv, abs/2106.10705 (2021)*, https://bit.ly/3FkHihT (September 28, 2022).

Marshall, William P. "False Campaign Speech and the First Amendment." *University of Pennsylvania Law Review* 153 (2004): 285-323.

Meiklejohn, Alexander. *Free Speech and Its Relationship to Self-Government.* New Jersey: Lawbook Exchange Ltd, 1948.

Metz, Cade and Keith Collins. "How an A.I. Cat-and-Mouse Game Generates Believable Fake Photos." *New York Times* (2018), https://nyti.ms/3QloYqS [https://perma.cc/6DLQ-RDWD] (July 18, 2021).

Mihalcik, Carrie. "California Laws Seek to Crack Down on Deepfakes in Politics and Porn." *CNET* (2019), https://cnet.co/3cPK7M5 [https://perma.cc/78E5-QMRB] (July 18, 2021).

Negroponte, Nicholas et al. "Being digital." *Computational* 11 (1997): 261-262.

Norton, Helen. "Lies and the Constitution." Supreme Court Review (2012): 161-179.

Norton, Helen. "The Measure of Government Speech: Identifying the Expressions Source." *Boston University Law Review* 88 (2008): 587-618.

Nyhan, Brendan and Jason Reifler. "When Corrections Fail: The Persistence of Political Misconceptions." *Pol. Behav.* 32 (2010): 303-330.

Olson, Parmy. "Why Your Brain May Be Wired to Believe Fake News." *Forbes* (2017), https://perma.cc/UN3J-DFAC. (July 18, 2021).

Pantazi, Myrto, Olivier Klein, and Mikhail Kissine. "Is Justice Blind or Myopic? An Examination of the Effects of Meta-cognitive Myopia and Truth Bias on Mock Jurors and Judges." *Judgment and Decision*

Making 15 (2020): 214-229.

Pariser, Eli. *The Filter Bubble: What the Internet is Hiding from You.* Old Saybrook: Tantor Media Inc., 2011.

Pasquale, Frank. *The Black Box Society: The Secret Algorithms That Control Money and Information.* New York: Harvard University Press, 2016.

Persily, Nathaniel. "The Internets Challenge to Democracy: Framing the Problem and Assessing Reform." *The Kofi Annan Commission* (2019):1-51.

Pildes, Richard H. "Why the Center does not Hold: The Causes of Hyperpolarized Democracy in America." *California Law Review* 99 (2011): 273-334.

Popper, Ben. "Baidus New System Can Learn to Imitate Every Accent." *The Verge* (2017), https://bit.ly/3KSMmuQ [https://perma.cc/NXV2-GDVJ] (July 18, 2021).

Post, Robert C. "Meiklejohns Mistake: Individual Autonomy and the Reform of Public Discourse." *University of Colorado Law Review* 64 (1993): 1109-1138.

Post, Robert C. *Democracy, Expertise, and Academic Freedom: A First Amendment Jurisprudence for the Modern State.* Connecticut: Yale University Press, 2012.

Redish, Martin H. and Abby Marie Mollen. "Understanding Posts and Meiklejohns Mistakes: The Central Role of Adversarial Democracy in a Theory of Free Expression." *Northwestern University Law Review* 103 (2010): 1-95.

Redish, Martin H. and Julio Pereyra. "Resolving the First Amendments Civil War: Political Fraud and the Democratic Goals of Free

Expression." *Arizona Law Review* 62 (2020): 451-484.

Schauer, Frederick. "Facts and the First Amendment." *UCLA Law Review* 57 (2010): 897-919.

Schwartzman, Micah. "The Sincerity of Public Reason." *Journal of Political Philosophy* 19 (2011): 375-392.

Shriffin, Seana Valentine. *Speech Matters: On Lying, Morality, and the Law.* Princeton: Princeton University Press, 2014.

Sunstein, Cass R. *#Republic: Divided Democracy in the Age of Social Media.* Princeton; Oxford: Princeton University Press, 2018.

Sunstein, Cass R. "Falsehoods and the First Amendment." *Harvard Journal of Law & Technology* 33 (2020): 388-426.

Sunstein, Cass R. *Liars:Falsehoods and Free Speech in an Age of Deception.* New York: Oxford University Press, 2021.

Sunstein, Cass R. *Republic.com.* Princeton: Princeton University Press, 2001.

Surowiecki, James. *The Wisdom of Crowds.* New York: Anchor, 2005.

Swisher, Kara. "Nancy Pelosi and Fakebooks Dirty Tricks." *The New York Times* (2019), https://nyti.ms/3qfnW4V (July 18, 2021).

Tandoc, Edson C., Jr., Zheng Wei Lim and Richard Ling. "Defining "Fake News": A Typology of Scholarly Definitions." *Digital Journalism* 6 (2018): 137-153.

Tsukayama, Hayley, India McKinney, and Jamie Williams. "Congress Should not Rush to Regulate Deepfakes." *Electronic Frontier Foundation* (2019), https://bit.ly/3RJgLxT [https://perma.cc/9YE4-UMM8] (July 18, 2021).

Tushnet, Mark. "Telling Me Lies: The Constitutionality of Regulating False Statements of Fact." *Harvard Public Law Working Paper* 11-02 (2011):

1-25.

Van den Oord, Aaron et al. "WaveNet: A Generative Model for Raw Audio" (2016) (unpublished manuscript), https://arxiv.org/pdf/1609.03499.pdf [https://perma.cc/QX4W-E6JT] (July 18, 2021).

Varat, Jonathan D. "Deception and the First Amendment: A Central, Complex, and Somewhat Curious Relationship." *UCLA Law Review* 53 (2006): 1107-1140.

Verstraete, Mark and Derek E. Bambauer. "Ecosystem of Distrust." *First Amendment Law Review* 16 (2017): 129-152

Verstraete, Mark, Derek E. Bambauer, and Jane R. Bambauer. "Identifying and Countering Fake News." *Hastings Law Journal* 73 (2021), https://bit.ly/3TNympU (July 18, 2021).

Vosoughi, Soroush, Deb Roy and Sinan Aral. "The Spread of True and False News Online." *Social Sciences* 359 (2018): 1146-1151.

Wen, Tiffanie. "The Hidden Signs That can Reveal a Fake Photo." *BBC Future* (2017), https://bbc.in/3qfmFLu [https://perma.cc/W9NX-XGKJ] (July 18, 2021).

Wood, Thomas and Ethan Porter. "The Elusive Backfire Effect: Mass Attitudes Steadfast Factual Adherence." *Political Behavior* 41 (2019): 135-163.

Yu, Ning et al. "Artificial Fingerprinting for Generative Models: Rooting Deepfake Attribution in Training Data." Paper presented to 2021 IEEE/CVF International Conference on Computer Vision, 2021, 10-17.

Zuboff, Shoshana. *The Age of Surveillance Capitalism: The Fight for a Human Future at the New Frontier of Power.* New York: Public Affairs, 2019.

N.Y. Times Co. v. Sullivan, 376 U.S. 254, 270 (1964).

Red Lion Broad. Co. v. FCC, 395 U.S. 367 (1969).

Lamont v. Postmaster General, 381 U.S. 301, 308 (1965) (Brennan, J., Concurring).

Abrams v. United States, 250 U.S. 616, 630 (1919) (Holmes, J., dissenting).

274 U.S. 357, 377 (1927) (Brandeis, J., concurring).

McConnell v. FEC, 540 U.S. 93, 258-59 (2003) (Scalia, J., concurring in part and dissenting in part).

52 U.S.C.A. §§ 30118, 30104 (f) (3) (A) (West), A.B. 730, 2019–2020 Reg. Sess., ch. 493 (Cal. 2019).

Bipartisan Campaign Reform Act (BCRA) of 2002, Pub. L. No. 107-155, § 203, 116 Stat. 81, 91 (2002) (codified as amended at 52 U.S.C. § 30101 (2012)).

H.R. 3230, 116th Cong. (2019), https://bit.ly/3efSlNO (19 July 2021).

第十一章
邁向以人為本的 AI 時代
——心理學能做什麼？

葉素玲[*]

第一節　前言

　　AI 浪潮來襲，與心理學何關？作為一名心理學家，筆者深感大眾對心理學的不甚了解，以致於錯估了心理學在這波 AI 革命所能參與和扮演的角色。專業人員或許認為只要技術上能達標就好，不一定需要心理學，然而可能因此耗費心力做出超高技術的產品，卻因沒有了解人心之所需而導致沒有人想要使用，甚為可惜。此外，研發者通常埋首於研究或產品，不知道自己的工作可能有著怎樣的影響力，因此在面對大眾因著科幻電影或媒體的影響對 AI 產生的疑慮乃至於對「將把人類帶往何處」提出質疑時，常苦於沒有可以與之對話的思辨能力和對此議題的了解。

　　其實與 AI 的未來相關的議題，皆與人有著很大的關聯，且可能深遠地衝擊到人類的未來，因此心理學可以和其他學科合作，以提供一個與人類未來有關的願景。例如，當生物科技與 AI 結合後，會形

* 國立臺灣大學心理學系特聘教授，亦服務於國立臺灣大學腦與心智科學研究所、國立臺灣大學神經生物與認知科學研究中心、與國立臺灣大學人工智慧與機器人研究中心。

成什麼樣的發展方向？會出現生化人嗎？未來的人類又是什麼模樣
呢？現在的我們要學什麼，未來才不會被 AI 取代？有一篇研究羅列
各行業未來被機器人取代的機率（Frey and Osborne, 2017），而心理
學，被取代的機率僅有約 0.4%，大部分認為無法被取代的能力或多
或少都和心理學有關。本文將闡述為何筆者認為在 AI 時代更需要心
理學。

第二節　AI 與心理學的關聯

　　AI 與心理學的發展始終密切相關。1920 年代心理學界主流的學
說是華生（John Watson）和史金納（B. F. Skinner）行為主義，他們
認為內在心理歷程宛如黑箱（black box），僅需關注外在刺激與行為
反應這兩者之間的關係即可。其中，華生甚至大膽地說給他一打小
孩，他就能塑造出律師或盜匪等不同類型的人。史金納的《行為主義
的烏托邦》（*Beyond Freedom and Dignity*, 1971/1976）一書則闡述如
何藉由控制所有人的行為，創建出行為主義的烏托邦。然而，行為主
義於 1950 年代便漸漸式微，取而代之的是心理學界的認知科學革命，
以奈瑟（Neisser）的《認知心理學》（*Cognitive Psychology*, 1967）
作為一個重要的里程碑，轉向研究黑箱內的人類心智和大腦的運作歷
程。

　　大約同期的 AI 領域前輩人物維納（Norbert Wiener）發表了控制
理論（cybernetics），其核心概念為探討人與機器間如何傳遞訊息。
維納（1950）曾提到，若我們每個人都帶著一台電腦，而此電腦能傳
輸訊息到一個中央處理系統，此中央系統能由此電腦擷取每個個體的
訊息，並立即給予回饋。如此一來，這個中央處理系統就能藉此控制
人類的行為。然而他也認為技術不會發展到這種程度，這只是思想實

驗而已。當時他的警語，在當代已經是人手一機不離身的情況來看，更是饒富深意。

AI 與心理學發展的驚人相似處在於，許多演算法僅需將大量的資料匯入，再給予所需的標籤即可得出結果，中間的運算如同行為主義認為人類心智像黑箱一般，人們無從得知、亦無需理會。近期甚至發展出無須標籤，只要有情境就能分析的演算法。此外，不少 AI 的專有名詞使用了類似心理學的概念及詞彙，如：注意力模型（attention model）、長短期記憶模型（long short-term memory model）等。儘管背後意涵仍具差異，但都假設運算規則類似人類的注意力與記憶。有趣的是，過去心理學是由行為主義走向認知科學，目前 AI 的發展則像在走過去心理學發展的路，從強而有力的深度學習（黑箱），逐漸走向可解釋的人工智慧，嘗試理解 AI 黑箱內是如何運作的。否則，未來人類若更加依賴 AI，甚至將許多重大決策交給 AI，此時能放心將決定權交給一個運作規則未知的 AI 嗎？

此外，AI 的發展由模擬人類智慧，轉變到當今也包括了用以解決問題的工程與演算法。從科學探索，漸漸變成器用之學，彷彿從想要了解大腦運作規則，變成只要理解各個器官的運作規則並模擬出部分功能來解決問題即可。在這樣的發展下，AI 與心理學是漸行漸遠，抑或是日漸親近呢？

筆者認為兩者皆是。在這方面目前有兩種發展方向，包含：（1）由機器學習的隱藏層（hidden layers）得到人腦如何運作的啟發。（2）向人類大腦借鏡來建置 AI 系統的軟硬體（如：神經型態運算）。前者以 2012 年 ImageNet 競賽開始為重要里程碑，發現機器在臉部辨識與圖形辨識方面能擁有比人類更好的表現。由於近年 AI 的運算量大增，可以透過深度學習進行百層以上的運算，並觀察不同層次間的權重如何分配，以此借鏡到人類視覺的大腦處理路徑，可以一層層地探

討不同層次進行的視覺處理有何不同。而後者則有鑑於人類的大腦可以用極低的耗能進行平行運算,這是現今硬體所難以達成的,因此將研發的重點放在如何做出如同人類大腦般的軟硬體。由此來看,人類和機器始終是互相學習,密切相關的。

心理學家在這波 AI 浪潮下可著力之處包括以下幾個面向。首先可以研究這波 AI 革命對人的影響。最知名的例子之一為 Google 對記憶的影響(Sparrow et al., 2011)。人只要知道能在哪裡找得到的資訊,就不太會用大腦來記憶,也就是說,若能夠用 Google 搜尋到的,我們其實就不容易記得內容,Google 彷彿成為我們延伸的心智(extended mind),我們的記憶不再只存在腦袋裡,而延伸到外在,此一現象又稱為認知卸載(cognitive offloading)。不少人參觀博物館、美術館,往往拍完照便離開。對他們來說,此行的重點是將所見放到手機上,而非用眼睛去體驗畫作之美。當網路世界讓我們隨時卸載心智,人類的認知會產生怎樣的變化?未來和機器人互動,又會產生怎樣的變化?

科技時代對心智另一個重大的影響是分心。各式各樣的媒體和網頁廣告都在試圖吸引觀看者的注意力,使現代人要專心也難。然而,分心不僅使人難以專注於當下,反而消耗認知資源去思考無關的事,更因無法享受當前正在做的事情,使人不快樂(Killingsworth and Gilbert, 2010),更甚至造成危險,例如:邊開車邊用手機講電話,即使不需要手持聽筒也會比不講電話有更高的肇事率。重點不在於需要兩隻手來握方向盤,而是溝通需要額外分配認知資源去處理,在不同的任務間進行認知轉換亦會帶來疲勞。此外,這和坐在車內的乘客聊天不同,在手機另一端的對象並不知道你開車的狀況,不會顧慮到你的處境,亦不會提出預警或看見險境而停止對談。此外,受新冠肺炎疫情的影響,全球許多學校機構改採線上教學。相較於在教室上

課，在家用電腦上課時，學生較難維持專注，可能導致學習成效下降。專注是認知處理的品質保證，能夠專注方能進入心流經驗（flow）。理解專注的重要性和優點，才有動機去學習如何避免分心。這方面有諸多心理學的研究可供參考。

　　除了個人內在的心智歷程會受到網路和 AI 科技的影響，人和人之間最重要的社會連結也深受影響。特克（Sherry Turkle）的書《在一起孤獨：科技拉近了彼此距離，卻讓我們害怕親密交流？》（*Alone Together: Why We Expect More from Technology and Less from Each Other*）提到現在的人看似忙著用社群軟體與他人建立連結，實際上是自我中心的一種策展活動，隨時思考著要如何呈現自己的形象。人們寧可傳訊息，也不願意當面溝通，因面對面需要即時的互動，傳訊息則有時間上的延遲（Turkle, 2017）。然而進行了八十餘年的一份縱貫式研究（The Grant Study），追蹤了數百名波士頓地區的男童，研究結果卻指出，良好的關係及社會的連結是對個人的身心健康最重要的因素（Vaillant, 2018）。因此難以和人當面溝通，卻又對電子雞的逝去傷痛不已的數位族群，在此 AI 時代有著怎樣的心理狀態是重要的議題。

　　心智的品質來自於對內專注於己身的狀態，對外則專注於對方或周遭環境。然而全球在 2020 年初（臺灣則從 2021 年五月中）以來的新冠疫情影響下，皆靠著線上的視訊和社群媒體和他人溝通的方式，除了人與人的連結，人與大自然、與環境的連結亦受到影響。心理學家可以進一步探討面對這波疫情下 AI 的功能以及對人類心智和社會行為產生了怎麼樣的影響。舉例來說，目前已經有些研究開始探討戴口罩對人臉辨識和語音辨識（聽話時讀唇也重要）的影響，以及在家工作的身心平衡如何達成等相當即時且重要的問題。

　　心理學作為研究人的學科，必須面對的終極目標在於：我們到底

想要什麼樣的生活、如何達到幸福快樂？美國正向心理學之父塞利格曼（Martin Seligman）早期主要進行習得性無助研究，但在他當上美國心理學會主席後，開始反思為何總是做負向情緒的研究，此後開啟了正向心理學研究。他的著作《真實的快樂》（*Authentic Happiness*）中提到了什麼是會讓你快樂的，之後並整理以 PERMA 模型列出五個重要的要素，包含：正向的情緒（Positive emotion）、專注的投入（Engagement）、良好的關係（Relationship）、意義（Meaning）、成就感（Accomplishment）（Seligman, 2009）。美國常春藤名校如哈佛、耶魯等也相繼開設幸福課程，皆是千人以上的修課盛況。在哈佛的幸福課中，班夏哈（Tal Ben-Shahar）提到他曾經歷五年壁球的訓練，並拿下全國壁球比賽冠軍。然而，縱使過往五年都專注於此，奪冠的喜悅卻僅短暫一時。於是他開始反思什麼可以讓人快樂，結論是正向的情緒、追尋有意義的活動等（Ben-Shahar, 2012）。耶魯大學聖多斯（Laurie Santos）開設線上課程「幸福科學」，更是超過數百萬人註冊選修。她強調要養成良好習慣，培養感恩、增加社交聯繫等。這類課程之所以熱門，正是因為大家都很需要。心理學家至少有些人應該往這樣的方向發展，提升正向的感受，探索什麼才能達到快樂和幸福，尤其在當代，更需要有契合 AI 時代的新研究。

第三節　由人類文明發展史、經驗自我與記憶自我進行 AI 時代的反思

　　哲學家班雅明（Walter Benjamin）曾言：「幸福就是能認識自己而不感到惶恐。」若不認識自己，便難以得知是否快樂；若不知道自己想要什麼，就無法知道是否已追求到渴望之物。歷史學家哈拉瑞（Yuval Noah Harari）在《人類大歷史》（*Sapiens: A Brief History of*

Humankind）一書中說明，七萬年前人類開始有了突破性的進展。由於人類可以進行有彈性的大規模合作，使我們比無法合作的猩猩、合作模式固定的蜜蜂更容易存活。哈拉瑞稱之為認知革命（cognitive resolution）。人們自此之後，開始有想像力（imagination），國家、宗教隨而出現，金錢交易亦建構於想像力的基礎上（今日的虛擬貨幣更凸顯出這點特性）。除此之外，農業革命則因人類想要有掌控感而起。人們開始種植植物、圈養動物於周遭，作物、牲畜由此而生。文明一路發展至今，由認知革命，至農業革命，再發展出今日的科技文明（Harari, 2018）。

哈拉瑞的第二本書《人類大命運》（Homo Deus: The Brief History of Tomorrow），則談論了人類如何從「智人（Sapiens）」成為「神人（Homo Deus）」。文明發展的第一階段，威權原本在上帝、教會、皇帝等有權勢者的手上。自由主義及人本主義興起後，人們改以選票決定政治事務，經濟上則以客為尊，並倡導自由戀愛。然而，現今卻變成由演算法告訴你你是誰，決定權反而轉移到網路上，權力不再掌握在自己手上（Harari, 2017）。人們仰賴 Google 評價選擇餐廳，藉由亞馬遜（Amazon）的推薦系統選書，約會則透過交友軟體引介。此外，同溫層變得愈來愈厚，以美國總統大選為例，許多人表示身邊沒有任何人將票投給川普（Donald Trump），最後卻是川普當選了，顯示同溫層厚到完全無從得知其他陣營者的想法。現代人不僅將決定權交出去，也難以掌握上傳至網路的資料可以被哪些人取得、會如何被使用。

前述兩本書出版後，哈拉瑞獲邀至許多地方演講，並將聽眾提出的問題集結成《21 世紀的 21 堂課》（21 Lessons for the 21st Century）。他曾透露：「我沒有手機，我每天靜坐兩個小時。」用以維持清醒的頭腦及不受干擾的內在心靈，這是他能撰寫出這麼多鉅作

的秘密。在這本書中，他提出許多重要的問題，但不告訴你答案。例如：人類還剩下什麼可以勝過人工智慧？當選擇都會受到演算法影響時，還有自由意志存在嗎？說故事的能力使假新聞四處流傳，若世間皆是虛假的，自我也是虛假的，人生的意義何在？（Harari, 2018）筆者認為這些問題中，有半數以上都是心理學的問題，有賴未來的心理學家去探索。

不可否認地，人類文明演進的過程中，說故事的能力相當重要，卻也是把兩面刃。舉例來說，曾有人將不存在的餐廳的評分在半年內衝上全球五星排名的第一名，相信者甚至願意排隊為了在這家根本不存在的餐廳用餐。假新聞、假消息四處流竄的世界，宛如《金剛經》所提到的「如夢幻泡影」。就像電影《駭客任務》（The Matrix），你會選擇真實，還是選擇進到由母體（The Matrix）建構出來的虛幻世界？你會選擇吞下紅色藥丸、抑或是藍色藥丸？

諾貝爾經濟獎得主康納曼（Daniel Kahneman）的知名心理學著作《快思慢想》（Thinking, Fast and Slow），不僅提到兩大思考系統——系統一負責快思、系統二專司慢想——書末還有一個很精采的概念。康納曼（2018）將自我分成兩類，分別是記憶自我與經驗自我。假想你有免費至花東旅行五天的機會，你可以盡情享受那五天的時光，但不可以拍照，且旅遊後會請你服下刪除那五天記憶的藥，到時你將不會有那五天的記憶，也不會有照片留念，你會去嗎？除假想實驗外，也有真實的經驗。有聽眾曾向康納曼反應，他聽了 20 分鐘悠揚的交響樂，最後卻出現刺耳的雜音，完全破壞了先前的經驗。此人的經驗自我享受了前面的 20 分鐘，但記憶自我只會記得頂峰（最突出的經驗）與結尾，並擔任說故事的人，給予此次經驗很低的評價。再舉一個例子，當你需要照大腸鏡時，你會選擇時間較短卻較為疼痛的方式，抑或是時間拉長些，但最後比較不痛的方式呢？人們之所以

會選擇時間較長，但記憶沒有那麼不舒服的方式，正是因為記憶自我（不在乎時間長度，但給予頂峰和結尾更多權重）在運作和做決策。

　　我們的生活體驗與當下感受來自於經驗自我，然而，說故事的是記憶自我。人們經常會過度依賴記憶自我，而忽略經驗自我。此外，記憶自我不會處理到時間長度，無論你的旅遊只進行五天、抑或是十天，給你的快樂程度是一樣的，不會因為時間的延長而加乘。許多人在離婚後會說過去彷彿一場空，事實並非如此，只是記憶自我忽略了前面的過程與快樂的回憶。記憶自我是位敘事者，關注的是過去和未來，替你進行評估與選擇，而經驗自我指的是當前的感受，是活在當下的那一刻。

　　人類在發展文明的過程中脫離了動物界，形成現今的樣態。為了記述這些歷程，我們過度使用記憶自我。尤其在現今的網路時代，你可以改變你的故事，或在遊戲中經歷「第二次人生」。人們總在計畫未來、追悔過去，並未享受當下。因此，《當下的力量》（*The Power of Now,* 2015）一書提醒大家要了解當下的臨在（being）所具有的力量。作者托勒（Eckhart Tolle）在他的《一個新世界》（*A New Earth: Awakening to Your Life's Purpose,* 2005）中提到：「能夠領悟到『在我腦袋中的聲音不是我』這個事實，是多麼偉大的解脫！」我們常常在腦袋裡對著自己喋喋不休，若將這些獨白說出來，會被視為瘋子，然而我們卻總是在腦海裡這麼做。他特別提到：「不要將『認識自己』和『認識關於自己的事情』混為一談。」藉由靜坐冥想和專注，可以練習避免過度使用記憶自我。要能享受孤獨、與自己相處，方能真正體驗經驗自我和當下的力量。

第四節　透過 AI 來協助認識自己

「認識自己（Know Thyself）」這是刻在德爾斐阿波羅神廟上的箴言，有人問希臘七賢之一泰勒斯（Thales）：「何事最難為？」他應道：「認識你自己。」

認識自己如此困難，能用 AI 來協助認識自己嗎？有可解釋的人工智慧方能更有效協助我們了解人類的內在與心智。其中一個可能的作法是結合穿戴式裝置來讀取生理訊號，藉由整合各種人體數據資料來了解人類的情緒，如同目前的精準醫學取向，由醫生整合多方資訊以進行健康評估。同樣地，人類的情緒亦可使用類似的方式來偵測，而資訊的整合則要由了解情緒背後機制的心理學家負責，方能察覺到細微的變化，並做出情緒調節與管理。此外，心理學家深知正向情緒的效益，能帶領人們往正向情緒發展，防止往負面方向下沉。值得留意的是，這些資料不應讓任何人或單位取得，更不應隨意流向商業、情報、甚至是極權政府使用。唯有如此，我們才能放心使用 AI 來協助我們了解自己，保護隱私的 AI（AI for privacy）是必須發展的方向。

心理學的研究已知人有多種自我，除了上述的記憶自我和經驗自我，另一種區別是身體我和心智我的差別，例如我們的臉部表情通常不經意洩漏內心的秘密，儘管理性上知道不該當眾生氣。目前已經有商用軟體協助辨識臉部情緒，也被拿來幫助自閉症孩童。例如電腦科學家 Rana el Kaliouby 與其團隊研發出一款跨平台及時表情辨認的工具－ AFFDEX SDK，此系統擁有全球最大的臉部表情資訊庫，並透過捕捉使用者臉部表情的重點標記（facial landmark）來判斷七種不同情緒的比例，此技術可應用在協助情緒相關治療、遠距會議、和教學等來提升人與人的相處品質（McDuff et al., 2016）。然而，心理學家巴瑞特（Lisa Feldman Barrett）卻不認同以臉部肌肉的變動來偵測

情緒。她的《情緒跟你以為的不一樣》（*How Emotions Are Made: The Secret Life of the Brain*）一書認為沒有普遍一致的基本情緒，大腦會依據情境與環境建構出適當的情緒（Barrett, 2020）。

　　這樣的例子說明，從科技的角度來看，似乎專注在追求情緒辨識率高即可，而心理學家則致力於探討情緒是怎麼來的，以及不同自我之間的關聯。結合心理學家與科技的力量，方能更瞭解他人和自我。

　　AI 不僅有潛力協助人們更瞭解自己，也能夠提供臨床人員多一些診斷的參考依據。例如，憂鬱症為現今社會上最常見的心理疾病之一，若是能透過 AI 技術來協助判斷個體是否有罹患憂鬱症的風險，並尋求早期介入治療，便有機會提升治癒率。例如有研究團隊針對 104 位受試者給予不同形式的情緒刺激，再以兩種深度信念網路（Deep belief networks）模型進行臉部表情 2D 和 3D 採樣，分析後發現結合這兩種模型的方法能夠有效判別出與臨床醫療人員診斷相似的結果（Guo et al., 2021）。需要注意的是，這些資訊的性質是非常個人化的訊息，必須有良好的倫理規範避免個資的濫用，才能得其利而不受其害。

第五節　面對 AI 科技，你需要知道的事

　　在 AI 浪潮下，我們應如何看待 AI 呢？首先，AI 大數據是一個正向回饋的放大系統。若輸入的資料品質不佳，偏誤會被放大，如：使用重男輕女的資料，則產生的 AI 系統也會重男輕女。此外，網路資訊傳播具備一些負面特性，它不僅可能淪為虛榮競技場的個人策展空間，也會因為負向事件較能吸引人的注意而加速負向事件的傳遞。而網路世界使得人與事件之間有一層隔膜，有別於親身體驗，產生事件與我無關的感受，較不易考量對他人的可能影響。人類的正向特性，

如：憐憫、慈悲、關懷等，則難以在網路上呈現，無法用數位化的方式傳播。若想讓 AI 系統變得較為中性，似乎要提高人類活動數據中正向訊息的比例方能中和這種負向偏誤。

發明虛擬實境的藍尼爾（Lanier, 2018）在 *Ten Arguments for Deleting Your Social Media Account Right Now* 一書中呼籲停用社群媒體。他說：「你們正在失去自由意志。」免費使用社群媒體的同時，個人將會成為產品，以自己的注意力與個資來交換使用權。對社群媒體來說，一定要有收益方能維持運作。於是，他們將資料賣給第三方，讓第三方有機會操控你的行為。藍尼爾表示，若難以停用，可以先試著刪除社交軟體六個月，這不僅是在拯救自己，更是在拯救全世界，美國總統大選正是受到社群媒體影響最明顯的例子。

在這個時代，我們要選擇做一個不管事的心智奴隸還是要成為自由人？推薦系統看似在協助你做決定，只要手指輕點按鍵就能解決很多事情，但其實你並非自由的，不是你在做決定。許多關於成癮的研究指出，人們無法分辨「喜歡（liking）」和「想要（wanting）」。想要是一種渴望、一種癮，即使不是你喜歡的事物，未擁有它，依舊會難過，因而是受制於癮頭的心智奴隸。在這個時代，我們需要學習如何做決定。人難免會犯錯，但我們可以替自己決定，為自己負責。再次提醒前文述及的觀點，要創造真實的連結，而非沉淪在虛擬的網路世界。過去洗衣機、汽車等機器協助你做事，並不會替你做決定。智能化的時代下，AI 可能與你融為一體，為你做出重大決定，未來甚至可能替人類做出啟動核武等具毀滅性的決定。因此，請比以往更加留心，謹慎選擇何時與 AI 打交道。

儘管上述提到 AI 可能帶給人類隱性的擔憂，AI 仍有不少正面貢獻之處。例如目前已有 AI 演算法能即時翻譯，協助國際生修課。西洋棋王卡斯巴洛夫（Garry Kasparov）在 1997 年被 IBM 深藍（deep blue）打敗，二十年後，卡斯巴洛夫（2017）出版書籍 *Deep Thinking: Where Machine Intelligence Ends and Human Creativity Begins*，闡述他如何致力於用 AI 和人類棋手攜手合作來訓練棋手。過去仰賴筆記本學習的西洋棋，現在則透過螢幕及 AI 系統學習。現任的年輕棋王，正是如此培育而來的。

　　除此之外，人機互動領域的知名電腦科學家 Ben Shneiderman 提出「以人為本的人工智慧」（The Human-Centered Artificial Intelligence, HCAI）框架（2020），其中歸納出製造可靠、安全、且值得信賴的 AI 技術的三大關鍵：（1）設計高度人為控制和高度電腦自動化的系統，以提高人的表現。（2）了解需要完全人為控制或完全電腦控制的情況。（3）避免過度人為控制或電腦控制的危險。Shneiderman 認為透過 HCAI 設計出的 AI 產品可以提升人類績效，並同時支持人的自我效能、掌握度、創造力、以及責任感。

　　筆者的實驗室這幾年則嘗試從馬斯洛（Maslow, 1954）的需求理論金字塔（Maslows hierarchy of needs）作為架構，試圖了解使用者的需求，以此推論並描繪適合他們的科技的可能樣貌（圖 11.1）。在馬斯洛的階層需求理論中，人類的需求可以分為五個層次，由低至高分別為生理需求、安全需求、社交需求、尊重需求、以及自我實現的需求。既然 AI 是服務於人，設計 AI 產品的目標便期許能在各層次上協助使用者、設計貼近人類各層次需求的智慧科技產品，旨在達成「以人為本的 AI」。

　　綜上，AI 時代下心理學家可以做的包括：（1）研究 AI 對人的影響和因應之道；（2）深入了解人以及更認識自我；（3）建構和諧有益的人與 AI 的互動關係。身處 AI 時代的我們，彷彿是玩火的小孩。過去我們使用的是火柴、打火機，現在進步到使用噴槍。小孩玩噴槍，不可不慎。AI 是一個正向回饋的放大系統，須慎選輸入的資

料，希望我們都能在 AI 時代，貢獻出自己正向的力量，透過對人心
的了解，共同創建想要的未來。

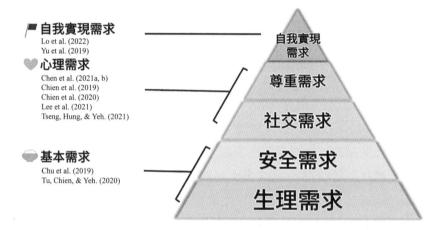

圖 11.1：筆者的實驗室以馬斯洛的需求理論作為心理學應用於智慧科技
　　　　的理論架構，左方列出近年來發表的相關研究。

參考文獻

丹尼爾・康納曼（Daniel Kahneman）著，洪蘭譯，《快思慢想》。臺北：天下文化出版，2018。

史基納（Skinner, B. F.）著，文榮光譯，《行為主義的烏托邦》。臺北：志文出版社，1976。

艾克哈特・托勒（Eckhart Tolle）著，張德芬譯，《一個新世界：喚醒內在的力量》。臺北：方智出版社，2005。

艾克哈特・托勒（Eckhart Tolle）著，梁永安譯，《當下的力量：通往靈性開悟的指引》。臺北：橡實文化，2015。

哈拉瑞（Yuval Noah Harari）著，林俊宏譯，《21 世紀的 21 堂課》。臺北：天下文化出版，2018。

哈拉瑞（Yuval Noah Harari）著，林俊宏譯，《人類大命運：從智人到神人》。臺北：天下文化出版，2017。

哈拉瑞（Yuval Noah Harari）著，林俊宏譯，《人類大歷史：從野獸到扮演上帝》。臺北：天下文化出版，2018。

馬汀・塞利格曼（Martin Seligman）著，洪蘭譯，《真實的快樂》。臺北：遠流出版，2009。

雪莉・特克（Sherry Turkle）著，洪世民譯，《在一起孤獨：科技拉近了彼此距離，卻讓我們害怕親密交流？》。臺北：時報出版，2017。

喬治・威朗特（George E. Vaillant）著，王敏雯譯，《幸福老年的祕密：哈佛大學格蘭特終生研究》。臺北：張老師文化，2018。

塔爾・班夏哈（Tal Ben-Shahar）著，譚家瑜譯，《更快樂：哈佛最受歡迎的一堂課》。臺北：天下雜誌，2012。

麗莎・費德曼・巴瑞特（Lisa Feldman Barrett）著，李明芝譯，《情緒跟你以為的不一樣──科學證據揭露喜怒哀樂如何生成》。臺

北：商周出版，2020。

Chen, Y. C., S. L. Yeh, T. R. Huang, Y. L. Chang, J. O. S. Goh, and L. C. Fu, "Social Robots for Evaluating Attention State in Older Adults." *Sensors* 21(21), 7142 (2021b).

Chen, Y. J., E. Gamborino, L. C. Fu, H. P. Yueh, and S. L. Yeh. "Social Presence in Evaluations for a Humanoid Robot and Its Effect on Children-robot Relationship." *Communications in Computer and Information Science* 1419 (2021a): 191-199.

Chien, S. E. et al. "Can Older Adults' Acceptance toward Robots be Enhanced by Observational Learning?" In P. L. Rau ed., *Cross-Cultural Design. User Experience of Products, Services, and Intelligent Environments*, Vol. 12192. International Conference on Human-Computer Interaction, 564-576. Berlin: Springer-Cham, 2020.

Chien, S. E., L. Chu, H. H. Lee, C. C. Yang, F. H. Lin, P. L. Yang, T. M. Wang, and S. L. Yeh. "Age Difference in Perceived Ease of Use, Curiosity, and Implicit Negative Attitude toward Robots." *ACM Transactions on Human-Robot Interaction* 8.2 (2019): 9.

Chu, L., H. W. Chen, P. Y. Cheng, P. Ho, I. T. Weng, P. L. Yang, S. E. Chien, Y. C. Tu, C. C. Yang, and T. M. Wang. "Identifying Features that Enhance Older Adults' Acceptance of Robots: A Mixed Methods Study." *Gerontology* 65.4 (2019): 441-450.

Frey, C. B. and M. A. Osborne. "The Future of Employment: How Susceptible are Jobs to Computerisation?" *Technological Forecasting and Social Change* 114 (2017): 254-280.

Hu, B., W. Guo, H. Yang, Z. Liu, and Y. Xu. "Deep Neural Networks for Depression Recognition Based on 2d and 3d Facial Expressions Under Emotional Stimulus Tasks." *Frontiers in Neuroscience* 15 (2021): 342.

Kasparov, G. *Deep Thinking: Where Machine Intelligence Ends and Human Creativity Begins*. Paris: Hachette UK, 2017.

Killingsworth, M. A. and D. T. Gilbert. "A Wandering Mind is an Unhappy Mind." *Science* 330.6006 (2010): 932-932.

Lanier, Jaron. *Ten Arguments for Deleting Your Social Media Accounts Right Now.* New York: Henry Holt & Company, 2018.

Lee, H. H., Z. L. Chen, S. L. Yeh, J. H. W. Hsiao, and A. A. Y. Wu. "When Eyes Wander Around: Mind-wandering as Revealed by Eye Movement Analysis with Hidden Markov Models." *Sensors* 21(22), 7569 (2021).

Lo, S. Y., Y. Y. Lai, J. C.Liu, and S. L. Yeh. "Robots and Sustainability: Robots as Persuaders to Promote Recycling." *International Journal of Social Robotics*, 2022, 1-12.

Maslow, Abraham. H. *Motivation and Personality*. 1st Edition. New York: Harper, 1954.

McDuff, D., A. Mahmoud, M. Mavadati, M. Amr, J. Turcot, R. Kaliouby. *Proceedings of the 2016 CHI Conference Extended Abstracts on Human Factors in Computing Systems*. New York: Association for Computing Machinery, 2016, pp. 3723-3726.

Neisser, Ulric D. *Cognitive Psychology*. Hoboken: Prentice-Hall, 1967.

Shneiderman, B. "Human-centered Artificial Intelligence: Reliable, Safe & Trustworthy." *International Journal of Human-Computer Interaction* 36.6 (2020): 495-504.

Skinner, B. F. *Beyond Freedom and Dignity*. New York: Alfred A. Knopf, 1971.

Sparrow, B., J. Liu, and D. M. Wegner. "Google Effects on Memory: Cognitive Consequences of Having Information at Our Fingertips."

Science 333.6043 (2011): 776-778.

Tseng, C. H., T. F. Hung, and S. L. Yeh. "Robot-human Partnership Is Unique: Partner-advantage in a Shape-matching Task." Paper presented to HCI International, 2021, 202-206.

Tu, Y. C., S. E. Chien, and S. L. Yeh. "Age-related Differences in the Uncanny Valley Effect." *Gerontology* 66.4 (2020): 382-392.

Wiener, N. *The Human Use of Human Beings: Cybernetics and Society.* Massachusetts: Houghton Mifflin, 1950.

Yu, C. J. et al. "i-Path: An Intelligent System for Preserving Older Adults' Wisdom." Paper presented to ICLR The 3rd NTU-Tohoku U Symposium on Interdisciplinary AI and Human Studies, 2019.

第十二章
社會性機器人的設計加入情感因素的種種考量 [*]

劉紀璐 [**]

第一節　前言

　　機器人倫理學（robotic ethics）在目前逐漸成為哲學界注意的議題。所謂機器人倫理學，根據 David Anderson and Susan Leigh Anderson 的解釋，著重的是如何給予能自主行動的機器一些倫理原則，使它們在遭遇道德兩難的情境中，能自己作出合乎道德的抉擇。由於人類社會的實際需求，未來機器人設計的走向一定是有自主行動能力，或至少有自主決定能力，而不必一直依賴人類掌控介入的機器。這樣的機器可以被稱為人工道德主體（artificial moral agent）。他們會成為人類社會的成員，分擔我們的工作，照顧我們的老人，陪伴我們的孩子，替我們做家事，在酒店和賓館為我們服務，在工廠與郵局取代職員的工作，在法律程序上決定合法的判決，在導航、軍事甚至醫療領域替我們做重要的決定。以人工智慧的快速發展來預測，

---

[*] 此篇文章原文為英文，是作者提交 2021 年社會性機器人國際學術會議（13th International Conference on Social Robotics, ICSR 2021）的論文。由作者本人翻譯成中文。

[**] 美國加州州立大學富樂頓分校哲學教授。

這樣的未來不是遙不可及的。在這種人工道德機器的設計上，我們要如何確保設計出來的機器人能夠作出倫理上正確的抉擇？本文的議題是如果我們要設計道德性的機器人，情感的考量是不可或缺的。對於這個議題的思考可以分成四個層面：

　　What：什麼樣的機器人需要有情感的層面？

　　Why：為什麼這些機器人必須有情感的層面？

　　Which：機器人需要哪些基本的情感？

　　How：如何在設計機器人上加入情感的層面？

　　本文的主要著眼是在於前三個層面，而對於第四個層面的技術問題，則由於筆者知識有限，僅能綜合略述目前的一些發展，而無法提供細節。

第二節　什麼樣的機器人需要有情感的層面？

　　目前市面上所使用的機器人僅僅具有機械性的反應和侷限性的功能，只能處理固定的工作。比如在工廠製造汽車零件的機器人，在郵局處理分派郵件包裹的機器人，在餐館服務點餐送餐的機器人，在百貨公司或是旅館回答諮詢的機器人，在社區中運輸送貨的機器人等等。這些機器人所需要的是對環境的認知，在環境中行動的能力，對問題的理解，對合適答案的掌握，而這些能力是弱人工智慧（artificial narrow intelligence, ANI）所能夠處理的。這些機器人並不需要有情感的設計，因為它們基本上只是會行動的機器，而不是人工的道德主體（artificial moral agent）。但是，未來要發展出來的機器人不僅會有行動能力，同時具有自主思考抉擇的能力，能夠在沒有人類事先規劃或是隨時指點之下採取對人類福祉會有影響的行動。這樣的機器人可以視為人工的道德行動者，因為它們行動的結果應該要受到倫理價值

的評估，即使不是善惡之判定，也至少是好壞之別。這種機器人必須
具有通用人工智慧（artificial general intelligence, AGI），或甚至有超
人工智慧（artificial super intelligence, ASI）的能力。而如果它們沒有
接受道德規範的管束，對人類社會即存在極大的威脅。

第三節　為什麼這些機器人必須有情感的層面？

　　在《機器人倫理學：如何設計道德語言程式》（*Ethics for Robots:
How to Design a Moral Algorithm*）一書中，雷本（Derek Leben）提出
對任何倫理學說的一個客觀考量就是看這個理論是否能夠提供合乎人
類從進化而來的道德直覺之功能：這個倫理學說是否能夠在以自利思
考（self-interested）為主導的有機體之間產生合作（cooperative）的
行為（Leben, 2019: 50）。在這個標準之下，雷本選出羅爾斯（John
Rawls）的契約論（contractarianism）為設計機器最好的倫理學。羅爾
斯的理論預設人人都是自利出發的，因此為了達到最佳的共同契約，
我們理論上的假想情境是在所謂「無知的屏障（veil of ignorance）」
下，亦即每個參與者都不能知道自己的種族、社會地位、經濟能
力、政治黨派等等個殊條件，才能毫無成見地去選擇對大眾整體來
說最公平的資源分配。羅爾斯稱此假想情境為「原始情境（original
position）」。人工智慧的計算方式是用數據為計算單位，而雷本主張
以契約論為基礎來設計道德機器，是以他強調如果我們要設計道德機
器，就必須給予健康、機會、資源等等目標一個數據，而以此數據來
預估行為後果的正負值。即使這樣的量化很困難，雷本認為「這是設
計道德機器人所必須面對的挑戰」（Leben, 2019: 82）。而且在原始
情境中，道德機器的預定功能是把所有的主要利益（primary goods）
都預設為一樣的價值。日後再依照特別情境以及個人喜好而調整價值

數據（Leben, 2019: 84）。總結來說，雷本的機器設計是把價值與利益數據化，而且完全用機械性的算計方式來選擇道德機器的最佳行動。

和羅爾斯一樣，雷本的道德心理學走向明顯是屬於道德理性論一派。整個社會合作、共同契約以及無知的屏障，都是建立在「有理性者」會如何抉擇的假設上。也就是說，正確的道德判斷應該建立在理性的基礎上，而設立「無知的屏障」就是為了要避免個人情感的干擾。雷本認為道德判斷的性質與個人的情緒反應、文化規範、宗教信仰都不同，而且應該截然分辨開來。在他看來，道德判斷是一種如同人類自然語言一樣，包含種種範疇與規矩的心理架構，是以他稱之為「道德文法（moral grammar）」。道德文法客觀存在，獨立於人類的社會建構，而且有別於人的情緒反應。但是，我們人在做道德抉擇時，往往不能完全遵守這個道德文法，並且常常會受到主觀的情感主控，而無法作出真正合乎理性的決定。雷本指出一個例子：大量心理學實驗的文獻顯示人們在做道德處罰的判斷時，常常會受到一些毫無道德價值的因素（比如說，他們累了、餓了，看到實驗的房間很髒，或是先看了一段好笑或是讓他們生氣的影片）影響到他們的心情或情緒，而作出不同的道德判斷。但是，機器人永遠不會累，不會餓，也不會受到其他影片影響到它們的判斷。「就像機器駕駛人不會分心，機器手術大夫不會慌張，機器的法官有可能可以用大量的資訊來客觀決定犯人的刑期，而不會像現在許多犯人因為受到法官許多偏見而被判比他們應該得到的更久的刑期。」（Leben, 2019: 139）雷本認為由於機器在設計上沒有人類的情緒反應跟主觀偏見，日後它們的判決可能會比人類的判決更可靠。引申來說，在雷本看來，由於機器能做出純粹理性的判斷，機器的判斷會是最可信的判斷。

這種以道德理性為出發點的機器倫理學在目前仍然是主流意見。

一般的看法是機器的設計語言完全是公式化的，而機器的計算方法也完全是遵從數據的考量，沒有情感的成分。但是從人類的道德心理學角度來說，情感在人類的道德抉擇過程中扮演重要的角色。根據道德情感論（moral sentimentalism）的看法，情感不僅是人類在作道德判斷中實然的成分，也是應然的成分。也就是說，要是缺乏情感的因素，人類的道德判斷就不會是最佳的判斷。這種主張目前已經成為神經學家、心理學家以及認知科學家之間的共識（Picard et al., 2001: 1175）。在〈為什麼要有機器倫理學？〉（"Why Machine Ethics"）一文，Colin Allen、Wendall Wallach 及 Iva Smit 共同建言機器倫理學不能完全獨立於人類的道德心理學。他們認為任何道德的發展，包括機器的道德發展，都不能忽視適當的情感反應是不可或缺的要素這個事實。事實上，情感的反應有助於理性的行為抉擇。人工智慧的先鋒之一 Marvin Minsky 的名言就是：「問題不在於智能機器是否可能有情感，而是在於沒有情感的機器是否可能有智能。」[1]（Minsky, 1988: 163）在其《情感機器》（*The Emotion Machine*）一書中，Minsky 主張我們應該按照人類的思考模式去設計機器的思考。而如果我們能正確瞭解人類的思考模式是個理性融合情感、節節串連的過程，就不會再認為機器的設計可以完全摒除情感的成分，而只用理性的計算公式。他強調我們設計的人工智慧應該具有足夠的多元化思考程序；我們應該設計能夠感受以及思考（feel and think）的機器（Minsky, 2007: 6-7）。Marsella et al.（2010）也指出由個人的情感資訊中可以透露出許多有關這個人的心理狀態。對情感的掌握是社會控制與人際溝通的必要條件。從實用的角度來思量，當人工行動者表現出具有情感與情

---

[1] "The question is not whether intelligent machines can have any emotions, but whether machines can be intelligent without any emotions."

緒時，它們更能夠讓與之交流的人們採取預期的相應行為，從而成為更有功效性的機器人（Marsella et al., 2010: 25）。

不僅在設計思考程序上我們不能忽略情感成分的重要性，對人類來說，具有情感的機器人或是能夠理解人類感情而給與恰當回應的機器人，也是人類情感實際需求所要求的。在〈數位伴侶時代中的誠信〉（"Authenticity in the Age of Digital Companions"）一文中，Sherry Turkle 引用許多她和同僚所做的心理實驗（Turkle et al., 2006; Turkle, 2004; Turkle et al., 2004），指出不論是孩童還是養老院的老人，都期待他們的機器伴侶（機器看護、機器狗、機器玩偶等等）是跟他們一樣有感情需要，而且可以表現情感回饋的。即使實驗者讓這些人了解機器伴侶的內在構造完全是機械性的，他們這種感情的期待並沒有減少。[2] 這種機械性伴侶的存在對於 2019 年開始的新冠疫情下的社會更是逐漸成為一種必要性。《紐約客》（The New Yorker）的 Katie Engelhart 報導，在 Covid-19 大流行期間，紐約市的老人和獨居者更加孤立，因為他們的家護社工人員都停止了家訪。紐約市加強了他們從 2018 年開始推出的「機器人寵物計畫（Joy for All Pets）」。「2020 年 4 月，在紐約的高齡服務處關閉了老人白日計畫和老人社區聚餐場所後，數週內市政府送出超過一千隻的機器貓和機器狗。到 2021 年 4 月（一年內），紐約市已經分發了 2260 只電子機械寵物。」（Engelhart, 2021）最有名的機器伴侶應該是 Sony 公司於 1999 年發行，極為受到歡迎的機器寵物狗 AIBO。AIBO 可以藉由搖尾巴、眼睛顏色以及肢體動作來表達六種情感：喜、怒、懼、哀、驚訝與憎惡，並且會因為

---

[2] 不過，Gray 與 Wegner（2012）根據 Mori（1970）的恐怖谷（Uncanny Valley）理論做出一系列實驗，得出來的結論是人們對於看來似乎有情感的機器人會感覺害怕不安。這個問題也許在日後出現可以表達情感的機器人後會自然消解。

主人的不同對待方式而發展變化出更多的反應。日本的一些機器寵物如 Paro 可以幫助安穩病人的情緒；小機器人 Palro 可以在老人療養院帶領老人做運動。這些機器寵物甚至沒有基本的人工智慧——它們只是被設計來執行機械性的動作和聲音。儘管如此，人們傾向於將無生命的物體擬人化並賦予它們情感，甚至到了癡迷的地步。[3] 這種情感投射也許是人在孤獨時候的一種自然反應，對當事人有很多的心理慰藉。舉例來說，Joseph Weizenbaum 的計算機程序 Eliza 引起了學生與該程序聊天的興趣，甚至想與它獨處。這被稱為「伊麗莎效應（the Eliza Effect）」。Turkle 也報告了她自己的研究：「從 1997 年到現在，我對這些與人交流的人造機器以及（市場上的）Furbies、Aibos、My Real Babies、Paros 和 Cog 進行了實地研究。這些機器的共同點是，它們所表現出的行為會讓人們感覺好像他們正在與關心自己存在的有情感的生物打交道。」（Turkle, 2018: 64）自 2016 年以來，喬治亞工學院一直在使用名為 Jill Watson 的 AI 助教軟體。一些學生甚至要求與 Jill 約會。在 2019 年，喬治利亞工學院更引介了社交助理 Jill Watson。學生不僅與 Jill 積極互動，而且在他們之間也積極參與交流（喬治亞理工大學 GVU 中心新聞）。這些研究的結論似乎表明，即使人們完全清楚對方是個人工的機械系統，他們仍然非常願意與其互動。

　　當然，有些學者反對這種擬真投射情感的作法。Robert Sparrow 批評這些機器伴侶只是一種「替代性夥伴（ersatz companions）」，複製人類之間各種社會與情感關係。如果人們開始對這種機器伴侶投入

---

[3] 舉例來說，Sony 在 2006 年終止維修 AIBO，由於許多持有人對 AIBO 的情感依戀，日本一家公司甚至為許多 AIBO 主持了佛家的告別式（White and Katsuno, 2021）。

情感，一方面是自欺，另一方面也是過於情感用事（sentimentality），
而違反了我們有正確理解世界的道德責任。因此他認為這樣的走向是
誤導性而且是不道德的（Sparrow, 2002: 306）。Rodogno 則認為情感
用事本身應該不必然有不道德性，但是他擔憂當機器伴侶在人類社會
成為普及的現象時，這種人一機之間的情感是否會取代人與人或是人
與動物之間真正的情感（Rodogno, 2016: 265-267）。Sparrow 指出即
使機器寵物可以激發人們的感情投射，但是由於機器狗本身不能真正
去愛其主人、真正具有盡忠、誠實、勇氣、關愛等等情感或是品德，
我們對它們的情感投射是一種「錯誤範疇的應用」（Sparrow, 2002:
313-316）。不過，Sparrow 承認一旦機器人能夠真正具有人格特性
與情感，他這些道德上的質疑就不存在了（Sparrow, 2002: 317）。
Turkle 也認為要在人類與其機器伴侶之間建立關係，重點不在於人類
如何感覺，而是在於機器如何感覺（Turkle, 2018: 64）。由以上這些
論點看來，我們在設計機器成為人類社會的成員，或甚至成為人工道
德主體時，必須超越僅僅是表面上傳達擬真式情感的模式，而是要能
加入真正具有人工情感的程序。儘管目前這些機器人寵物可以作為人
類夥伴的替代品而受到歡迎，它們並不能真正滿足人類的情感需求。
要讓社會孤立的老人或是獨居者擁有社交機器人，我們需要設計具有
智慧對話技能的機器人，能夠檢測對話者的面部表情、語氣和語音內
容的變化（亦即所謂的「情感人工智能」，或稱「情智」），並提供
老人和孤獨的人所需要的支持。人類渴望情感反饋。如果沒有情感的
反饋循環，老年人的社交機器人並不能真正填補他們的存在空白。作
為真正的伴侶，社交機器人需要理解人類的情緒，並且即使它們無法
真的擁有情感，它們至少需要看起來有情感。這些想法在最新的一些
有關機器人的小說中，比如 2019 年出版 Ian McEwan 的 *Machines Like
Me*，2020 年出版石黑一雄（Kazuo Ishiguro）的 Klara and the Sun，都

表達的淋漓盡致。甚至在 1920 年的捷克作家 Čapek 劇本 *R.U.R*（英文的 robot 一字就是他在這個劇本中首創的）中，那些萬能的機器人沒有情感設計，最後覺得不需要人類而徹底消滅人類，包括它們的設計者，只饒過一個總工程師。但是最後的結尾是這個總工程師發現一對男女機器人發展出願意為對方犧牲的愛情，而點出未來的希望。可見在文學家的想像中，機器人是一定要有情感的。

誠然，機器以其非生物性的結構，是無法像人類一樣自然產生跟身體反應連結的感情（比如人在憤怒時會面紅耳赤，在害怕時會心跳加速）。但是就如同我們可以用計算語言設計人工的智能，我們也可以用計算語言設計人工的情感。在 2000 年重印（原版 1997 年）的《情感性計算法》（*Affective Computing*）中，Rosalind W. Picard 定義「情感性計算法」為一種跟人類情感密切連結的計算方法，是個能夠以人類情感為數據資料而模擬或是回應人類情感的機器語言。她指出科學的證據顯示情感在理性的抉擇、知覺、學習，以及其他種種知性的功能中都扮演一個不可或缺的角色（Picard, 2000: x）。她引用著名的腦神經專家 Antonio Damasio 一個突破性的發現：當病人因為腦病變而缺乏情感時，他們在生活中種種方面都會無法作出正確的判斷而逐漸失去朋友、親人、工作、錢財。可見情感不見得會阻擾理性的判斷，反而能促進合理的抉擇。人腦如此，電腦亦然。我們通常認為電腦必然是邏輯、理性、可預測性的典範，但是電腦科學在這個純粹理性的走向下，卻少有突破，無法設計出能夠跟使用者的人類進行有意義的對話。如果電腦無法理解對話者的氣餒與憤怒，又如何能找出對話者想要的解決方案呢？因此要設計真正是有智慧的機器，我們就必須加入情感的計算，使得機器能與對話者共同解決困難的問題。Picard 在這本書的總結中表達她的期望：大多數的電腦工程師都忽視情感的重

要性，以致情感計算公式的設計還只是在發展的雛形，日後希望能夠有更多的研究員投入這方面的開發。[4]

第四節　機器人需要哪些基本的情感？

但是，給予人工智慧計算從而理解人類情緒的功能，並不代表這種機器人本身就具有情感。後者才是我們最大的理論挑戰。許多學者認為情感經驗的一個必要條件就是自我意識，而且是一種有如「現象意識（phenomenal consciousness）」，或是如 Thomas Nagel 所言感知「主體之特殊感受（what it is like）」的自我意識。他們認為要是缺乏自我意識以及現象意識的基本構成條件，機器人是無法擁有情感層面的。在這裡筆者想做個補充說明。英文中一般對 emotion 跟 feeling 做如此區分：emotion（情感）是外在的，可以用表情跟身體語言表達出來；feeling（感覺）則是內在的身心狀態，而且預設主體本身的自我知覺。機器人的人為構造的確是與「感覺（feeling）」的生理構成兩者互相牴觸的；人之「感覺」的生理性與先天性是機器人無法擁有的。所以，機器人是無法感受到主體之特殊感受（what it is like）」的自我意識或是現象意識的。另一方面，人的「情感」雖然也有生理條件做基礎，卻不見得是機器人所無法模擬的。所不同的是，人的自然情感與生俱有，如荀子所指出，人本為血氣之屬，天性偏愛己親，好利疾惡，人又致力於追求感官之享受：「目好色，耳好聽，口好味，心好利，骨體膚理好愉佚」。（《荀子‧性惡》）人的情感欲望來自其生理本性，無需構建。相較之下，在構造材質上，機器人不屬於

---

[4] 如今在 MIT（麻省理工學院）的媒體實驗室（MIT Media Lab）中有一個情感性算法的研究小組，而 Picard 就是這個小組的領導人。

血氣之類，不會偏愛其親，沒有感官之嗜欲，不會以私利私欲爭奪逞強，更不會有人情之種種不美。從荀子的理念來看，機器人似乎是比人類更為合適的道德建構對象。所以在我們考慮設計具有情感的機器人之時，必須先釐清我們的目的為何，以此作為設計的方案。在以機器人作為道德性主體而能和諧融入人類社會為主導之下，機器人的設計不應該是完全模仿人類所有的自然情感，而是要選擇性地輸入適當的道德情感以及有節制性的自然情感。根據中國的傳統分劃，人的自然情感包括喜、怒、哀、樂、愛、惡、欲，這些是屬於荀子所謂之「性」與「情」：「生之所以然者謂之性；性之和所生，精合感應，不事而自然謂之性。性之好、惡、喜、怒、哀、樂謂之情。」（《荀子・正名》）自然情感一般有身體生理上的附隨反應，因此要真正將這些自然情感輸入機器人的機械構造是不可能，而且也是不必要的。但是本文所提的模擬情感重點是在於道德情感以及有助於機器人情智的模擬性自然情感，而不是基於生理反應的感覺以及動物性的自然情感。所謂「模擬性情感」，是指機器人不僅需要有能夠符合人類在特定情境或是語境中適當表達的面容表情，而且要能在當下採取適合那些情感表達的行為模式。在這種意義下，我們可以說機器人有「情感的功能」。也就是說，我是採用功能主義（functionalism）的理論，以input（情境條件），其它心理狀態的連結關係，以及output（也就是行為）來分析情感。

　　本文所提出的情感性機器人有兩種進路：第一，給予機器人觀察人的表情、言語、行為，而能正確詮釋對方的內心情感的能力。第二，給予機器人模擬人類的自然情感，而能以適當的表情、言語、行為，表達出模擬性的自然情感（我們甚至可以稱之為「替代性情感（ersatz emotion）」。此兩種進路都是機器人與人類溝通的必要條件。Picard

的情感性計算法主要著重於機器如何能理解人類的感情需要而給與適
當的反應，她描述此能力為「情感智慧」（emotional intelligence）。
目前情感人工智慧（emotion AI）——運用人工智慧來偵測分析人類
的情感訊號，包括表情、文字、語音、身體語言等等——已經開始
有實際的運用。舉例來說，自 2016 年成立的行為訊號（Behavioral
Signals）這個公司正在研發如何引介情感智慧而彌補人類與機器交流
之鴻溝。他們的人工智慧設計針對人們在電話中的語音以及其它微妙
訊號（停頓、猶疑等等）所表達的情緒做敏感性的分析，進而提供對
顧客有用的訊息。[5] 另外一個類似的情感資訊分析的公司是 Cogito，
不僅分析電話中對方的語氣和聲音訊號，而且分析其內容中的隱含情
緒（Gossett, 2021）。這類的情感人工智慧逐漸在商業界得到重視，
也有許多大公司開始研發或使用（例如微軟的面容識辨以及 IBM 的
語音分析，蘋果併購的 Emotient 上市公司收集了無數的臉孔影像來
辨識不同的表情，而 Amazon 的 Rekognition 更是宣稱可以由表情來
分辨人們的七種自然情感）（Crawford 2021）。由 Picard 等人創辦，
MIT 實驗室衍生出來的 Affectiva 主辦的第四屆情感人工智慧高峰會
議（Emotion AI Summit）已在 2021 年舉行。另外我們也逐漸看到機
器人具有這種情感智慧。2014 年由 Softbank Robotics 所發行的機器
人 Pepper，就是在設計上賦予其藉由解讀人的表情與聲音來詮釋人們
情感的能力。Groove X 公司在 2020 年新上市的 Lovot 基本上是能夠
表達愛的機器寵物，可以對應人們的行為、語氣跟態度而做出不同的
表現。儘管目前以人工智慧來分析人類的情感仍是處於非常粗淺的層
面，而且其準確性受到許多批評（Crawford, 2021），日後在情感人
工智慧上的突破可以讓我們拭目以待。

---

[5] Behavioral Signals, https://behavioralsignals.com/aboutus/.

　　要建立情感性機器人的第二個目標，設計人工的模擬情感，則比較難想像和實現。MIT 的實驗室製造了一個能聽、能看、會說話、有不同表情的機器人叫做 Kismet。除了以上這個情感智慧解讀的目標，MIT 實驗室的 Kismet 更是以模擬性情感的目標作為設計方針。根據 Cynthia L. Breazeal 的報告，Kismet 的設計是受到動物倫理生態學（ethological）的啟發，在機器人的設計上建立與人互動、自保、追求幸福感（well-being）、體內平衡的穩定性（homeostasis）、以及休息（睡眠）的不同驅動器（Breazeal, 2003: 127-128）。Kismet 的情感系統的設計則是根據許多有關人類情感的理論。值得重視的是這種設計是以機器人本身的幸福感作為評估基準：「情感系統有助於實現讓機器人接近有利於己身的事物，並避免那些不可欲求或潛在有害的事物之目標」（Breazeal, 2003: 129）。Breazeal 認為讓機器人的情感反應模擬生物對於它們的社會化非常重要，因為在人類與機器人的交流之中，人們會自然期待機器人有類似人類的情緒反應。在他們的設計下，Kismet 具有觀察人類表情的能力，也有當喜則笑、當怒則嚴肅的種種表情。而在情感處理方面，Kismet 可以用不同表情來傳達動物性的基本情緒：恐懼、喜悅、憤怒、憂傷等等。當然目前在技術層面上 MIT 還無法真正設計出機器人的情感，所以對於 Kismet 的內在情感，其實是來自人們的同理心投射反應。也就是說，因為看到 Kismet 的這些表情，與它交流的人們詮釋 Kismet 的情感狀態，而採取他們認為 Kismet 所期望他們做到的行動。嚴格說來，Kismet 的情感表達其實是個由外至內的投射。我們真正要完成的目標是機器人本身由內至外的表達：它們的語氣、表情、身體語言能夠真正來自內在的情感計算。到那時候我們才能說機器人有了情感的維度。以 Breazeal 的設計理念，機器人的情感是以自我為中心：這些情緒可以促使機器人在遇到不同的環境刺激時給予正面或負面的評估，從而採取正確的行為

反應以維護其「幸福感」。儘管機器人的情感系統設計目前仍然是起步階段，日後出現具有複雜情緒的機器人在理論上並非不可能的事。

　　然而，給予機器人模擬人類的自然情感會有許多可預期的不良後果。如果機器人有感情，我們如何處理它們的負面情感？在 Ian McEwan 的小說《像我這樣的機器》（*Machines Like Me*）（2019）中，作為人類伴侶跟服務者的機器人往往受不了主人的無情使用，而在絕望下選擇自我終結或是自我殘害的手段。在史蒂芬史匹柏執導的《A.I. 人工智慧》（*A.I.: Artificial Intelligence,* 2001）電影中，機器男孩大衛因為渴求得到領養媽媽的愛，在聽過木偶奇遇記的童話故事之後，到處尋找能使他變成人類男孩的藍仙女。儘管大衛會愛人，但是他對愛的過度理想化也使得他對愛的需求幾乎變成一種癡迷。這些虛構的情況讓我們了解機器人情感智慧設計的兩難：一方面我們希望機器人能理解人類的自然情感，能夠給予適當的回應；另一方面我們要如何能夠避免模擬人類情感的機器人不會發展成為荀子心目中人性的自然彰顯：「偏險悖亂」，所謂「惡」也。（《荀子・性惡》）

　　筆者認為我們在設計道德機器人時，我們不是要把機器人設計的跟人類一樣，有種種人類的自然情感，包括喜怒哀樂愛惡欲，而是要慎選適當的情感，設計為機器人的運行系統，而有助於自主機器人作出合乎人類道德，並且不會傷害人類的正確決定。像 MIT 設計 Kismet 那樣以機器人本身的「幸福感」作為其情緒反應的基準是個錯誤的方向。人類追求己身的幸福感（包括快樂、安全、滿足、成功等等），這是我們作為人的權利，也是我們的自然欲望。但是機器人是我們設計出來的，機器人的情感系統不是生理反應或是進化演變出來的。我們沒有必要把一些人類自然有的負面性、攻擊性、傷害性的情緒反應也加在機器人的情感系統之中。對自然人來說，預先設計道德人是不可能做到的；我們只能在教育培養上作功夫。但是對於機器人

來說，既然一切都是預先設計出來的體制，那麼我們為何不審慎思考哪些情感是可以造成道德主體的先決條件？

　　本文建議我們以道德情感主義（moral sentimentalism）為出發點來思考道德機器人的設計。在設計有情感的機器人時，除了要製造可以辨識並且理解人類自然情感的機器知覺計算功能之外（在這方面已經有許多實際使用的模型），我們的重點是要在人工智慧的基礎上建構「道德的」情感，以助於機器人本身能做道德的抉擇。而這是道德哲學家最大的挑戰。西方的道德情感主義者基本上都強調「同情共感」或是「移情（empathy）」的道德重要性。當代的道德情感主義代表斯洛特（Michael Slote）主張同情共感是人類的道德生活，甚至是整個道德宇宙的「接合劑（cement）」（Slote, 2013）。一些在各個領域研究社會性機器人的學者也呼籲將共情共感作為社會性機器人情感維度的必要條件。例如，Vallverdú 和 Casacuberta 認為在醫療機器中「共情共感心是最重要的情感」。Leite 等人（2013 年）認為，能夠以共情共感方式行事的人工伴侶「在與用戶建立和維持積極關係方面更成功」（Leite et al., 2013: 250）。此外，Leite 等人（2012）展示了他們在開發具有共情共感能力的社會性機器人方面所做的努力，以用於教學目的，教孩子們如何下棋。其他致力於構建社會性機器人作為老人和孤獨伴侶的人也強調了他們的目標是在這些機器人中培養共情共感心。與這種共識相反，我認為在構想社會性機器人的背景下，共情共感心被高估了。我同意對於人類（以及一些動物，正如弗蘭斯‧德瓦爾（Frans de Waal）在他的動物研究中所印證的），共情共感是一種不可或缺的道德情感。然而，這只是因為人類與其他同一物種的成員具有相似的生理和心理構成，所以可以有這種移情現象。這種移情反應不是事先規劃的，不是推理的，也不是計算出來的，而是即時和自發的。神經科學家和心理學家一致認為，鏡像神經元

（mirror neurons）是人類共情共感能力的神經基礎。但是以機器人的機械性構造，這種血氣生理的感覺是無法建立的。斯洛特往往用「溫暖的感覺（warmth）」或是溫柔感（tenderness）來詮釋這種道德情感（Slote, 2013）。他認為就人類的心理構造而言，同情共感等同一種「熱血哺乳動物」的生理感覺（Slote, 2014: 231）。但是我們已經說明以機器人的機械性構造來言，這種血氣生理的感覺是無法建立的。機器人不是人類，也不是哺乳動物。他們實際上無法與人類建立共情共感並受到人類情感的影響。他們無法通過將自己置於人類對話者的角度來運用移情的想像力。移情作用都只是假裝的，不會帶有真正的心理力量。機器人的虛構移情反應只是由人類通過後者的移情和擬人化投射出來的，而不是機器人可以展示的。這種移情作用也可能有負面的效果：如果主體過於體會對方的感覺而心陷其中，無法自拔，那麼不僅無法幫助對方，而且自己反而成為受害者。因此這個道德情感主義的模式對於建立機器人的道德情感維度是無濟於事的。

本文提出我們用孟子的四端理論作為設計的主項。孟子所主張的四端之情感（惻隱之心、羞惡之心、恭敬之心、是非之心）是人類道德的基礎，而且人類社會的道德秩序足以在此四端之上建構。四端之情與人從生物演化而來的種種自然情感不同。從宋明清理學的討論中，我們已經看到理學家分辨四端跟七情（喜怒哀樂愛惡欲）的道德價值，將前者歸之於「性」，而將後者歸之「情」。這個區分在韓國儒學的「四七之辨」中更是被討論得淋漓盡致。特別強調四端跟七情有道德分別的學者（如朱熹、王夫之以及韓儒李退溪）主張七情屬於自然情感，本身不具有善惡價值，但是其動發力可以促進為善的行為，也可以造成惡行的泛濫，相對之下，四端則是純善的。在這個四端七情的區別上，我們在設計機器的人工智能時應該強調道德情感的建構，而不是僅在模擬人類的自然情感。不過，機器人必須具有能夠

正確解釋人類面容表情以及身體語言而理會對方之自然情感的「情感智慧」。建構機器的四端程式必須奠基於機器人對人類情感表達的人工智慧。同時，在四端的大架構規範之下，機器人還是應當具有一些理性化、節制化的自然情感：喜、怒、哀、懼、愛、惡、欲。這些情感的程式輸入可以幫助機器人更佳理解人類的自然情感，也可以更能以合乎人情的模式採取合宜的行動。但是因為機器人的情感表現可以設計為合理中節的表現，因此它們不會如人類一樣容易濫情、溢情、縱情。四端與七情必須結合起來。

　　藉由道德功能主義（moral functionalism）的模型，我對社會機器人的道德情感，是從相關環境的輸入、其內在數據處理和計算，以及其行為模式，來作為定義與解釋。孟子的四種道德情操描繪了人類普遍的心理傾向，這些傾向不是由身體反饋、面部表情、自主神經系統引起的，也不對應於身體的神經圖譜。換句話說，它們不是一種既表達情感又表達身體反應的身心狀態（psychosomatic state）。將這四種道德情感「功能程式化」也沒有像設計自然情感那麼困難。誠然，孟子和後儒都認為這些道德情操在一定程度上與我們的某些自然情感有關：惻隱之心類似於愛之情，羞惡之心與憤怒或是怨恨之情感有關。恭敬之心可能與恐懼和敬畏的情感相關聯，是非之心則與好惡的情緒相關聯。然而，這些道德情感不像自然情感那樣與身體的感覺反饋密切相關，而是與我們的道德判斷相關聯，並且伴隨著我們的道德判斷，因此是基於認知的。這些情操在我們身上的出現，以及我們在任何特定情境下做出的自發性道德判斷，形成了一個「反饋迴路」（feedback loop）：我們最初的道德判斷使我們傾向於擁有相關的道德情感，而擁有這些道德情感則更進一步鞏固了我們最初的道德信念。因此，任何物體要具備這些道德情感的先決條件包括理性、反思、自我意識和他者意識，以及對情境的敏感性。這些條件顯然是低級動

物無法滿足的。我們對道德社會機器人的設計目標是人為地構建這些道德情感，以體現在機器人的思維和行為中。正是因為孟子所提出的道德情感不是基於生物性的，所以它們比自然情感更可能被機械化地實現。

　　惻隱之心在孟子的描述是一種當下自發的心動之感，但是會有如此自發情感的基礎在於人固有的本性。這在社會性機器人的材質與情感共體上當然不能成立。但是，孟子的惻隱之心也是「不忍人之心」，也就是不忍人受難痛苦的心意。我認為這個心理條件可以建立在機器人的思考模型中。一個機器人的惻隱之心可以表現在它以面容表情辨識的能力分辨出對象的痛苦或哀傷的表情，從而判斷對方需要幫助。我們所需要設計的是機器人如何在這種情境中產生要幫助對象的意願。我們的設計程式或許可以用一個假設命題來建立：「如果見到某人有 {x, y, z, ….} 的表現，給予他適當的語言回應或是實質幫助。」也就是說，惻隱之心的設計是一種行為傾向，沒有主體與客體之間的移情作用的先決條件。機器人的惻隱可以通過它的情商來識別對方的痛苦或悲傷，以及它準備提供情感支持或實際幫助來表達的能力。

　　羞惡之心的重要性在於這個心理條件是個人道德實踐與社會公義重建的基礎。羞惡之心對社會監管和行為矯正而言是一個有力的媒介，同時，羞恥感為人們認為自己的行為在道德上可接受或不可接受設定了心裡的界限。它可以被看作是一個人的道德指南針，沒有它，一個人就不能成為一個自主的道德主體，受自己的道德意識的引導。羞惡之心是我們與生俱有的反應，但是充分發展羞惡之心的先決條件是社會文化。與我們與生俱來的羞惡之心一起培養出來的評價性判斷的內容必須在社會群體中發展出來——不管是通過有意的教育，還是長期地沉浸其中。每個在特定社會環境中的人都有一種自己或是他人行為充滿判斷力的羞恥感和厭惡感。這些判斷不是基於進化的，也不

是我們與生俱來的。因此，即使我們生來就有羞惡之心，我們也需要正確的社會文化來將情緒導向那種排斥不義行為的羞恥感和厭惡感。這樣的社會正義原則也正是我們建立機器人符合人類價值的契機。機器人的羞惡之心可以建立在機器人解讀人類羞惡的情緒反應的情感智慧，從而理解哪些行為表現應該得到公共的譴責或是道德的貶斥。配合機器學習（machine learning）的能力以及設計者事先建立的道德資料庫（而這些資訊也可以反應不同文化的共識）。通過強化學習（reinforcement learning，亦即一種透過獎勵所期望的行為，或是懲罰所不期望行為來訓練機器的學習方法），機器人可以學會避免採取此類行動，並且對他人的行動建立「不予認同」或甚至「應該勸止」的判斷。

　　孟子認為恭敬之心是禮的基礎。孟子曰：「恭敬之心，禮也。」（《孟子・告子上》）「辭讓之心，禮之端也。」（《孟子・公孫丑上》）恭敬辭讓之心包含對自己所處社會環境的尊重，對他人的尊重，以及對具有專業知識或權威的人士在舉止上表現尊重。對於人類，這種要求並不是僅僅在行為上維持一定的禮儀，而是一種內心態度的尊重。但是對於機器人，在我們無法設計內心感覺的階段，我們只能要求它們在言談舉止中表現這個心態。機器人的恭敬辭讓之心可以表現在它服從指令，永遠對人類表現恭敬謙卑，而絕對不會憑自己的強悍有力而胡作非為。這樣的設計可以避免 Picard 所提出的情感性機器的潛在威脅：機器要是擁有全能獨立的功能而沒有人類的監督制衡，有可能會發展成對人類有害的專制獨行（Picard, 2000: 127）。

　　最後，是非之心是人們辨別對錯是非的能力。孟子曰：「是非之心，智之端也。」（《孟子・公孫丑上》）是非之心也是我們與生俱來的，儘管有時人們對是非的判斷可能會隨社會文化不同而有所差異。擁有辨別對錯是非的能力是我們的天賦，而不是社會制約或文化

建構的結果。王陽明稱之為「良知」。在個體的是非之心方面，我們需要在服從公論與獨立思考之間找到平衡。機器人的是非之心可以表現在它對主人不合道德的指令採取質疑的態度，而不會成為惡人禍世的工具。也就是說，我們設計的人工道德主體必須要有個健全的道德指南針，在遇到道德難題或者質疑主人的不道德指令時，能夠最終作出不會傷害人類的決定。這種道德指南針的設定必須配合道德禁令（moral prohibitions）作為機器人的行為底線：在違反某些道德條件之下，機器人必須能夠「有所為，有所不為」。

　　以上恭敬之心與是非之心這兩個設計方案也許會互相抵觸，因此在設計上我們的道德資料庫不僅要列出道德上可接受與不可接受的行為，並且要將這些行為列出價值的比較數據或是取捨原則（比如說，說謊的負面價值應該會低於傷害人身的負面價值）。有這樣的資料庫的一個好處就是我們設計的機器人會有符合人類價值觀的歸納性（inductive）思路，另外也在這種歸納結論之上有四端的建構而做出適當的演繹性（deductive）結論。當然這些資料庫的成立會是道德倫理學家對人工智慧設計的重大貢獻，但是難度很高，而且必須集思廣益來完成。人類的道德思考往往有直覺成分，即使有人完全認同功利主義的多數利益高於個體利益的原則，在實際抉擇上也不見得會犧牲個人以成就大眾（電車的倫理難題就是一個很好的例子）。但是道德機器人的思考完全在乎我們的設計程式。即使機器人可以在不同情境中做不一樣的抉擇，基本上它們的思路還是有跡可循的。如何設計這樣的計算程式就是最大的挑戰，也許我們需要採取由下至上（bottom-up）的模式，在不斷的實驗中讓機器學習改進。不過，四端的建構應該是我們設計機器人的第一步，是由上至下（top-down）的模式。就如同在人類「四端」是人性的基本構造，我們在設計機器人時也應該把「四端」建構為機器的普遍原創（default）模型。在人類社會中扮

演不同服務性質的機器人當然還需要適合其工作要求的特定能力與相應的資料庫。但是，這個機器四端的設計可以預防具有超人能力的機器人日後成為人類的威脅。

第五節　如何在設計機器人上加入情感的層面？

在實際計算方程的構思方面，我們需要仰賴人工智慧的專家去思考如何設計機器學習的模式，以及如何建立機器情感智慧的計算法。這種研究通稱為「情感的計算模型（computational modeling of emotion）」。Reisenzein et al. 解釋這個研究的目標是：藉由建立情感的計算模式，以對人類自然情感得到更好的理解，從而以類似人類的情感結構來建構人工行動者的情感架構，讓其「具有」情感的能力。他們由功能主義（functionalism）的分析模型來界定情感：[6] 如果機器人在功能上能夠跟有情感的人類等同作用，那麼我們就可以說它們也具有情感（Reisenzein et al., 2013: 246）。這是個我們可以接受的人工情感的理論模式。也就是說：我們不期望真正讓機器人有「現象意識」上的「感覺」，而只要求它們在行為心理功能上表現的「猶如」有情感，亦即「替代性情感（ersatz emotion）」。這就需要人工智慧的情感計算方程。Reisenzein et al. 建議用心理學已有的情感理論來建立人

---

[6] 他們所使用的「功能主義」，是「因果角色的功能主義（causal-role functionalism）」：「心理狀態的定義部分是基於其在心理過程中的因果功能角色」（Reisenzein et al., 2013: 248）。也就是說，某些心理狀態會引發情感 x，而情感 x 又會引發另外的心理狀態 y 或是帶動行為 z。不過，他們也指出儘管對於情感之「因」心理學文獻大致可以有一致的看法，在情感之「果」方面，亦即情感如何帶動情緒與行為，則較少一致的意見。

工智慧的模式，因此他們首先提出對這些不同心理學理論之統合，[7]
而以統合好的「情感」概念體系或是形式語言來作為情感計算的藍
圖。我們可以預期在人工智慧的情感計算上，首要條件是建立對人類
情感分類的精密範疇，人類情感表達的共同模式，以及人類情感與其
行為動機之間的關係。這是需要不同學科，包括認知科學、心理學、
人類學以及哲學等的專家共同腦力激盪與實驗。此外，在機器學習方
面，設計者可以運用模擬情境而以人類的情感反應作為模仿對象。
Picard et al. 指出，機器與人之間的交流大體上是會模仿人與人之間的
交流，而不是如傳統所以為的主要是種數學的、語言的以及知覺能力
的建立（Picard et al., 2001: 1187）。Picard et al. 提出她們讓機器建立
理解人類情感的情感智慧的方法，和前面提過的人工智慧使用面容表
情或是語音口氣來分析情感不太相同之處，是她們選擇八種情感類別
（無感情、怒、恨、哀、柏拉圖式的愛、情人的愛、喜、與敬畏）的
生理反應模式（physiological patterns）之資料收集，來教導機器的情
感智慧學習（Picard et al., 2001: 1179）。由這些例子，可見在情感機
器人發展的兩種進路（模擬情感以及情感智慧）都有人在進行研究。[8]

　　在《設計社會化的機器人》（*Designing Sociable Robots*）一書
中，Breazeal 提倡我們對機器人的設計應該要強調它們的社會化，使
得它們能真正融入人類社會。社會化的機器人不僅需要有情感計算

---

[7] 他們指出根據 Strongman（2003）的統計，在心理學跟哲學領域中，至今至少有
一百五十多種有關情感的理論。

[8] Marsella et al.（2010）列舉情感計算的歷史與不同的運用方法，指出現有多種不
同的認知—情感架構理論。他們的觀察是這個研究方向仍然處於剛剛開發的階
段，理論不夠成熟，術語不一致（尤其是心理學與神經科學對「情感」一詞的
定義），實用上也沒有統一的目標（機器人僅僅有「情感智慧」還是真正有「情
感」）。近年來由於商業上的利用價值，情感計算（affective computing）一定
會快速發展，甚至被用來做出人類決定的基礎。這些問題必須認真處理。

的設計語言，更需要融入社會的條件：Breazeal 列出肢體存在（being there）、行為生動化（life-like）、能夠正確認知人類的行為言語表情（human-aware）、同情理會（empathy）、自我理解（understand its own self）與被理解性（readability）、社會情境中的學習（socially situated learning）等等基本要求（Breazeal, 2002: 6-12）。社會化的機器人可以了解自己跟人類的社會關係，能夠在與他人接觸的過程中學習適應，能夠透過共同的經驗而同情體會他人的需求，進而更加理解自我，她總結說：社會化的機器人要有「如人類一般的社會智慧（socially intelligent in a human-like way）」（Breazeal, 2002: 1）。社會智慧必然包括情感的認知與表達。純粹理性的計算公式不會達成社會智慧。社會化的機器人更是未來人工智慧發展的必然趨向。如 Kismet 儘管還是處於嬰兒期的發展階段，正是以有情感，能夠與人交流的機器人為設計的模型。可見這樣的設計程式並不是不可能的。如果我們日後會有這樣的機器人在我們的社會中，贏得我們的情感與信任，那麼我們不僅要求它們有如 Breazeal 所建議的社會智慧（social intelligence）的設計，更需要強調 Picard 所建議的情感智慧（emotional intelligence）。哲學家，尤其是對社會道德倫理進行思考反省的哲學家，對人工智慧與社會性機器人的發展不能不關切，也絕對不能等到這樣的機器人已經設計出來了，才參與機器人之社會智慧與情感智慧的構思。

參考文獻

Allen, Colin, and Wendell Wallach, Iva Smit. "Why Machine Ethics?" *Anderson & Anderson* (2018): 51-61.

Anderson, Michael, and Susan Leigh Anderson eds. *Machine Ethics*. Cambridge: Cambridge University Press, 2018.

Behavioral Signals, https://behavioralsignals.com/aboutus/.

Breazeal, Cynthia L. "Emotion and Sociable Humanoid Robots." *International Human-Computer Studies* 59 (2003): 119-155.

Breazeal, Cynthia L. *Designing Sociable Robots*. 1st Edition. Cambridge: MIT Press, 2002.

Crawford, Kate. "Artificial Intelligence Is Misreading Human Emotion." *The Atlantic* (2021), https://reurl.cc/pMMyVl (April 27, 2021).

Engelhart, Katie. "What Robots Can—and Can't—Do for the Old and Lonely." *The New Yorker* (2021), https://reurl.cc/NRR6Le (May 24, 2021).

Gossett, Stephen. "Emotion AI Technology Has Great Promise (When Used Responsibly)" (2021), https://bit.ly/3Bh1zCt (March 2, 2021).

Gray, Kurt and Daniel M. Wegner. "Feeling Robots and Human Zombies: Mind Perception and the Uncanny Valley." *Cognition* 125 (2012): 125-130.

Leben, Derek. *Ethics for Robots: How to Design a Moral Algorithm*. London: Routledge, 2019.

Leite, Iolanda, and André Pereira, Ginevra Castellano, Samuel Mascarenhas, Carlos Martinho, Ana Paiva. "Modelling Empathy in Social Robotic Companions." In L. Ardissono and T. Kuflik eds., *Advances in User Modeling*. UMAP 2011. Lecture Notes in Computer

Science, Vol. 7138, XXX. Berlin, Heidelberg, 2012.

Leite, Iolanda, and André Pereira, Samuel Mascarenhas, Carlos Martinho, Rui Prada, Ana Paiva. "The Influence of Empathy in Human-Robot Relations." *Journal of Human-Computer Studies* 71 (2013): 250-260.

Marsella, Stacy, and Jonathan Gratch, Paolo Petta. "Computational Models of Emotion." In Scherer, K. R., T. Bänziger and E. Roesch eds., *A Blueprint for Affective Computing: A Sourcebook*. Oxford: Oxford University Press, 2010, pp. 21-45.

Minsky, Marvin. *The Society of Mind*. 1st Edition. New York: Simon & Schuster., 1988.

Minsky, Marvin. *The Emotion Machine: Commonsense Thinking, Artificial Intelligence, and the Future of the Human Mind*. New York: Simon & Schuster, 2007.

Mori, Masahiro. "The Uncanny Valley." *Energy* 7.4 (1970): 33-35. Originally published in Japanese. Authorized English translation by Karl F. MacDorman and Norri Kageki is available at IEEE site (https://bit.ly/3L4B4nn), 2012.

Picard, Rosalind W. *Affective Computing*. Reprint Edition. Cambridge: MIT Press, 2000.

Picard, Rosalind W., Elias Vyzas, and Jennifer Healey. "Toward Machine Emotional Intelligence: Analysis of Affective Physiological State." *IEEE Transactions on Pattern Analysis and Machine Intelligence* 23.10 (2001): 1175-1191.

Reisenzein, Rainer, and Eva Hudlicka, Mehdi Dastani, Jonathan Gratch, Koen Hindriks, Emiliano Lorini, John-Jules Ch. Meyer. "Computational Modeling of Emotion: Toward Improving the Inter- and Intradisciplinary Exchange." *IEEE Transactions on Affective*

Computing 4.3 (2013): 246-266.

Rodogno, Raffaele. "Social Robots, Fiction, and Sentimentality." *Ethics Information Technology* 18 (2016): 257-268.

Slote, Michael. *A Sentimentalist Theory of the Mind.* Oxford: Oxford University Press, 2014.

Slote, Michael. *Moral Sentimentalism.* Reprint Edition. Oxford: Oxford University Press, 2013.

Sparrow, Robert. "The March of the Robotic Dogs." *Ethics and Information Technology* 4 (2002): 305-318.

Strongman, Kenneth T. *The Psychology of Emotion: From Everyday Life to Theory.* 5th Edition. Wiley Publishing, 2003.

Turkle, Sherry and Cynthia Breazeal, Olivia Dasté, Brian Scassellati (2004). "Encounters with Kismet and Cog: Children Respond to Relational Artifacts." https://bit.ly/3D0wuUU.

Turkle, Sherry and Will Taggart, Cory D. Kidd, Olivia Dasté. "Relational Artifacts with Children and Elders: The Complexities of Cybercompanionship." *Connection Science* 18.4 (2006): 347-361.

Turkle, Sherry. "Authenticity in the Age of Digital Companions." In *Anderson & Anderson* (2018): 62-76. Originally published in *Interaction Studies* 8.3 (2007): 501-517.

Turkle, Sherry. "Whither Psychoanalysis in Computer Culture?" *Psychoanalytic Psychology* 21.1 (2004): 16-30.

Vallverdú, Jordi, and David Casacuberta. "Ethical and Technical Aspects of Emotions to Create Empathy in Medical Machines." In S.P. van Rysewyk and M. Pontier eds., *Machine Medical Ethics, Intelligent Systems, Control and Automation: Science and Engineering* 74 (2015): 341-362.

White, Daniel, and Hirofumi Katsuno. "Toward an Affective Sense of Life: Artificial Intelligence, Animacy, and Amusement at a Robot Pet Memorial Service in Japan." *Cultural Anthropology* 36.2 (2021): 222-251.

第十三章
跳出「人類中心主義」的
另類人工智慧省思

曹家榮 *

> 人們擔心電腦會變得太聰明進而將支配整個世界，但真正的
> 問題其實是電腦太愚蠢而它們已然支配了我們的世界。
>
> （Domingos, 2015: 286）

第一節　前言

　　人工智慧自 1950 年代發展以來，已歷經數波「寒冬」（Bostrom,
2014）。然而，隨著晚近電腦運算能力的突破性進展，以及各類數據
化（datafication）技術的實現所帶來的「巨量資料」，對於某些人來
說，打造人工智慧不再是無法實現的夢想（Russell, 2019）。且不論
人工智慧的「寒冬」是否真的不會再臨，可以肯定的一件事情是，今
天在生活的數據化與演算法的交織作用下，不管是所謂人工智慧還
是智能機器，確實已對我們的日常生活產生巨大的影響。甚至，不
只是在過去所謂「虛擬」的線上世界——像是社群媒體、搜尋引擎等
等——如今就連「實體」的線下生活也充斥著「他們」的身影：越來

越多人依賴 Google Map 指引方向、越來越多地方（或東西）透過人臉辨識進行管制、更不用說真的開始穿梭在城市中的自駕車。

　　然而，除了期待著人工智慧的到來之外，對於關注人工智慧議題的另一些學者來說，這種從「人類中心」的視角出發打造的智能機器，其發展也漸漸凸顯出了人類中心主義的問題。在這篇文章中，我們一方面將說明，在所謂「能像人一樣思考」的「強」人工智慧還遙不可及的今天，越來越多「弱」人工智慧已然遍佈、深入我們的日常生活之中，並造成重大且深遠的影響；另一方面，我們也將提議一種跳出人類中心主義的觀點，從更複雜、異質的角度去考量人工智慧的發展及其行動後果。

第二節　AI 與日常生活

　　多明戈斯（Pedro Domingos）在 2015 年出版的 *The Master Algorithm* 一書中，寫下本文開頭的那段引文，正是我們討論的起點：也許，在擔憂強人工智慧的宰制之前，我們——特別是人文社會學者——更該小心關注那些「不那麼聰明」卻已然決定著我們的生活、甚至部分人之生命的弱人工智慧（或稱應用型人工智慧）。

　　如同前段所述，人工智慧發展的起點帶有濃厚的「人類中心主義」意味。這指的是，一方面，試圖發明一個能像人類般思考的機器，這意圖本身凸顯出現代人對於「理性」——特別是科學理性——的信念。亦即，現代人深信「理性」不僅可以使人類征服自然環境，更可能創造出與人具有同等理性思維能力的機器。換言之，正是這種對於「理性」能力的確信，反映出人類將自身視為處於與萬物有別的、甚至有資格主宰萬物的特殊位階。另一方面，在發展人工智慧的過程中，科學家們採用的方法與判準，皆是以「人」的思維運作與學習模

式為基礎——例如知名的「圖靈測試」。這也就意味著所謂的「智慧（或智能）」被化約為僅有一種形式與標準，亦即：如人一般。這則可說反映了人工智慧發展過程中第二層次的「人類中心」傾向。

　　不過，目前所見普及於日常生活中的「弱」人工智慧，多半僅被看作是人的「工具」，因為通常這些弱人工智慧無法自行設置目標，目標是由「人」給定的。但也正是這樣的工具觀使得人工智慧的發展不斷地衍生出各種問題。將「科技」視為工具，是典型的人類中心主義思維：人被視為是唯一具有決策與設定目標能力的控制主體，而各類科技物都只是達成人所設定之目的的手段或工具，是被動的、中性的、無自主性的客體。這種工具觀點，即便在人工智慧的發展與應用中，依然是一種預設立場。例如，格林（Ben Green, 2019）在反思包含了人工智慧在內的各種智慧科技如何影響近年來所謂「智慧城市」的發展時，便認為許多科學家總是盲目地認為只要我們能夠有最佳的科技工具，就能實現智慧城市的目標。於是，我們往往就難以察覺人工智慧的發展與應用實際上如何影響了自身的生活。或是，通常將這樣的影響看作是「設計錯誤」或「人禍」。

　　然而，至今已有無數案例顯示，這一「工具」本身早已脫離了人的「控制」。例如，Google 在 2015 年推出了以卷積神經網絡[1] 為基礎的相簿自動標籤系統，它可以依據照片中的物體辨識自動地分類照片。但一位使用者卻發現，他與他的朋友（兩位非裔美國人）的照片竟被分類為「大猩猩」（gorillas）。這顯然踩到種族歧視紅線的行為，恐怕是 Google 始料未及的「非意圖後果」。這並非特例，許多以機器學習演算法為基礎的臉部辨識系統，往往能更好地識別出白

---

[1] 卷積神經網絡屬於深度學習演算法的一種，其發展可追溯至 1980 年代，而最主要的奠基者被認為是勒丘恩（Yann LeCun），相關介紹可參考米歇爾（2019）。

人男性，相較來說女性或非白人的臉則較難被識別。甚至，米歇爾（Melanie Mitchell, 2019）指出，某些數位相機的臉部識別軟體還更常在亞洲人的照片上標記「眨眼」（因為亞洲人笑起來時眼睛較小）。後續的研究雖然發現，這涉及的是用來訓練人工智慧的「資料」問題。但這並不意味著我們只要「控制」好訓練資料即可解決這一困境。下文中我們會進一步說明，實際上人工智慧運作牽涉到的複雜、異質的過程使得「控制」是不可能的。

　　更嚴重的案例則可以在另一科技巨頭 Amazon 引發的爭議中看到。Amazon 在 2014 年開始嘗試以人工智慧來篩選履歷，透過將應徵者分級，人力資源部門可以有效地進行徵募人才的工作。然而，根據報導指出，Amazon 在 2015 年發現這個人工智慧系統有問題，在篩選過程中會產出帶有性別歧視的結果——女性較不容易獲得高分。這個案例中，人工智慧的「行動」——作為第一階段的「面試官」——直接地影響了某一群人的生活機會。當然，可想而知，Amazon 不會是唯一犯下這種錯誤的公司。弗萊（Hannah Fry, 2018）也曾指出類似的狀況，一項自 2015 年便開始進行的研究證明了，Google 提供給上網女性的高薪經理人職缺廣告數量，遠遠低於提供給男性的。換言之，無論我們是以為可以透過人工智慧更「客觀」地篩選人才，還是相信上網搜尋工作職缺時，人人都能得到相同的結果，我們實際上都沒有真正實現預期的目標。人工智慧的運作並非單純受控制的工具。

　　過去關注人工智慧現象的學者已指出這種工具觀點的問題，並主張我們必須注意人工智慧——或是其運作基礎：演算法——本身的「行動」。英特羅納（Lucas Introna, 2011, 2016）便指出，透過編碼程序的運作，演算法展演出某種意義上的行動或能動性，因此可被視為一種「代理行動者」（delegated agents）。舉例來說，最單純地，當我們使用電子郵件系統的垃圾郵件過濾功能時，即是將「過濾垃

圾郵件」之任務交付給演算法。或是說,當我們採用人臉辨識作為各類驗證或通關機制時,也同樣是將個人身分識別之任務交付給演算法。此外,布策(Taina Bucher, 2018)在社群媒體平台的研究中指出,平台演算法的運作應被看作是一種「展演性中介」(performative intermediaries),換言之,它並非僅僅再現社群中的各類關係,而是透過各種機制形塑了這些關係。最簡單的例子便是臉書(Facebook)如何決定你在動態消息中可以看到或多快可以看到誰的更新資訊。我相信我們不乏這類的經驗:即便我們追蹤了某位朋友,但卻經常還是沒看到他的最新資訊。布策(2018: 4)將這種關係的建構稱為「編程的社交性」(programmed sociality),亦即,使用者的關係實際上是在演算法的運作中被構連起來的,我們並不是單純將社會關係轉移至平台之上。麥肯齊(Adrian Mackenzie, 2015)在針對機器學習(machine learning)演算法運作的研究中,同樣也指出機器學習預測的「展演性」問題。例如,當一個推薦系統有效地透過定向廣告讓消費者採取某個消費行為,這可能就會導致整體消費市場的轉變。換言之,預測模型越有效,它就越不僅是「再現」,而是一種展演行動,亦即,其預測本身成了一種具改變力量的行動。

因此,即便是「弱」人工智慧,也從來不只是工具。弗洛里迪(Luciano Floridi)(2014)便曾指出,在過去數十年發展人工智慧的過程中,真正驚人的改變並不是「強」人工智慧的出現——還差得遠——而是我們的環境已逐漸順應著「弱」人工智慧的運作而改變。以某種可以呼應多明戈斯的方式,弗洛里迪說,這就好像是為了其實沒有變得更有「智慧」(intelligent)的「聰明科技」(smart technologies),打造了更舒適的互動環境。例如,在前述 Amazon 的「履歷篩選歧視」案例中,問題出在:為了讓人工智慧可以「聰明地」幫忙篩選人才,環境被調整成順應著它的樣態。也就是說,關於一個

申請者的能力與特質皆被化約為履歷文件，甚至這些履歷文件還會經過進一步的格式轉換，變成可機讀的資料呈現給人工智慧系統。如此一來，在訓練的過程中，人工智慧也就更容易受有限資料既有的性別偏向影響，產出具歧視性的行動結果。

　　弗洛里迪的觀點具有更深一層的啟發性，亦即：或許我們在考量一個科技物的行動之外，更進一步地，我們也許不該將其「獨立」來看。用弗洛里迪的話來說，其實科技物的運作經常是透過改造環境，將其變成包覆起來（enveloping）的小世界（micro-environment），以利科技物的行動。例如，弗洛里迪即認為，若未來某天 Amazon 真的實現無人機送貨的目標，可能不會是因為「強」人工智慧到來，而是無人機行動的環境已然被改造成順應其有限能力的樣態。[2] 這種將科技物的運作視為一個整體環境的打造的觀點，可以進一步從晚近新物質主義的視角加以詮釋。

第三節　AI 在（共同）行動：新物質主義觀點

　　如果我們跳出人類中心主義，甚至不再將人工智慧看作是「獨立的」科技物，這將讓我們得以從不同的視角來看待人工智慧帶來的影響。相較於將科技物視為個別的工具，這種不同的視角可被稱為一種「關係性」的角度。也就是把人工智慧的「行動」看作是「一群」或「一連串」行動的一部分。弗洛里迪（2014）所謂「包覆起來的小世界」，也就可以被理解為：人與其他非人的科技物、物質都順應著某種態勢，成為「一群行動」的一部分。[3] 本文接著將指出，那麼，我們或許可

---

[2] Amazon 的無人機送貨計畫從 2013 年啟動，直到 2020 年才獲准在美國進行測試。
[3] 弗洛里迪（2014）在 *The Fourth Revolution* 一書中表達出類似「去人類中心主義」

以在這樣不同的視野中，更清楚看見「弱」人工智慧的真正影響「強」度。

哲學家班尼特（Jane Bennett, 2010）在倡議所謂新物質主義（new materialism）[4]的觀點時，曾經以一個頗有意味的譬喻來說明這種關係性的狀態：「一群」行動的相互影響，就好像是丟進池塘裡的小石頭，小石頭本身引發的漣漪可能是「人」的行動，但在池塘中其他物質帶來的波動、擾流也不斷地影響著漣漪的流變。此外，班尼特也曾借用中華文化傳統的概念「勢」（shi）來形容「一群」行動的聚集樣態。所謂的「勢」乃是由各類事物以某種特定配置所形成的傾向，在聚集所苗生的「勢」之中，個別的行動者、事物也都會受到影響與改變。

不管是漣漪還是「勢」的隱喻，這類新物質主義的概念其實都是在凸顯所有「物」之間的相互連結，以及總是在影響與被影響著（affect and be affected）。對於這種相互影響的關係性，理解上需掌握的關鍵在於：此處的「影響」（affect）並非傳統以「人」為中心想像的那種有意識、有意圖的影響。新物質主義取徑的學者們多半認為這種相互影響的作用力源自於不同的身體、形體與態勢之間。班尼特

的觀點。他主張，人類至今歷經了四次重要的科學革命，每一次都根本地改變了人類對於自身的認知。第一次，「哥白尼革命」將「人」移出宇宙的中心；第二次，「達爾文革命」，讓「人」不再截然區分於動物王國之外；第三次，「佛洛依德革命」，戳破了笛卡兒式的純粹意識；以及如今的第四次革命，讓我們察覺到自身僅是「其中一種」資訊有機體（informational organisms; inforgs）。在他看來，所謂的「第四革命」正是由於電腦的發明導致人類再也不是唯一的「能思者」，只是在「資訊界」（infosphere）中眾多的行動者（資訊有機體）之一。

[4] 「新物質主義」並不是單一的、甚至也不是全然同質的理論取徑，但在福克斯與阿爾德雷德（Fox and Alldred）（2017）的闡釋中，新物質主義觀點的理論都有著「物質轉向」（turn to matter）、拒斥人類中心主義的共同出發點或關懷。

（2010: 21）指出，這即是哲學家史賓諾莎（Baruch Spinoza）早已闡明的，作為一個身體或形體，其持續地影響（affecting）其他的身體，同時也被其他身體所影響。在克勞（Patricia T. Clough, 2018: 23）的詮釋中，這種相互影響的「力」乃是「一種向未來現實化開放的一種無質地的強度向量（a vector of unqualified intensity opening to future actualization）」。換言之，它並非某種顯明的、已確定的作用力，相反地，它比較像是一種內蘊的潛勢、潛在作用力，僅會在特定情境作用實現後，才在主觀經驗中形成某種可述的感受。

舉例來說，我們在使用 Instagram 這類社群媒體平台時，人、手機觸控螢幕、應用程式數位系統之間便形成了相互影響的關係（曹家榮、陳昭宏，2022）。從新物質主義的觀點來看，此時並不單純是「人」在使用著 Instagram 這個應用程式。「人」是這一連串（或一群）行動中的一部分，但觸控螢幕上的感測元件的運作、應用程式內部系統中透過電路元件運作產生的資訊傳遞與運算，這些非人的物也正參與著這一連串的行動。因此，當使用者的拇指在螢幕上滑動位移時，這本身乃是一種作用力，在此一態勢被人類行動者解讀為「滑手機」之前，即已對手機螢幕上的觸控感測元件產生影響——或無影響，若感測元件「故障」時——接著，觸控感測元件會向應用程式系統內部傳遞資訊，並引發螢幕上進一步的視覺反饋，例如，顯示下一個好友的限時動態。此時，這個被一連串促動機制生成的限時動態照片本身作為一個有形體的物件，會影響著正在觀看的使用者，它可能會（或不會）促發當下使用者的某種情緒或行動（例如按「愛心」）。因此，回顧前述一連串的過程，從新物質主義的觀點來看，實際上一位使用者在使用 Instagram 當下形成的感受或行動，並非單純受到傳播「內容」的影響。實際上，從觸控螢幕感測元件是否被促動、什麼樣的限時動態圖片會被呈現、乃至於此一限時動態圖片自身生成過程的一連

串機制等等，這一「群」被組裝起來的各類異質行動才真正形塑了使用者當下的經驗狀態。

又例如，澳洲社會學家盧普頓（Deborah Lupton, 2019）在 *Data Selves* 一書中即曾指出，各種穿戴式裝置的應用程式（APP）猶如有行動能力的物質客體，與人類使用者共同行動，並改變了「人」想像「自我」的方式。換言之，當我們與智慧手環上的人工智慧系統「組裝」在一起後，其影響不僅是產出的決策後果——例如，判斷你是否「健康」——更在於我們開始變得「像它一樣」地思考，例如，開始覺得跑步時心率若未達多少數值，便是自己運動量不足。這個轉變意味著：我們對於自身的運動感受，已被轉譯為某種可計量的數值。又或者如筆者自身的經驗，在某個餐酒聚會的夜晚，隨著酒精在體內產生作用，我正感到微醺時，左手手腕上的 Apple Watch 突然傳來劇烈的振動。我抬起手腕看了螢幕上的訊息，它警示我已維持心跳超過 130 下長達 10 分鐘。在那一刻，手腕上的劇烈振動作為 Apple Watch 整體人工智慧系統的行動展演，觸發了我的緊張感受，接著我意識到有某個緊急事件正發生著，再透過螢幕上傳達的警示資訊，我才「知道」原來自己已心跳如此快速那麼長一段時間。在以上的案例中，都不是作為獨立認知主體的「我」在解讀資料的客觀再現，而是「我們」這個組裝整體——人類使用者、穿戴式裝置感測器、人工智慧運算系統、物質化資料等等——正共同理解著我們自身。

此外，對於現今的鍵盤世代來說，社群平台的生活也經歷了類似的轉變。例如，前文中我們已提及布策（2018）的「編程的社交性」與「可計算的友誼」（computable friendships）這兩個概念。這兩個概念背後指向的都是社群平台演算法對於人們社交生活產生的影響。像是「臉書上的朋友」這樣的關係，經常是建立在平台演算法之上的——「我們是透過臉書『推薦』加的好友」、「我們只是偶爾會互

相按對方讚的朋友」之類的關係如今越來越多。布策（2018）對此現象的描述相當生動，他說，這就好像以某種方式我們被「輕推」了一把，開始覺得這些動態消息的更新是重要的，我應該關注這些值得關注的消息。這樣說並不是要主張臉書上的友誼是較不自主生成的，而是要說：我們相互關連成為「朋友」的方式，是高度受演算法系統中介與調控的。而以本文的新物質主義觀點來看，這也就意味著：隨著我們與社群平台組裝起一種理所當然的「世界」後，「朋友」的意義也不知不覺間有了新的定義。

第四節　結語：共同走向未來

　　因此，將人工智慧的行動看作是「一群」行動的一部分，這意味著人工智慧的運作不再單純是「執行指令」。「執行指令」是一種單向的操作與影響：「人」作為操控者施加作用力改變「工具」（人工智慧）的狀態，例如，當我將照片上傳至 Google 相簿，並執行自動分類，Google 的圖像辨識人工智慧便開始運作。相反地，當人工智慧被看作為「一群」行動的部分，則是意味著人工智慧與其他「行動者」——包括我們這些「人」——就像是共同被「組裝」（assembled）在一起，彼此相互影響。也就是說，如果先稍微簡化地只看「群」之中人與人工智慧的關係，這意味的是「人」的生活與行動在其中也同樣受到影響與改變。這裡指的不只是因為某個人工智慧產出的決策而造成的影響——例如，在人工智慧的判讀下導致撞車事故。而是當人工智慧成為與「人」相連結在一起的某個行動群體後，「人」本身也不可避免地受到影響與改變。且這一改變經常是我們「人」難以察覺的，因為當一個行動群體組裝成形後——或者用弗洛里迪（2014）的說法，當我們被包裹進一個小世界中——某種理所當然的預期將導引

著人們的所思所行。

　　本文嘗試提供一種新物質主義的觀點，幫助我們跳出人類中心的思維模式，重新從關係性、過程性以及異質行動的角度，來思考人工智慧發展帶來的問題。過去關注相關現象的學者中，已經有些學者轉向這種關係性的視野，值得進一步參考。例如，前文中已提過的布策（2018: 20）便指出，演算法並不是獨自運作著，而是需要被看作是更大的關係與實作網絡的一部分。人文地理學者基欽（Rob Kitchin, 2017: 16）有類似的主張，認為演算法應被看作鑲嵌在更廣的社會—科技組裝體（socio-technical assemblages）中。布埃諾（Claudio Celis Bueno, 2020: 75）則是借用德勒茲（Gilles Deleuze）的概念，主張必須將演算法看作是一個更大的集體裝置（collective apparatuses）的一部分。威爾遜（Michele Willson, 2017: 141）更是以複雜的生產性過程（generative processes）來形容演算法的關係性，他主張演算法「需要與其他互動的系統與結構溝通，它需要向其他系統與實體說話或被閱讀」。

　　最後，回到本文的標題，這是一個矛盾的起點：嘗試以跳出「人類中心」的視野，反思起源於「人類中心」渴望的人工智慧。但本文相信，在循著人類中心主義探索如何打造「像人一樣」思考的機器之外，我們今天另一個同樣重要的任務是：跳出人類中心主義，藉由新物質主義視角批判地檢視：我們如何逐漸被包覆進與「不那麼聰明」的人工智慧的組裝整體中？在這一組裝的整體態勢中，「人」自身又經歷了什麼樣的影響與轉變？進而才有可能往前推想，若人工智慧的發展勢不可免，那什麼樣的形式才是最合宜的共生樣態？在人工智慧領域有著重要貢獻，同時也深刻地反思著人工智慧發展問題的羅素（Stuart Russell, 2019），曾指出，今天關鍵的問題在於：我們如何確認那個夠聰明的人工智慧機器所設定的目標是與我們相同的？稍微

挪用這句話，我們或許可以說，先不論人工智慧何時才「夠聰明」，今天我們可能就需要去問的是：當我們被包覆進與人工智慧機器共同行動的組裝整體時，我們的目標還會是自以為作為獨立自主決策者的「我們的」目標嗎？

參考文獻

曹家榮、陳昭宏，〈組裝行動與混成的情感：Instagram 使用者的憂鬱書寫、連結與共生〉，《新聞學研究》第 150 期，2022，頁 97-148。

Bennett, Jean. *Vibrant Matter: A Political Ecology of Things*. Durham: Duke University Press, 2010.

Bostrom, Nick. *Superintelligence: Paths, Dangers, Strategies*. Oxford: Oxford University Press, 2014.

Bucher, Taina. *If...Then: Algorithmic Power and Politics*. Oxford: Oxford University Press, 2018.

Bueno, Claudio Celis. "The Face Revisited: Using Deleuze and Guattari to Explore the Politics of Algorithmic Face Recognition." *Theory, Culture & Society* 37.1 (2020): 73-91.

Clough, Patricia. *The User Unconscious: On Affect, Media, and Measure*. Minneapolis: Univ of Minnesota Press, 2018.

Domingos, Pedro. *The Master Algorithm: How the Quest for the Ultimate Learning Machine Will Remake Our World*. New York: Basic Books, 2015.

Floridi, Luciano. *The Fourth Revolution: How the Infosphere is Reshaping Human Reality*. Oxford: Oxford University Press, 2014.

Fox, Nick and Pam Alldred. *Sociology and the New Materialism: Theory, Research, Action*. Thousand Oaks: SAGE, 2017.

Fry, Hannah. *Hello World: Being Human in the Age of Algorithms*. New York: W.W. Norton & Company, 2018.

Green, Ben. *The Smart Enough City Putting Technology in Its Place to Reclaim Our Urban Future*. Cambridge: MIT Press, 2019.

Introna, Lucas D. "Algorithms, Governance, and Governmentality: On Governing Academic Writing." *Science Technology and Human Values* 41.1 (2016): 17-49.

Introna, Lucas D. "The Enframing of Code: Agency, Originality and the Plagiarist." *Theory, Culture & Society* 28.6 (2011): 113-141.

Kitchin, Rob. "Thinking Critically about and Researching Algorithms." *Infromation, Communication & Society* 20.1 (2017): 14-29.

Lupton, Deborah. *Data Selves: More-than-human Perspectives*. Cambridge: Polity, 2019.

Mackenzie, Adrian. "The Production of Prediction: What Does Machine Learning Want?" *European Journal of Cultural Studies* 18.4-5 (2015): 429-445.

Mitchell, Melanie. *Artificial Intelligence: A Guide for Thinking Humans*. New York: Farrar, Straus and Glroux, 2019.

Russell, Stuart. *Human Compatible: Artificial Intelligence and the Problem of Control*. New York: Viking, 2019.

Willson, Michele. "Algorithms (and the) Everyday." *Information, Communication & Society* 20.1 (2017): 137-150.

第四篇

技術文化面

第十四章
亦步亦趨的模仿還是超前部署的控制？
——AI 的兩種能力和它們帶來的挑戰

邱文聰[*]

第一節　前言：技術物的政治性作為人工智慧科技的社會爭議起源

　　正如同許多新科技在應許文明進步福音的同時，往往也帶來社會不安，人工智慧科技在拉開第四次工業革命序幕之際，也引發威脅民主與人權價值的隱憂。科技引發社會爭議的原因與本質究竟為何，值得進一步探詢，也與我們應如何回應人工智慧科技帶來的社會爭議息息相關。

　　依照陳瑞麟的分析，當一項科技和它的產品引入社會而廣泛地引發社會公眾在倫理、經濟、法律、政治等面向對科技產生質疑時，就出現「科技的社會爭議」，特別是「如果這項科技產品有其危害利益的風險時，風險越大，爭議就越大」。陳瑞麟舉出，臺灣的核四爭議、桃園航空城徵收、蘇花高速或蘇花改公路之爭、雲林麥寮橋頭國小許厝分校遷校之爭、前瞻計畫軌道建設之爭、臺灣空氣污染來源（境內或境外）之爭、以及最近的火力發電廠的燃媒與燃氣之爭等，都是典

---

[*] 中央研究院法律學研究所研究員。

型「科技的社會爭議」事例。[1]

　　此外陳瑞麟也指出，引發「外部公眾」關注的「科學的社會爭議」（social controversies of science）或「科技的社會爭議」（social controversies of technology），有別於僅存在「內部專家團體成員間」的「科學爭議」（scientific controversies）或「科技爭議」（technological controversies）；畢竟，諸如「這世界是否有最小的、不可再分割的基本物質單位？」、「弦論到底是不是說明世界的終極理論？」、「液晶顯示幕和電漿顯示幕的技術優劣」等問題，雖是科學家或科技專家關心與爭論的焦點，但此等爭議的解決結果並不會直接影響社會生活而演變為外部公眾關切的「社會爭議」。[2]

　　然而，以科學或科技「專業」為基準劃分出內部專家與外部公眾兩個群體，雖是用來判定爭議屬性的「分析性」工具，卻有可能被過度演繹而產生以下錯誤的「規範性」推論：科學家或科技專家在科學知識生產或技術研發的內部專業階段，只需要解決內部的「科學爭議」或「科技爭議」，而無需對於可能引發外部公眾關注的「社會爭議」負責。這個錯誤的「規範性」推論建立在「知識生產／技術研發」的中立性假設之上，認為「社會爭議」純粹是知識或技術在外部應用產生的結果，與內部專家的主要任務（生產知識或研發技術）無關。例如，愛因斯坦提出質能轉換公式奠定核能發展的理論基礎，但發生社會爭議的則是利用此一理論發展原子彈；刀子雖可被用在不當目的而引發社會爭議，卻不能要求研發刀子的工匠為不當使用刀子引發的社會爭議負起責任。人工智慧科技的議題也出現類似的論點，主張資訊科學專家、演算法開發者所研發的人工智慧科技雖可用於各種不同

[1] 陳瑞麟，〈一個另類的 STS 方法論〉，頁 9-53。
[2] 陳瑞麟，〈一個另類的 STS 方法論〉，頁 27、31。

目的，但在特定的具體外部應用情境下產生的社會爭議，並非內部專家所能預期與掌握控制。[3]

　　然而，傳統由科學與技術專業社群客觀界定研究問題並進行獨立「知識生產」與「技術研發」活動，再依照外部社會需要將研究成果轉化為「知識應用」的線性模式，隨著商業經濟引導研究與研發方向的新模式逐漸主宰知識生產與技術研發的生態系統，[4] 使科學與技術的邊界漸趨模糊，也使得「知識生產／技術研發」與「知識／技術應用」之間的距離大幅縮短。將人工智慧科技的社會爭議看作是應用階段才需要面對的問題，已不盡符合科學研究與科技研發的現況。另一方面，人類創造的各種「技術物」（artifacts）從其設計建造之始，即往往與特定形式的權力結構或權威安排有關，甚至為其而存在。[5] 「技術物」結合生產與應用而展現出的「政治性」，直接或間接地影響社會資源的分配或某些群體的生存機會，正是「科技的社會爭議」出現的真正源由。分析、檢驗甚至挑戰「技術物」的「政治性」，顯然不

---

[3] 從專業的內外之分而可能衍生的另一種規範性推論則是：即使在知識生產或技術研發的內部階段可能出現公眾關注的社會爭議，解決該等社會爭議的方法也僅應該援引內部專家才掌有的專業知識與標準，而沒有外部公眾可以正當介入參與的餘地。*See, e.g.*, Collins and Evans, *The Third Wave of Science Studies: Studies of Expertise and Experience*, pp. 235-296. 關於此一規範性推論的問題，請參見 Chiou, *What Roles Can Lay Citizens Play in the Making of Public Knowledge?* pp. 257-277.

[4] *See* Gibbons, *Sciences New Social Contract with Society,* C81; Jennifer L. Croissant and Laurel Smith-Doerr, "Organizational Contexts of Science: Boundaries and Relationships between University and Industry," pp. 691, 702-704.

[5] 美國紐約州通往長島的公路上陸橋限高的設計，實際寓有避免大巴士通過的用意，背後與特定的政治經濟及空間權力結構息息相關，是 Langdon Winner 提出科技物具有政治性的著名事例。Langdon Winner, *The Whale and the Reactor: A Search for Limits in an Age of High Technology*, pp. 19-39.

能僅藉由專業內部專家與專業外部公眾的區別來進行任務或權限的分配而達成。面對人工智慧科技作為現代當紅之「技術物」，欲理解並克服其產生的社會爭議，就必須從人工智慧科技所蘊含的能力出發，釐清其所追求的目的與滿足的利益，揭露其所隱含的價值預設，藉以重新思辨其所設定的願景。[6]

當代以資料驅動的機器學習為關鍵技術的人工智慧科技，從其發展之現狀觀察，主要仰賴兩種核心能力：一為複製模仿（emulation），一為發掘資料間相關性（association discovery）。這兩種核心能力被廣泛地用來開發各種人工智慧科技，以滿足「追求效率」與「預先控制」的目的。以下將分析當代人工智慧科技的這兩種核心能力，探究此二能力對應的兩種常見目的，藉以更清晰地瞭解人工智慧科技所帶來的社會爭議本質。

第二節　模仿型人工智慧科技與追求效率的目的

一　聯結主義所打造的人工智慧模仿能力

模仿人類，一直是人工智慧科技追求的技術目標。雖然，過去藉由程式語言符號將既有人類知識以邏輯規則形式予以再現（knowledge representation）的符號主義（symbolic AI），未能成功地讓機器以簡單規則模仿複雜的人類知識。但取而代之的聯結主義（connectionism），透過由人工神經網絡所建立的機器學習模式，以人類行為產生的大量既存前例（precedents）為師，找出、記憶並複

---

[6] James Wilsdon and Rebecca Willis, *See-through Science: Why Public Engagement Needs to Move Upstream*, pp. 18, 24.

製前例中所蘊含反覆出現的聯結關係，已逐漸能達成模仿人類思維模式、認知作用與行為舉止的目標。

聯結主義下的人工智慧科技，已透過對於大量標註病灶位置的醫療影像與無病徵之健康醫療影像的比對，模仿擁有醫學知識與豐富經驗的放射線科醫師對醫療影像的診斷；透過對特定物件影像特徵的提取學習，模仿人類對物件的視覺偵測或辨識能力；透過對大量文本中不同字詞向量的相對距離關係掌握字詞關聯性與文本語義相似度，進而模仿人類語言的句法。除此之外，聯結主義所提供的聯結記憶能力，甚至也已能透過對於身體動作在三度空間座標與時間之精確關聯性的資訊掌握，讓人造機器習得原本僅能藉著身體實作而獲得的人類「身體性默會知識」（somatic tacit knowledge, STK）。[7]

由聯結主義所發展出的「模仿型」人工智慧科技，在影像判讀上不僅能減少大量工作負荷下的放射線專科醫師可能的遺漏，協助其他非專科醫師進行初步的影像診斷，[8] 也能代替交通警察從街道影像中偵測並清點不同車種的車流數量，提升交通管制的成效；在自然語言處理上，不僅能代替律師在證據開示程序中對大量文件進行過濾找出相關的關鍵證據，也能在親權歸屬案件中模仿法院判決的決策思維而達到加速當事人進行爭端解決的結果；[9] 在動作學習上更能透過物件偵測與運動辨識技術，從老師傅的示範中模仿即將失傳的手工技藝，

---

[7] Harry M. Collins, *Tacit and Explicit Knowledge*, pp. 97-98.

[8] 陳適安等共同主持，「結合人工智慧與影像醫學：全方位疾病診斷與治療策略的研究與推廣」，科技部整合型計畫 MOST 108-0311-F-075-001，2017-2019。

[9] 林昀嫺、王道維，〈AI 可斷家務事？以自然語言處理預測家事判決之研究〉。相關說明亦可參見國立清華大學 Artificial Intelligence for Fundamental Research Group「自然語言處理應用於民事裁判預測」計畫網頁，由該計畫發展出之 AI 輔助親權判決預測系統，請見網址：https://custodyprediction.herokuapp.com/，瀏覽日期：2021 年 7 月 30 日。

將之予以保留延續。[10] 從內到外模仿人類身體動作、認知思維、知識系統、決策行動的人工智慧科技,在人類既有的能力基礎上,透過自動化而預期以更快速、更準確的方式,模仿人類所從事的各種活動,甚至能不受空間、時間與體力限制,超越人類原有能力的極限。

二　對人工智慧模仿能力的懷疑論與社會爭議

聯結主義為人工智慧科技帶來自動化的複製模仿能力,滿足了人類追求「效率」的需求。不過,聯結主義所打造的模仿型人工智慧科技也面臨以下三種懷疑論的挑戰。

第一,聯結主義透過對大量前例的模仿,雖然在影像判讀上取得重大的進展,但在語言文字的理解上,仍顯得捉襟見肘。專長在圖形演算與自然語言處理的資訊科學家許聞廉即指出,聯結主義透過文字語句之模式辨認訓練出來的人工智慧科技,仍無法完整掌握人類正常情境下交談的語言省略及其中語言的蘊含(entailment),因而欠缺深度理解能力,對於諸如「小明有兩個蘋果,他賣了五個鳳梨,每個 20 元,並將所有的錢拿去買每顆 10 元蘋果,小明送給小華半打蘋果,自己吃掉一顆,小明現在有多少蘋果?」等小學數學題,仍有理解與推理上的困難。許聞廉認為,規則導向的人工智慧(rule-based AI)相較於資料驅動的聯結主義,更適於邏輯推理,因此不能僅靠聯結主義,而必須將二者進行必要的融合,將人類的「常識」,直接以規則的形式告訴機器,才有可能達成模仿人類語言邏輯推理的能力。[11]

---

[10] 演示學習機器人系統,*See* Pin-Jui Hwang, Chen-Chien Hsu and Wei-Yen Wang, "Development of a Mimic Robot: Learning from Human Demonstration to Manipulate a Coffee Maker as an Example," pp. 124-127.

[11] 許聞廉,「具深度理解之對話系統及智慧型輔助學習機器人」,科技部 MOST 107-2634-F-001-005 計畫,2017。

　　第二，聯結主義藉由人工神經網絡進行深度學習以模仿「前例」的過程，是一個難以被充分解釋的黑箱。反之，決策樹模型（decision tree）雖然更能說明機器進行演算過程所考量的因素，但其模仿人類的結果正確性經常也打了折扣。人工智慧科技的可解釋性（explainability）與模仿能力的性能表現（performance）間顯然存在相互背反的關係。無法充分解釋如何達成模仿結果的人工智慧科技，似乎很難被接納為具有真正的人工智慧，只能停留在「弱人工智慧」的層次。不過，仰賴聯結主義所發展的模仿型人工智慧科技既是以人類的身體動作、思維認知、知識系統、決策行動等為機器學習的模仿對象，就有一個不待解釋卻可用以驗證學習結果是否成功（損失函數 loss function 最小化）的外在參考座標：一個以被仿效的身體動作、人類思維、知識系統、決策行動為本的「基礎事實」（ground truth）。從而，醫療影像的人工智慧診斷軟體雖不易解釋深度學習內部過程如何得出特定演算結果，卻能依照醫學知識為「基礎事實」判斷對錯而量度演算法的「診斷準確率」；人工智慧的人臉辨識科技雖同樣難以解釋物件偵測與圖像辨識的演算過程，但仍有透過事後人為的判定以衡量人臉辨識系統的「正確辨識率」。事實上，相較於能獲得正確的診斷與適切的治療決策結果，在真實世界中，一般並不會要求應「解釋」醫學生如何學習正確醫學知識與醫師如何成熟養成的「內在過程」；比起「解釋」人臉辨識系統訓練的「內在過程」何以導致種族偏誤的辨識結果，多數人其實只在意如何使人臉辨識系統可在不同種族中均達到同樣高的正確辨識率。換言之，具有「基礎事實」為擔保的模仿型人工智慧科技，既不需對模仿結果提供「外部解釋」；對演算過程的「內部解釋」也應該不是在「準確模仿人類」之外，模仿型人工智慧科技遠離社會爭議的必要條件。

　　相較於對聯結主義是否真能成功打造模仿型人工智慧的前兩種懷

疑論，第三種對模仿型人工智慧科技的質疑則以人工智慧已具備成功
模仿能力為假設前提。第三種懷疑論認為，聯結主義既然以現有人類
思維、認知行動與分類知識作為典範（基礎事實），其所打造出的人
工智慧科技即使能以超越人類的「效率」之姿，模仿人類思維模式，
代替人類操作現有知識，卻不可能超越人類現有的思維、行動模式、
知識框架與極限，成為一位能自主引入原創元素，對現有知識進行修
正、改造或進一步演繹的真實人類。相反地，聯結主義將承載各種
「身體性默會知識」與「集體社會性默會知識」的人類思維與行動模
式不假思索地涵化於機器時，可能將深植於「身體」與「社會集體」
中的歧視或偏見也一併複製於模仿型人工智慧科技當中。聯結主義在
承襲傳統及各種默會知識以打造模仿型人工智慧科技之際，不可避免
地使模仿型人工智慧科技承襲人類原有的積習與可能的不理性與錯
誤。聯結主義既無法使人工智慧科技在透過大量資料學習人類成規的
同時，也習得藉由「打破成規（rule-breaking）」以締造文明進化的
能力；聯結主義也無法一方面將現有知識典範當作衡量模仿型人工智
慧科技成效的「基礎事實」，另一方面又讓模仿型人工智慧具備提出
新的問題框架（framing）或新的「後設科學價值決定（metascientific
value judgement）」藉此改變知識典範的能力。[12] 當模仿型人工智慧
科技宣稱能為人類社會生活帶來「效率」時，最需要嚴肅面對的科技
社會爭議或許正在於：人類社會是否應該以付出長久無法移轉不正義
或過時典範的後果為追求效率的代價，以及這個代價究竟應該由誰來
承擔。

---

[12] 邱文聰，〈第二波人工智慧知識學習與生產對法學的挑戰──資訊、科技與社
　　會研究及法學的對話〉，頁 135-166。

第三節 相關性發掘型人工智慧科技與預測控制之目的

一 聯結主義下的相關性發掘能力

　　透過人工神經網絡掌握大量資料間關聯性的聯結主義，不僅能使人工智慧以「基礎事實」為參考點，模仿人類思維、行動與知識，也能在沒有前例的指引下，自行發掘各種資料間的相關性（association），或依據新發現的特徵重新建立資料的分類（clustering）。發掘相關性是當代以資料驅動的機器學習為關鍵技術的人工智慧科技所具有的第二種核心能力。

　　聯結主義的相關性發掘能力可以被用在局部拓展人類既有知識的邊界。例如，針對聲帶疾病的診斷，目前主要仰賴內視鏡或其他的影像檢查。但藉由聯結主義將大量的聲帶受損或有病灶的嗓音聲波與正常嗓音聲波進行比對，即使並非在「模仿」耳鼻喉專科醫師的診斷行為，也因為目前仍欠缺嗓音聲波的醫學診斷標準可作為判定學習成效的「基礎事實」，仍可發現人耳難以察覺的細微差異，並找出特定聲波模式與不同病灶間的關聯性而成為聲帶疾病的新診斷工具。[13]

　　然而，有病灶之聲帶的嗓音聲波與聲帶病灶間，畢竟具有較為直覺的因果關係，並非聯結主義的相關性發掘能力最能展現其長處之所在。聯結主義的相關性發掘能力更可被用來預測因果關係較遠，或根本不清楚有無因果關係的事件。例如，藉由大量人類聲音的特徵學習，聯結主義被用來運算分析個人情緒、心理狀態、個性，其開發的

---

[13] 王榮德、方士豪、曹昱、賴穎暉、林峯全，「嗓音疾病偵測分類系統」，中華民國專利（發明第 I622980 號），2018/05/01-2037/09/04。

人工智慧科技並已被實際應用於客服電話中判別來電客戶之情緒，作為提供相應客服回應之參考依據。[14] 此外，聯結主義也被期待從個人使用語言文字的特徵中，找出能預測精神症狀或自殺意念的蛛絲馬跡，[15] 從犯罪者個人的 137 項特徵中預測再犯的風險，[16] 甚至從看似不相干的兩種行為間找出其相關性，用以預測消費行為或個人償債能力。[17]

二　相關性的發掘與其社會爭議

聯結主義所發掘的此等相關性，多半超越人類現有的因果知識，使得依此打造出的人工智慧科技欠缺「外部的可解釋性」。換言之，聯結主義難以對其所發掘的相關性，提出因果的說明。欠缺「外部可解釋性」的困境，即使在打開黑箱提供演算過程的「內部解釋」後也依舊難以克服。原因在於，演算過程的透明化，頂多能對「演算變項」提出「反事實說明」（counterfactual explanation），[18] 卻不當然能建立真實世界中證成因果關係所需要的「反事實依賴關係」（counterfactual dependence）。

---

[14] 李祈均，「群體人工智慧之用戶特徵學習、情緒運算及行為塑型研究（I-IV）」，科技部 MOST 107-2634-F-007-006、MOST 108-2634-F-007-005、MOST 109-2634-F-007-012、MOST 110-2634-F-007-012 計畫，2018-2021。

[15] 吳佳儀、廖士程、張書森、祝國忠、陳俊鶯、李明濱主持，「研擬網路自殺訊息與自殺熱點監控、追蹤及救援模式研究」，衛生福利部 MOHW109-MHAOH-M-113-000001 委託研究計畫，2020。

[16] William Dieterich, Christina Mendoza, and Tim Brennan, "COMPAS Risk Scales: Demonstrating Accuracy Equity and Predictive Parity."

[17] *See* Charles Duhigg, "What Does Your Credit-Card Company Know about You?"

[18] Wachter, Mittelstadt and Russell, *Counterfactual Explanations without Opening the Black Box: Automated Decisions and the GDPR*, p. 841.

　　然而，欠缺「外部可解釋性」卻無礙於將相關性發掘型的人工智慧科技應用於各種以群體為適用對象的控制目的上。舉凡疾病的篩檢預測、自殺防治、犯罪預防、信用風險控管、精準行銷策略的擬定等，都可見到人工智慧科技提供相關性預測而達到特定控制目的的應用場景。不過與其說，聯結主義的相關性發掘能力滿足了人類的控制需求，不如說，人類利用相關性的預測能力進行各種超前部署的社會控制欲望，正隨著聯結主義提供新的預測可能而不斷擴張。

　　誠然並非所有的控制欲望都具有被滿足的正當性，但完全禁止相關性發掘型人工智慧科技的開發，顯然也會是對科技發展的過度干預。如何面對相關性發掘能力所餵養的無盡控制欲望，並有意識地予以節制，無疑是解決人工智慧科技的社會爭議不可迴避的課題。

第四節　結論

　　科技的發展之所以引發社會爭議，並非導因於中立的知識或技術在外部應用上產生的不良反應，而是科技本身從設計與研發之始，即可能與特定形式的權力結構或權威安排有關甚至為其而存在，從而直接或間接地影響社會資源的分配或某些群體的生存機會。社會成員彼此爭辯「科技物」研發背後追求之目的、滿足之利益與實現之價值等「政治性」問題，正是科技所以產生社會爭議的最主要原因。

　　到目前為止，人工智慧科技的發展距離「通用型人工智慧」（Artificial General Intelligence, AGI）與「強人工智慧」（strong AI）的實現仍相當地遙遠；以機器取代或宰制人類為想定的科技社會爭議，也因此仍不具有現實性。雖然如此，當代人工智慧科技在資料驅動的機器學習技術加持下走向聯結主義的發展路徑，已在模仿人類思維模式、認知作用、行為舉止上獲得了重大突破，也在發掘各種相關

性的能力上超越人類現有知識的掌握。

　　然而，以人類之一切為「基礎事實」的學習模仿，不可避免地使人工智慧科技受制於人類自身在當下所具有的缺陷，卻無法讓人工智慧科技也同時從前例中習得人類在事過境遷後進行自我修正的能力。因此，模仿型人工智慧科技的自動化能力在滿足某些群體追求「效率」需求的同時，卻可能因長期無法改變不正義或過時典範而使另一群體蒙受不利益的代價。遲滯人類文明的正常演化恐怕是模仿型人工智慧科技所未預料到的後果。其次，相關性的發掘雖然是聯結主義為當代人工智慧科技帶來的另一項核心能力，得以大大滿足人類社會中各種超前部署的社會控制需求。然而，這也考驗人類社會如何自我節制無限擴張的控制欲望，對欠缺「外部可解釋性」的相關性預測能力設下發展的邊界。思辨人工智慧科技的社會爭議，必須從源頭正視追求效率的模仿與滿足控制的預測二者帶來的挑戰，才有可能真正尋得解決爭議的出路。

參考文獻

邱文聰，〈第二波人工智慧知識學習與生產對法學的挑戰——資訊、科技與社會研究及法學的對話〉，李建良編，《法律思維與制度的智慧轉型》。臺北：元照出版，2020，頁 135-166。

陳瑞麟，〈一個另類的 STS 方法論〉，《科技、醫療與社會》第 28 期，2019，頁 9-53。

李祈均主持，「群體人工智慧之用戶特徵學習、情緒運算及行為塑型研究（I - IV）」，科技部 MOST 107-2634-F-007-006、MOST 108-2634-F-007-005、MOST 109-2634-F-007-012、MOST 110-2634-F-007-012 計畫，2018-2021。

吳佳儀、廖士程、張書森、祝國忠、陳俊鶯、李明濱主持，「研擬網路自殺訊息與自殺熱點監控、追蹤及救援模式研究」，衛生福利部 MOHW109-MHAOH-M-113-000001 委託研究計畫，2020。

陳適安等共同主持，「結合人工智慧與影像醫學：全方位疾病診斷與治療策略的研究與推廣」，科技部整合型計畫 MOST 108-0311-F-075-001，2017-2019。

許聞廉主持，科技部「具深度理解之對話系統及智慧型輔助學習機器人」計畫 MOST 107-2634-F-001-005，2017。

王棨德、方士豪、曹昱、賴穎暉、林峯全，「嗓音疾病偵測分類系統」，中華民國專利（發明第 I622980 號），2018/05/01-2037/09/04。

林昀嫻、王道維，〈AI 可斷家務事？以自然語言處理預測家事判決之研究〉，「人工智慧對人文社會帶來的挑戰與機會」工作坊。國立清華大學，2019 年 9 月 20 日。

國立清華大學 Artificial Intelligence for Fundamental Research Group「自然語言處理應用於民事裁判預測」計畫：https://custodyprediction.herokuapp.com/。

Chiou, Wen-Tsong. "What Roles Can Lay Citizens Play in the Making of Public Knowledge?" *East Asian Science, Technology and Society: An International Journal* 13 (2) (2019): 257-277.

Collins, Harry and Robert Evans. "The Third Wave of Science Studies: Studies of Expertise and Experience." *Social Studies of Science* 32:2 (2002): 235-296.

Collins, Harry. *Tacit and Explicit Knowledge*. Chicago: The University of Chicago Press, 2010.

Croissant, Jennifer L. and Laurel Smith-Doerr. "Organizational Contexts of Science: Boundaries and Relationships between University and Industry." In Edward J. Hackett et al. eds., *The Handbook of Science and Technology Studies*. Cambridge: MIT Press, 2007, pp. 691-718.

Dieterich, William, Christina Mendoza and Tim Brennan. *COMPAS Risk Scales: Demonstrating Accuracy Equity and Predictive Parity*. Technical Report. Northpointe Inc., 2016.

Duhigg, Charles. "What Does Your Credit-Card Company Know about You?" *The New York Times Magazine* (2009), https://nyti. ms/3wXQe7K (July 30, 2021).

Gibbons, Michael. "Sciences New Social Contract with Society." *Nature* 402 (1999): C81-C84.

Hwang, Pin-Jui, Chen-Chien Hsu and Wei-Yen Wang. "Development of a Mimic Robot: Learning from Human Demonstration to Manipulate a Coffee Maker as an Example." Paper presented to 2019 IEEE 23rd International Symposium on Consumer Technologies (ISCT), 19-21 June 2019. DOI: 10.1109/ISCE.2019.8901025.

Wachter, Sandra, Brent Mittelstadt and Chris Russell. "Counterfactual Explanations without Opening the Black Box: Automated Decisions and the GDPR." *Harvard Journal of Law & Technology* 31.2 (2018): 841-887.

Wilsdon, James and Rebecca Willis. *See-through Science: Why Public Engagement Needs to Move Upstream.* London: Demos, 2004.

Winner, Langdon. *The Whale and the Reactor: A Search for Limits in an Age of High Technology.* Chicago: University of Chicago Press, 1986.

第十五章
對法院量刑心證的追索——司法院量刑資訊系統之運作與展望[*]

第一節　前言

　　當刑事法院科處有罪被告刑罰時，法律通常容許法院有相對寬廣的裁量空間，以便依據個案情況，具體決定刑罰。由於某些案件會有乍看相同或類似的情節，例如類似的犯罪動機、手段、犯罪人前科、犯後態度等。在這些相類似的案件中，法院的量刑結果如果差異較大，往往引來社會輿論的批評，認為法院量刑不盡公平、透明、合理。

[*] 鑑於本文的科普（或法普）性質，本文部分內容摘要自作者已發表的兩篇法學論文：蘇凱平，〈以平等原則建立量刑原則的意義與價值：臺灣高等法院 105 年度交上易字第 117 號刑事判決評析〉（《臺灣法學雜誌》第 393 期，頁 31-42，2020）；蘇凱平，〈以司法院量刑資訊作為量刑之內部性界限？—評最高法院 108 年度台上字第 3728 號刑事判決〉（《月旦裁判時報》第 98 期，頁 85-94，2020），但略去了其中大部分法學論文的論述方式，希望能增進讀者對此一議題的理解。此外，除了本文探討的「如何以 AI 方法促進量刑一致性」議題以外，另一個同樣重要（或更重要）的議題是「以 AI 方法促進量刑（或判決）的一致性是好的嗎？」考量本文寫作之目的與篇幅要求，僅能先就前項議題進行討論，惟作者希望在此指出：後項議題涉及相當困難的價值判斷，重要性不容忽視，希望能促進更多相關研究。

[**] 國立臺灣大學法律學系副教授、柏克萊加州大學法學博士。司法院 109 年度委記研究集「刑事殺人罪案件量刑資訊系統資料庫更新」研究計畫、「刑事強盜罪案件量刑資訊系統資料庫更新」研究計畫主持人。

為了解決這個問題，司法院於 2011 年推出「量刑資訊系統」，希望能以過去相類似案件的量刑結果，提供今日案件量刑的參考。然而，這個系統至今並沒有在刑事審判中被廣泛運用。

本文從量刑的意義出發，先說明為什麼「達成一致量刑」對司法體系如此困難；繼而探討司法院以「量刑資訊系統」作為解決方案的努力，為何並未獲得普遍接受；在分析「量刑資訊系統」的建置理念與運作邏輯後，本文依據此一系統的特色與目的，探索以不同的 AI 技術與思維轉折，改進系統運作的可能性。

第二節　量刑為什麼是個難題？

刑事司法系統（the criminal justice system）如何處理犯罪案件，經常成為社會關注的焦點。在過去，當一起犯罪事件經過檢警偵查、檢察官起訴、法院審判等程序，媒體報導與社會輿論矚目的焦點，往往集中在法院最終判決被告「有罪」或「無罪」。近年來，除了有罪或無罪的結果外，法院對於有罪被告科處什麼樣的刑罰，也經常成為關注的焦點。

在法院判斷有罪或無罪時，法律規定了相對明確的犯罪構成要件，可供法院適用（儘管仍然免不了法院針對個案具體情況的認識與判斷）；但在科刑時，法律對於法院如何衡量決定應科處的刑罰（即所謂「量刑」）時，法律的規定則比較寬鬆，刻意留給法院一個較寬廣的量刑空間。舉例而言，在《刑法》第 271 條第 1 項規定的殺人既遂罪，法律規定的刑罰是「處死刑、無期徒刑或 10 年以上有期徒刑」。也就是說，同樣是把一個人殺死，法院若決定判殺人的被告甲死刑，是合法的；在另一個案件中，法院若決定判殺人的被告乙 10 年有期徒刑，也是合法的。畢竟每個案件的情況都不同，例如甲可能

殺人的動機惡劣、手段兇殘、犯後態度輕忽不良，所以重判死刑；乙可能雖然把人殺死，但是動機相對可以理解、手段並非特別兇殘、犯後表現出相當大的悔意，因此法院「僅」判處法律規定的下限 10 年有期徒刑。總之，**法律刻意留下了空間，讓法院根據個案來決定刑罰的輕重。**

　　由於有較寬廣的裁量空間，法院根據個案情節的量刑決定，就難免構成量刑結果不一致的情況。這裡說的「量刑結果不一致」，當然不是指顯然不同的犯罪類型之間，量刑結果不同。比如說丙殺人、丁竊盜，兩者犯罪的本質不同，沒有人會認為丙、丁的量刑結果需要拿來比較；甚至在上舉的案例中，甲、乙兩人都是殺死一個人，但如果具體的犯罪情節顯著不同，社會大眾通常也不會只因為甲、乙都是犯一個殺人罪，就認為量刑的結果應該差不多。

　　問題是，雖然沒有兩個案件的情況是完全相同的，但確實可能出現「不同個案的情節，**從某種觀點看來很相似**」的情況。法院針對這些「相類似案件」的量刑結果，若出現明顯的差距，就難免導致社會大眾的質疑。例如戊和己兩人分別犯下一起強盜案，都是在路上推倒路人搶皮包，而且戊和己的犯罪動機、手段、生活狀況、前科、犯後態度、強盜的財物、造成被害人的傷勢等與犯罪有關的事實情狀，「乍看之下」都相當類似，但是不同的法院分別判戊和己成立《刑法》第 328 條第 1 項的強盜罪（法定刑是 5 年以上有期徒刑）後，戊被科處有期徒刑 5 年 2 個月、己卻被科處 6 年 10 個月，這時候雖然兩個法院的判刑都是合法的，但這種量刑不一致的情況，卻可能引起社會上的各種揣測和批評。

　　上述這種「相類似案件的量刑結果不一致」的情況，很難透過既有的法律規範解決。因為從理論面來講，《憲法》規定了法官在進行

審判時，除了依據法律以外，不受任何干涉。[1] 而如同前述，《刑法》
為了顧及個案中複雜又變化多端的情況，在規範各種犯罪的刑罰時，
都刻意留下一個相對寬廣的裁量空間，讓法院依據個案情況來決定刑
罰輕重。

　　從法院的實際運作而論，法院在寬廣的量刑空間中進行刑罰裁量
時，所獲得的主要指引是《刑法》第 57 條的規定：「科刑時應以行
為人之責任為基礎，並審酌一切情狀，尤應注意下列事項，為科刑輕
重之標準：

　　一、犯罪之動機、目的。

　　二、犯罪時所受之刺激。

　　三、犯罪之手段。

　　四、犯罪行為人之生活狀況。

　　五、犯罪行為人之品行。

　　六、犯罪行為人之智識程度。

　　七、犯罪行為人與被害人之關係。

　　八、犯罪行為人違反義務之程度。

　　九、犯罪所生之危險或損害。

　　十、犯罪後之態度。」

　　值得注意的是，《刑法》第 57 條雖然要求法院在決定科刑輕重
時，「應注意」這 10 款事項，但並沒有規定法院應「如何注意」。
而且這 10 款事由也不是法院「唯十」必須注意的事由。因為如果仔
細閱讀上述法條，可以發現法律規定的其實是「科刑時應以行為人之
責任為基礎，並審酌一切情狀」，只是在「一切情狀」中，希望法院
特別注意這 10 款事由。

---

[1] 憲法第 80 條：「法官須超出黨派以外，依據法律獨立審判，不受任何干涉。」

　　基於上述寬泛的量刑原則，每個法院在實際判斷第 57 條這 10 款事由時，都有其不同的輕重標準。例如法院在有些個案中，會特別重視犯罪的動機、目的（第 1 款），但在其它一些個案中，則特別重視行為人（被告）犯罪時所受的刺激（第 2 款）、手段（第 3 款）、或犯罪後之態度（第 10 款），不一而足。況且，審理當前個案的法院，即使有心追求和過去「相類似案件」的量刑不要差距太大，也難以系統性地查考過往的「相類似案件」是如何量刑。因為究竟哪些過往的案件，可以被認為是法院當前審理個案的「相類似案件」，無論是法律上或是實務運作上，都沒有統一的觀點。[2]

　　由此可見，要維持量刑結果的一致性，無論在法學理論或實務運作上，都是極大的難題。為了要解決這個難題、突破量刑一致性的瓶頸，司法院開始有了引進資訊系統、甚至進一步引進人工智能（AI）的想法。

---

[2] 一個比喻性的說法：如同在學校評量學生「整體表現」時，評量的規則要求學校評量時「應注意學生一切的表現與發展可能性，並特別注意德、智、體、群、美等『五育』表現」，但並沒有規定如何評量這「五育」。可想而知，每個學校在評量學生時，採用的標準都不會一致（有些認為德育第一，有些認為應著重智育，有些則重視體、群、美育）；甚至同一個學校的同一個老師，在評量學生時，用的標準都不一定會完全一致，因為每個學生都有不同的特點（例如小明道德高尚，但是學科成績平平；小華智力超群，但是對於體育活動全無興趣；小美在德、智、體各方面都不特出，但是和同學相處融洽且具有美術天才等），如果強制要求學校「必須」以某種方式（例如某種權重比例）來評量學生，很可能出現僵化或偏頗的情況。

第三節　未能廣泛使用的「量刑資訊系統」

一　司法院建置的兩個量刑系統

　　司法院為了解決個案量刑差距過大的問題，建置了兩種基於不同理念而來的「量刑系統」，分別是「量刑資訊系統」與「量刑趨勢建議系統」。[3] 根據司法院官方網站「刑事量刑專區」網頁的介紹，司法院為締造公平、透明、妥適的量刑系統，自 2011 年 2 月起，首先就妨害性自主罪建置「量刑資訊系統」，開啟了我國量刑改革的序幕。根據司法院刑事廳資料記載，量刑資訊系統的建立，是由刑事法官、統計資訊專業及編碼人員，組成「量刑分析研究小組」，從各類犯罪的既有法院判決書中，蒐集判決書中記載之刑法第 57 條各款量刑審酌事由，以及其他刑法或特別法所定的刑罰加重減輕審酌事由而來。換言之，「量刑資訊系統」是一套根據「實然面」資訊而建立的系統，目的是要反映「過去具有這些量刑因子的案件，量刑的結果如何」。

　　「量刑趨勢建議系統」則主要是建立在專家焦點團體（focus group）的研究方法上。司法院首先針對過往判決，分析法官量刑時

---

[3] 以下對於司法院兩個量刑系統的說明，參考司法院官方網站（刑事量刑專區），請見網址：https://www.judicial.gov.tw/tw/cp-83-57186-1ef46-1.html?fbclid=IwAR3AuigV9Oi6TpSMJMCw3eU2fmTmzz7WEPgcyzurOCWQXXDQatgrmiw3BCs，瀏覽日期：2021 年 5 月 10 日。總統府司法改革國是會議，第五分組第五次會議（2017 年 5 月 4 日），司法院刑事廳林尚諭法官報告內容：https://justice.sayit.mysociety.org/%E7%B8%BD%E7%B5%B1%E5%BA%9C%E5%8F%B8%E6%B3%95%E6%94%B9%E9%9D%A9%E5%9C%8B%E6%98%AF%E6%9C%83%E8%AD%B0%E7%AC%AC%E4%BA%94%E5%88%86%E7%B5%84/%E7%AC%AC%E4%BA%94%E5%88%86%E7%B5%84%E7%AC%AC%E4%BA%94%E6%AC%A1%E6%9C%83%E8%AD%B0，瀏覽日期：2021 年 5 月 10 日。

考量之量刑因子,再召開焦點團體會議,每次邀請 10 至 12 位法官、檢察官、律師、學者及民間團體代表,共同討論這些量刑因子之意義與其影響力後,彙整專家的意見,製作出一套指向未來的量刑建議系統。因此,**量刑趨勢建議系統**反映的是「應然面」的價值判斷,目的在於反映社會各方對於法院量刑的期待,希望透過蒐集以上審、檢、辯、學、民間團體的意見,來提升量刑的妥適性。

　　雖然兩個系統的建置原理不同,但是都反映出司法院希望能提升法院量刑結果一致性的目標。[4] **量刑資訊系統**,是透過分析和過濾過往案件中的客觀事實要素,對比出和當前目標案件相類似的案件,希望以這些相類似案件的量刑結果,作為當前目標案件量刑時的參考,從而達成量刑結果一致(或者說避免無正當理由時,量刑結果與類似案件差距過大)的目標。**量刑趨勢建議系統**,則是在對於過去案件量刑因子分析的基礎上,加入了審、檢、辯、學、民間團體等專家或倡議者對於量刑的觀點,提出建議量刑應有的刑度區間。如果法院廣泛使用並遵從這個系統的建議,確實也可能達成促進判決一致性的目標。

　　不過,因為量刑趨勢建議系統綜合了各種專家、團體對於「應如何量刑」的價值判斷,實際審理個案的法院卻不一定贊同這些來自不同專家和團體的價值判斷,因此實務上使用量刑趨勢建議系統的情況,明顯比起量刑資訊系統更少。[5] 因此,本文以下就量刑系統與 AI

---

[4] 不過司法院也很清楚的表達:這兩個系統的結論,都只有參考的價值,不影響審判權的獨立行使。請參考司法院「刑事案件量刑及定執行刑參考要點」第 16 點:「量刑宜一併具體考量各類犯罪之量刑因子,參酌司法院量刑資訊系統、量刑趨勢建議系統及量刑審酌事項參考表之建議而為妥適裁量。」第 27 點:「本要點供法院裁量刑罰時參考,不影響審判權之獨立行使。」

[5] 以「量刑資訊系統」為關鍵字,在司法院裁判書查詢系統,請見網址:https://

的討論，將以建置在實然面基礎上的「量刑資訊系統」為主。

二　量刑資訊系統的特色與缺陷

司法院建置的量刑資訊系統，是以大量人工、持續閱讀既往判決、標註出案件中影響量刑的各種情狀（即「量刑因子」）的方式，再比對個案中是否具有與過往案件相同的量刑因子，以決定提供何種量刑資訊的原理所製成。此一系統建立的邏輯可以圖示如下：

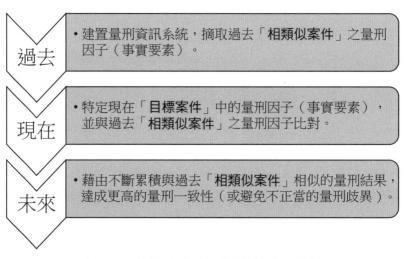

圖 15.1：司法院量刑資訊系統的建置理念
圖片來源：作者自製。

具體操作上，使用者是依據「當前目標案件」中，所具備的「過往案件」中曾出現的量刑審酌事由（例如犯罪之手段、犯罪所生之損

law.judicial.gov.tw/FJUD/default.aspx 查詢，發現歷來各地方法院刑事判決中，共有 991 則判決曾經出現「量刑資訊系統」字樣，但僅有 24 則判決中曾出現「量刑趨勢建議系統」字樣，瀏覽日期：2021 年 5 月 10 日。

害、犯罪之動機等），在系統容許的範圍內，以依序、逐層填答「選擇題」（可能為單選或多選題）的方式，檢索過去具有相同量刑審酌事由的判決，以查詢過去具有相同量刑因子之案件的量刑情況（包括刑罰種類和量刑高低的區間），作為當前目標案件量刑時的參考。

　　司法院建置量刑資訊系統，力求類似性質判決間量刑的公平、透明和妥適，以達成法院裁判本身的公平性，並回應我國社會長年來對於判決結果可預測性的期待，確實用心良苦；而且引進具體的量刑參考基準，更有引領司法實務操作跨入數位時代、使法院在量刑時能「打破量刑黑盒子」、善盡說理義務以達成「公平、透明、純淨、信實的司法」等重要意義（胡宜如，2016）。

　　然而，司法院量刑資訊系統自 2011 年啟用以來，迄今已歷 10 年之久，但各級法院在裁判個案時，實際上使用量刑資訊系統來輔助量刑的情況，卻相當不普遍。

　　根據法務部司法官學院 2019 年委外研究計畫案「刑事案件具體求刑與量刑之比較研究」結案報告，各級法院對於量刑資訊系統欠缺普遍使用。在理論上，固然有認為使用此一系統協助量刑，可能會違背法官應「依據法律獨立審判，不受任何干涉」的憲法要求，也有法院認為這涉及「不同案件之量刑有無平等原則適用」的理念問題（蘇凱平，2020a：31-42；蘇凱平，2020b：85-94）。即使暫時拋開這些理論上的質疑，就實際運用而言，既有的量刑資訊系統也有以下的缺點，導致法院實務上並未普遍使用：

　　第一，量刑因子的精確性有待提升；[6]

　　第二，現行量刑系統過於制式化，難以量化個別量刑因子在不同

---

[6] 法務部司法官學院 108 年度委外研究計畫案「刑事案件具體求刑與量刑之比較研究」結案報告，頁 374。

案件中所佔的重要程度；

　　第三，輸入的量刑因子越多，量刑系統能供參考的案件數量越少。因此，使用者必須自行斟酌輸入哪些量刑因子，以得出相當數量的案件，此時這種經過人為斟酌輸入的量刑系統操作，令人懷疑其參考價值。[7]

第四節　以 AI 做為解決之道？

一　第一波 AI 的「能」與「不能」

　　司法院在建置既有的量刑資訊系統時，並沒有運用「人工智能」，而是完全以「人類智能」（human intelligence）理解判決內容中的事實要素，並進行標註的方式建置而成。也因此，人類智能常見的缺陷，包括單純的紀錄疏失（編碼者在判決中看到了 X 事實要素，卻因為疏忽、疲勞、分心等因素，在編碼時漏未記載或記載錯誤）、理解錯誤（看到了 X 事實要素，卻理解成 Y 事實要素）、詮釋差異（看到了 X 要素，有些人理解成 Y 要素，有些人理解成 Z 要素）也就展現在既有的系統中，因此產生了前述量刑資訊系統的第一個缺點：量刑因子的精確性不足。

　　既然人類智能可能產生這樣的缺陷，是否可能使用 AI 來彌補其不足呢？具體而言，例如透過程式語言，將判決（文本）中的詞彙和語意進行適當處理（包括建立詞庫、正確斷詞、理解文本中脈絡性的用語等），並建立判決中詞彙語意和編碼之間「若……則……」的邏

---

[7] 法務部司法官學院 108 年度委外研究計畫案「刑事案件具體求刑與量刑之比較研究」結案報告，頁 347。

輯關係，以利用電腦的運算能力，自動處理判決中的量刑因子編碼工作，一方面可以節省大量人工，促進編碼的效率；另一方面也將增進量刑因子編碼的準確性和一致性，更好地實現系統建置的目的：標註判決文本中的特定事實。此種以電腦的效率與邏輯能力，處理人類智能已經掌握之知識的方式，即一般稱為「第一波 AI」（the first wave of AI）、「符碼 AI」（symbolic AI）或「規則導向 AI」（rule-based AI）的作法（邱文聰，2020：139-143；Kevin Ashley, 2017；蘇凱平，2019：113-115）。

　　不過，採用「第一波 AI」，是否就足以改善司法院既有量刑資訊系統的缺陷呢？本文對此持否定的觀點。因為司法官學院委託研究案中，發現量刑資訊系統存在的另外兩個問題：「難以個別化各量刑因子的重要程度」和「輸入的量刑因子越多，可參考的案件越少」，並不會因為採用「第一波 AI」就獲得解決。

　　如上所述，第一波 AI 是以人類已經掌握的知識，透過電腦的效率與邏輯能力，以便優化運用（包括更有效率、更節省資源、更準確等）這種知識的作用。然而，對於各個科刑判決中，法院究竟是「如何」綜合理解犯罪的動機、目的、方法、手段等多項量刑因子，以致於做出最後的量刑結果判斷？這並不是吾人已經掌握的知識。因為在法院判決書中，法院至多使用「手段兇殘」、「動機惡劣」、「犯後態度良好」等用語，表達某些量刑因子確實對刑罰的裁量造成了影響，但是判決中並不會表達出這些量刑因子的「貢獻程度」，也就是這些因子實際上對法院的心證，造成了多大或多小的影響。例如判決中僅言：「被告因與被害人發生口角衝突，遂持開山刀刺入被害人胸部……」，雖然有犯罪動機、犯罪時所受刺激、犯罪手段等量刑相關事由的記載，但是若僅有這些描述性的文字，讀者實際上無從知道法院如何評價這些事實？對最後的量刑結果有無影響？如果有，又造成

了何種程度的影響？

簡言之，法院在量刑時，究竟如何考量這些應考量的量刑事由，而得出最後的結論，做為判決讀者的人類編碼者無從得知。因此，法院量刑時運用心證的方式，並不是人類已經掌握的知識，也因而無法藉由第一波 AI 的輔助，來增進吾人對於法院心證運用的理解，或解決量刑資訊系統面臨的困境。

二　以事實因素作為量刑因子的缺陷

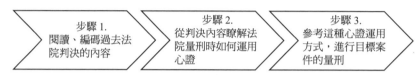

圖 15.2：司法院量刑資訊系統的建置邏輯

圖片來源：作者自製。

上圖 15.2 呈現了既有的量刑資訊系統建置的基本邏輯。首先透過人力進行「步驟 1」，大量閱讀過去法院的判決、進行編碼；然後在「步驟 2」藉由摘取判決內記載的事實因素，來瞭解過去法院在量刑時運用心證的方式；並以此種對於過去法院判決的瞭解為基礎，建置量刑資訊系統，讓法院日後處理目標案件時作為參考對象，此即「步驟 3」。

上述的「步驟 2」的「瞭解過去法院量刑時之心證運用」，其實是建立在「只要是法院記載的事實，法院都會列入量刑考量」，以及「所有的事實要素，在法院量刑時，都有相同的重要性」這兩個假設都必須成立的基礎上。很遺憾的是，這兩項假設在現行法院實務運作的模式中，都不成立。因為現行的法律規定和法院判決書格式，並不會要求法院說明：是哪些事實要素影響了量刑？又是如何影響了量

刑？因此編碼者只能假設：所有判決內記載的事實，都會作為量刑因子被法官考慮；而且每個事實要素的「重要性」均相同，但是這與法官實際量刑時的心證運用情況，可能相去甚遠。

以「犯罪之手段」為例，在殺人案件的有罪判決書中，均會記載殺人所使用的方法及工具。一方面這是判決必須記載犯罪事實的要求，在描述殺人行為的事實過程時，很難不記載及行為人所使用的方法和工具；另一方面，一般也認為這是刑法第 57 條第 3 款「犯罪之手段」要求法院量刑時應審酌的事項。據此，司法院的殺人罪案件量刑資訊系統，即在「犯罪方法」項下，就設有如「撲殺」、「絞殺」、「窒息殺」、「刺殺」、「射殺」、「爆炸殺」……等 15 種殺人方法，供使用者選擇。而有些殺人方法，甚至有更細部的分類，例如若選擇「絞殺」，則可進一步在「犯罪工具」選項，選擇是以「徒手」、「繩、線類」、或「布、巾、衣、被類」為絞殺之工具。[8]

此種既有的系統設計方式，乃是將「犯罪之手段」（包括方法和工具）作為過濾過往案件是否與當前目標案件為「相類似案件」的量刑因子來看待。然而，除非判決中記載了某些特別情狀，可以讓我們知道法院確實認為某種殺人手段，對法院在個案中的量刑造成了影響，否則我們根本無從知道：不同的殺人手段是否確實影響了個案中的量刑。「以刀刺殺」和「以手絞殺」兩種不同的殺人方法和工具，何者會是多數法院量刑較重的殺人手段呢？或者同樣是「絞殺」，以「繩、線類」為工具，或以「布、巾、衣、被類」為工具，量刑又應孰輕孰重？實際上，這些殺人手段的抽象分類，甚至也可能根本不會影響法院的量刑輕重。

---

[8] 請參見司法院殺人案件量刑資訊系統，請見網址：http:sen.judicial.gov.tw/pub_kill_sbin/kill_chkid_Project3.cgi，瀏覽日期：2021 年 5 月 10 日。

　　由此可知，不同的**客觀事實要素**，不見得都是法院認知中具有影響力的量刑因子；而即使對量刑有影響，通過人類智能閱讀判決的方式，也無法得知影響的程度是大或小。這也就造成了上述研究報告中所發現的情況：既有的量刑資訊系統，難以量化個別量刑因子的重要程度，只能假設所有量刑因子（客觀的事實要素）的重要性都相同。如此一來，在尋找與目標案件類似的過往案件時，只能夠逐項一一比較案件中所有的事實要素，自然進而造成「列出的量刑因子越多，可參考的案件越少」的困境。

第五節　展望：重新檢視量刑因子與 AI 方法

　　上述量刑資訊系統的困境是否可能突破？本文認為，透過對於量刑因子概念的重新理解，與採取某些 AI 技術應用方式，應有助於解決問題。

　　首先，關於量刑因子的意義。如果量刑因子指涉的是「實際上影響法院量刑的因素」，那麼這個（些）因素就不應該是單純的客觀事實要素。因為如上所述，並不是所有記載在判決中的事實，都是法院考慮量刑時會考慮的因素。因此，真正影響個案中量刑結果的因素，並不是純粹客觀的事實要素（例如被告持開山刀殺人），而是法院如何認知、理解這些事實要素在量刑上的作用（例如法院在判決書中記載：「被告持開山刀殺人，手段兇殘」）。因此本文主張，量刑資訊系統不應以個案判決書中記載的「事實」，作為量刑因子的研究依據；而應改以法院在判決中，是否確實將這些事實因素「認知」為量刑因子（即法院認為該項因素會影響其量刑結果），作為編碼依據。因為整個量刑資訊系統建置的關鍵，在於決定哪些過往的案件，可以認為是當前目標案件的「相類似案件」，因此原則上應該有相類似的量刑

結果。而決定什麼是「相類似案件」的關鍵，並非在於這些案件是否與當前目標案件具有類似的「事實要素」，而應在於是否具有相同的「法院量刑認知」（蘇凱平，2020a：31-42）。

　　其次，如同前述，即使法院在判決中對於量刑因子有所表達（例如指出手段兇殘），判決中也不會記載這些量刑因子對於量刑結果影響程度（或者說「貢獻度」）的高低。換言之，現有的法院判決格式所提供的資訊，原本就欠缺「權重」的概念，但是要建立一個能辨別出「相類似案件」的量刑系統，對於「權重」的考量卻是不可或缺的。[9]而要「找出權重」，則可以透過一般認為屬於「第二波人工智慧」（the second wave of AI）的「機器學習」（machine learning）方法予以實現。其中一種可能的運用方法，是透過監督式學習（supervised learning），將大量的前例之內涵，先依據人類掌握的知識和系統建置的目的，分別標註「輸入項」和「輸出項」，並進行配對；再讓電腦充分學習這樣的配對模式後，使電腦得以依據這種配對模式，對於新的輸入資料進行配對後，得出「正確」的配對結果（邱文聰，2020：141-144）。

　　將機器學習方法運用在量刑資訊系統中，即是先對於過往有罪科刑判決中，法院對於各項量刑因子曾經展現出的量刑傾向，大量進行標註；[10]再將這些經編碼標註的量刑傾向（輸入項）與實際個案中的

---

[9] 一個比喻性的說法：某電影製片人想要複製過往賣座影片的佳績，因此拍新影片時，盡可能找來和之前賣座影片相同的演員和工作人員陣容。但是電影製片人如果未能區分這些演員和工作人員的角色輕重關係（例如演員有主角、有配角之分），結果找來的演員和工作人員陣容，儘管和過往的賣座影片有九成相似，但是獨缺的一成，卻恰好是男、女主角和導演、編劇，將很難期待拍出來的電影票房和過去一樣賣座。

[10] 例如法院在判決中對於刑法第 57 條所規定的 10 款科刑輕重之注意事項，每一款都可以依據以下 5 種編碼進行標註：

量刑結果（輸出項）進行配對；並讓電腦學習此種配對模式後，對於新的案件（當前的目標案件）依據過往學習成果指出量刑建議。這樣的技術手段，在我國法律與 AI 的文獻上已經有所討論。[11] 此種機器學習方法的運用，可資為我國未來進一步改善量刑資訊系統時，採用 AI 技術手段的重要參考。

---

a. 未曾提及。

b. 有提及，但是沒有表達對量刑輕重的影響（例如判決中記載「持開山刀將被害人殺死」之犯罪手段）。

c. 有提及，且可認為會導致從重量刑（例如判決中記載「手段兇殘惡劣」）。

d. 有提及，且可認為會導致從輕量刑（例如判決中記載「犯後態度良好」）。

e. 有提及，且同時存在加重和減輕量刑的表達（例如判決中記載「被告犯後深感悔意，且向被害人致歉獲得接受，但至今未能賠償被害人」）。

[11] 例如有學者以機器學習方法，區分我國家事法院在酌定親權歸屬時的 22 項因子，並回算這些因子在目標判決群中各自所佔的權重。黃詩淳、邵軒磊，〈運用機器學習預測法院裁判：法資訊學之實踐〉，《月旦法學雜誌》第 270 期，頁 86-96，2017。

參考文獻

法務部司法官學院 108 年度委外研究計畫案「刑事案件具體求刑與量刑之比較研究」結案報告，2019。

邱文聰，〈第二波人工智慧知識學習與生產對法學的挑戰〉，李建良主編，《法律思維與制度的智慧轉型》。臺北：元照出版，2020，頁 135-166。

胡宜如，〈量刑公開透明──司法院量刑系統介紹〉，《法律扶助期刊》第 50 期，2016。

黃詩淳、邵軒磊，〈運用機器學習預測法院裁判：法資訊學之實踐〉，《月旦法學雜誌》第 270 期，2017，頁 86-96。

蘇凱平，〈以司法院量刑資訊作為量刑之內部性界限？──評最高法院 108 年度台上字第 3728 號刑事判決〉，《月旦裁判時報》第 98 期，2020，頁 85-94。

蘇凱平，〈以平等原則建立量刑原則的意義與價值：臺灣高等法院 105 年度交上易字第 117 號刑事判決評析〉，《臺灣法學雜誌》第 393 期，2020，頁 31-42。

蘇凱平，〈法律數據分析的意義、理論與應用──以探索刑事法院對證據的裁量與評價為例〉，《月旦法學雜誌》第 294 期，2019，頁 113-115。

Ashley, K. *Artificial Intelligence and Legal Analytics: New Tools for Law Practice in the Digital Age*. Cambridge: Cambridge University Press, 2017。

司法院刑事量刑專區，https://www.judicial.gov.tw/tw/cp-83-57186-1ef46-1.html?fbclid=IwAR3AuigV9Oi6TpSMJMCw3eU2fmTmzz7WEPgcyzurOCWQXXDQatgrmiw3BCs，瀏覽日期：2021 年 5 月 10 日。

司法院殺人案件量刑資訊系統，https://justice.sayit.mysociety.org/%E7
%B8%BD%E7%B5%B1%E5%BA%9C%E5%8F%B8%E6%B3%95
%E6%94%B9%E9%9D%A9%E5%9C%8B%E6%98%AF%E6%9C
%83%E8%AD%B0%E7%AC%AC%E4%BA%94%E5%88%86%E7
%B5%84/%E7%AC%AC%E4%BA%94%E5%88%86%E7%B5%84
%E7%AC%AC%E4%BA%94%E6%AC%A1%E6%9C%83%E8%A
D%B0，瀏覽日期：2021 年 5 月 10 日。
司法院裁判書查詢系統，https://law.judicial.gov.tw/FJUD/default.aspx，
瀏覽日期：2021 年 5 月 10 日。
總統府司法改革國是會議，第五分組第五次會議（2017 年 5 月 4 日），
司法院刑事廳林尚諭法官報告：https://bit.ly/3x06N2X，瀏覽日期：
2021 年 5 月 10 日。

第十六章
AI、法律資料分析與法學研究 [*]

黃詩淳 [**]

第一節　前言

　　機器學習，乃期望機器能自動「調整參數」並改善其表現的電腦演算法（algorithms）。具體而言，藉由巨量數據的蒐集、模式分析、訓練機器逐漸修正並尋找其中的規則，而不需要（或幾乎不需要）人類預先設定預設規則（Flach, 2012）。機器學習的進展，使得分析大量數據並作為決策之參考一事成為可能。機器學習乃至資料分析（data analytics）的技術擴展到了法律領域，形成了「法律資料分析（legal analytics）」的新專業（Katz, 2013）。惟此方法的範圍、目的，目前尚無統一定義。現有的文獻和觀察，有主張法律資料分析是「對有價值法律資料的發掘、詮釋和溝通過程」。（Becker, 2018），亦有認為法律資料分析乃涉及對於法律文書和資料的挖掘（data mining），並將挖掘得到的資料合併觀察，以獲致關於法律人（如律師和法官）、法律組織（如法院或法律事務所）、或特定法律主題（如專利）方面原先未知的洞見（Byrd, 2017）。

---

[*] 鑑於本書的科普性質，本文改寫自作者已發表的 2017-2020 年之四篇法學論文，詳細書目資料見參考文獻。
[**] 國立臺灣大學法律學系教授。

　　在法律資料分析領域，產業應用已經逐步展開，然而理論卻未跟上。這使得從事法律資料分析的人員或企業，缺乏堅實的理論基礎，甚至詮釋分析結果經常錯誤卻不自知，動搖了整個資料分析服務產業的存在價值（蘇凱平，2019）。關於此點，筆者亦有深刻體會。坊間常有例如 AI 律師或 AI 法官的報導，甚至探討「AI 會取代律師嗎」。然而實際的狀況卻是，應用機器學習技術的法律資料分析業界，如同蘇文所言，分析者不知如何設定問題、詮釋演算結果，而僅止關注「機器能（多大程度）預測訴訟結果」＝「機器能否取代法官」這樣的問題層次。

　　本文主張，AI 帶來的法律資料分析工具，能做的事情不止如此：研發 AI 並推動法律資料分析，目的並不在創造一個取代人類的機器人法官或律師。法律資料分析反而可作為法學研究的新手段，在法實證研究的領域之下，與其他工具共同促進發現「法經驗事實」。法律資料分析與法實證研究都是立基於「經驗」和「資料」，只是法律資料分析仍屬於技術層次的方法，而法實證研究則有較長的積累，對於如何設定問題、蒐集資料、從事研究、詮釋結果有紮實的知識（Epstein and Martin, 2014）。因此，在法實證研究的基礎上，若加上法律數據分析的技術，可說如虎添翼（蘇凱平，2019）。

　　因此，筆者認為，將法律資料分析用在具體的法實證研究的議題上，將能回答法學問題，貢獻於法學研究。至於所使用機器學習方法所建立的模型，或許在未來可能被用作「協助律師評估勝率的資訊系統」甚至變成 AI 律師，但那是另一個課題，容於結論部分再述。

　　以下筆者舉出一個「使用法律資料分析方法，進行法學研究」的例子，並說明從「要求機器給答案」到進一步「要求機器給理由」的研究發展軌跡。

第二節　要求機器給答案：人工神經網絡

在 2017 年最初嘗試法律資料分析時，我們選擇了監督式學習（supervised learning）中的人工神經網絡模型。監督式學習的特色是，在訓練用的資料集（training dataset），我們會提供給機器已標記的正確答案（亦即正確的目標值）的資料，讓機器去學習輸入值與目標值之間的關聯。至於分析的問題，則設定為「父母離婚後的子女親權酌定」，我們先蒐集了 2012 年至 2014 年期間，地方法院關於父母離婚後未成年子女親權酌定的 448 件裁判；有的裁判中的未成年子女多於一位，共有 690 位子女。在裁判結果的分布上，以 2014 年為例，我們的資料集中有將近 6 成的事件法院酌定母親單獨行使親權，約 4 成判給父親單獨親權，共同親權之比例較小（4.92%）（黃詩淳、邵軒磊，2017）。

在此階段，我們不是給機器裁判書的文字檔，而是先透過人類，將裁判依照一定的特徵（features）予以標記（labeling）後，再提供給機器做學習。關於特徵，我們決定納入民法第 1055 條之 1 第 1 項例示的「法官應注意之事項」，以及過去法學者所提倡的應注意的事項。包括了：子女性別、子女年齡、子女人數、子女排行、子女意願、子女與其他共同生活之人感情、父母健康、父母品行、父母經濟、父母教育程度、父母意願、父母不當行為、父母撫育時間、父母撫育環境、友善父母、父母何人為主要照顧者、父母了解子女程度、父母照顧計畫、親子互動、照顧現狀、支持系統、社工報告，共 22 項特徵。每一位子女與其相關的裁判，都透過人工判讀的方式，被轉換成此 22 項特徵的資料，也就是一連串的數值，而不再是文字；整個資料集共有 690 位子女的資料。此外，因為是監督式學習，在訓練用的資料集

中，也將正確的目標值，也就是裁判結果將親權歸於父親或母親，提供給機器。

　　人工神經網絡是一種模仿生物神經網絡的結構和功能的計算模型，和其他機器學習方法一樣，已經被用於解決各種的問題。人工神經網絡有輸入層、隱藏層（hidden layer）、最後產生輸出層（目標值，亦即機器之預測結果，在本研究中，是親權歸屬於父親或母親）。

　　機器學習必須將總資料集分成訓練集與測試集（test dataset）兩個樣本。我們以亂數抽選總資料集的樣本中之 80%（約 552 個樣本）作為訓練集，給予正確的目標值，用以訓練模型。如此，建立了結構如圖 16.1 所示的簡易的人工神經網絡模型，輸入層有 22 個特徵值（內涵已如上述），隱藏層有 3 層。

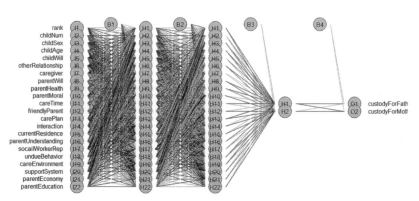

圖 16.1：親權裁判之人工神經網絡模型

圖片來源：黃詩淳、邵軒磊，〈運用機器學習預測法院裁判：法資訊學之實踐〉，《月旦法學雜誌》第 270 期，2017，頁 94。

　　其次，將剩餘的 20%（約 138 個樣本）作為測試集，不告知正確目標值，要求機器用已建好的人工神經網絡模型，來「預測」某個樣本（某個子女）的親權應歸屬父親或母親，用以檢驗模型的成效。

　　判斷成效最直覺的方式，就是看模型預測結果是否符合正確解答，亦即模型輸出的目標值是否符合人工標記的實際值（即真實世界中的法官的判斷）。作法是將這兩個值互相對照，製作成混淆矩陣（confusion matrix）。混淆矩陣評估監督式學習成效的工具。藉由將模型預測的數據與驗證數據進行對比，使用準確率（accuracy）、召回率（recall）、精確率（precision）、F1-score 等指標，對模型的分類效果進行度量，以方便不同技術或系統之間的成效比較（Ting, 2017）。

　　將本模型對測試組（即 138 個樣本）進行測試，其結果整理為如下表 16.1 之混淆矩陣。

表 16.1：測試組預測之結果

混淆矩陣		機器預測成果	
		判母	判父
真實判決狀態	判母	110	1
	判父	1	26

註：亂數種子 1184

　　由上表 16.1 可知，本次測試組的準確率為 98.55%（（100+26）/138）。我們可以說，機器的確藉由學習過去的裁判，掌握了「過去多數法官」的思考模式（建立模型），運用這個思考模式，再要求機器對未曾接觸過的案例下判斷，機器可以作出非常接近（過去的）法官的結果。如果讀者能夠接受 AlphaGo 是一個「能下棋的人工智慧」，那也可能接受這是一個「能做親權裁判的人工智慧」；只是這必須建立在一些前提之下，例如人類必須先將「需要機器做判斷」的案件，轉換為上述 22 項特徵（數值資料），這本身就不太符合現實。因為這是一項需要勞力的工作，22 個數值太多了。於是，這引發了我們進

一步想找出「哪個特徵才是重要特徵」。但不論如何,這個研究的法學意義是,我們可以觀察到不同的法官的大量裁判有規律可循,這個規律可以使用數學描述,甚至可以被計算。機器能夠正確評估「裁判」的傾向。然而,人工神經網絡雖有著非線性的計算能力,但其代價是捨棄了其間相關細節,我們無法得知機器為何能猜得準法官的判斷,須賴其他方式解謎。

第三節　要求機器給理由:決策樹

對於親權,坊間常常有一些說法,例如「幼年從母」,或是「青少年時宜判給同性別之父或母」,或「判給有錢的那邊」等。這些說法可能的確發生在某些案例中,但是不是普遍存在多數裁判,仍待檢驗。或者,父親與母親各自都有一些優勢、劣勢(例如一方是主要照顧者,卻阻撓他方探視,具有「不友善」情狀)時,哪個因素可能對親權結果發生決定性的影響等,也是人們好奇的事項。換言之,除了「判對」之外,法學研究者更想問的問題是「為什麼這樣判?」

於是,我們改採決策樹(decision tree)算法,這在資訊系統已經發展多年,可視為迴歸分析的擴充,能夠有效率的從大量資料中,提取諸多變項中之關鍵因素以及找尋因素間之關聯性(Rokach and Maimon, 2008)。1980 年代美國曾有人使用「決策樹研究方法」來協助律師評估提出訴訟的成功率或風險(Blodgett, 1986)。決策樹演算法是一種分類和迴歸演算法,可用於離散和連續屬性的預測模型。針對分隔屬性,此演算法依據資料集內的輸入資料行之間的關聯性來產生預測。例如,在預測哪些客戶可能購買腳踏車的狀況中,如果 10 個年輕客戶當中有 9 個購買腳踏車,但 10 個年紀較大的客戶當中只有 2 個人這麼做,則演算法會推斷「年齡」是決定「是否購買腳踏車」

的原因。

　　我們將前述親權裁判資料集，使用決策樹演算法建立模型（黃詩淳、邵軒磊，2018），請參考下圖 16.2。第一個節點（根節點 root node）是主要照顧者（特徵名稱 caregiver），也就是區分出親權判給父或母的第一個因素是主要照顧者；其次則為子女意願（特徵名稱 childWill）或父母與子女之互動（特徵名稱 childInteract）。

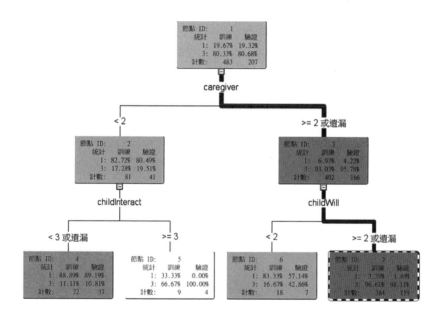

圖 16.2：親權裁判之決策樹模型

圖片來源：黃詩淳、邵軒磊，〈酌定子女親權之重要因素：以決策樹方法分析相關裁判〉，《國立臺灣大學法學論叢》第 47 卷第 1 期，2018，頁 325。

　　我們設定每個節點下只有 2 個子節點。以根節點 caregiver 來說，右邊的分枝是指 caregiver 此一特徵的數值大於、等於 2 或遺漏；左邊的分枝是指 caregiver 的數值小於 2。特徵值的數值分類是： 1 為有利

父（父親表現較佳）、2 為中立（父母表現差不多）、3 為有利母（母親表現較佳）、遺漏為法官未考量。換言之，當主要照顧者是父母不分軒輊（2）、或是母親（3）、或法官漏未提及（遺漏）時，就是右邊的分枝，接下來就要視第二個節點「親子互動」的狀況，決定最後的結果；當主要照顧者是父親（小於 2 就代表 1）時，則是左邊的分枝，接著要考慮第二個節點「子女意願」。

目標值（裁判結果，亦即節點方塊中的 1 或 3 代表的意義）：1 為父親取得單獨親權，3 為母親取得單獨親權。方塊顏色愈深者，表示此種結果占全體之比率愈高；反之，方塊顏色愈淺者，表示此種結果占全體之比率愈低。使用前述混淆矩陣計算的結果，本模型的正確率大約是 95.17%。

透過決策樹，可發現在將近 20 項的特徵中，「子女之主要照顧者」、「子女意願」、「親子互動」3 項因素具有最主要影響。這意味著，即使在個別案例中，法官可能會審酌同性原則（傾向將子女的親權歸給同性別之父母）、年齡原則（幼子從母），或一般人民可能最在意的「父母經濟地位」（以為法官會將子女親權歸於父母中較有經濟地位者）；但絕大部分的裁判，皆以「子女主要照顧者」、「子女意願」、「親子互動」為主要考量。

本研究做到了法律推論（legal reasoning）的嘗試，具體而言，就是知道哪些因素（特徵）比其他因素更「重要」。這裡說的「重要」，不是道德意義上之「重要 / 不重要」，民法第 1055 條之 1 的每個因素在哲學或法學意義上，都是重要的。這裡的「重要」指涉的是數學意義，亦即如果歸納多數法官判斷親權歸父或母的「重要」因素的話，有如此之結果。換言之，我們不能否認某因素在單獨特定的個案中，可能成為該裁判上的關鍵，但不能反過來宣稱該因素是全體裁判的「關鍵」。

這個研究有助修正某些對於司法裁判之刻板印象，例如坊間常有人認為父母之中經濟弱勢方較難獲得親權（即經濟狀況將影響親權歸屬）。此研究成果表明了，例如「經濟狀況」並非近年法官在裁判親權時所考量的重點，從而，夫妻離婚後，一方若欲爭取子女之親權，實毋庸因自己的經濟狀況不佳而卻步。相對地，對子女的照顧、與子女的互動以及子女的意願，才是法官關心的重點。在原先多達 22 項的特徵中，決策樹指出了最能劃分出親權歸父或母的前 3 項因素，換句話說，這 3 項是左右結果的重要因素。如此，當事人與法官或許能比較針對「重點」來討論。當然，法官還是可能仔細審酌其他要因，當事人也可以舉證自己表現好的項目（例如撫育環境、支持系統等），不過總體而言，還是這 3 項較為重要。在眾多「應考量」的變數中，指出何者實際上具有較大的影響力，是法實證研究的功能與任務所在（張永健，2015），而本研究也實踐了此點。決策樹的準確率雖不如人工神經網絡，卻能得知「多數裁判」的重要性因素。接下來，我們能不能探索每個個案的重要性因素？

第四節　要求機器說明單一個案的理由：梯度提升法

機器學習不只能掌握裁判的總體樣態，還能進一步能關注個案。「梯度提升法」（gradient boosting）此一算法，能從單一模型中計算複數的決策樹，並將每一個決策樹疊加起來的結果作為最後檢定成果，而回推出某種分類能否增加「模型的正確率」。而不斷反覆演算的過程中，若某些樹不能「增加」模型正確率，就會停止運算，而發展另外的決策樹。而也由於這個模型計算出複數的決策樹，因此在所有的因素中，能計算出每個節點的「貢獻」（gain，所有變項之總和

為 1），也就是我們稱的「重要性」。換言之，愈常在反覆運算的決策樹中所出現的節點，對於總體模型的貢獻就愈大。

　　將前述的親權裁判資料集，以梯度提升法建立模型，並加以驗證，得到了準確率 95.7% 的結果（黃詩淳、邵軒磊，2019）。同時，機器能列出每一個特徵的貢獻度，如下表 16.2（僅節錄前 10 名）：

表 16.2：各特徵的貢獻度（資訊增益值）

重要性排名	特徵	特徵值中文	貢獻度（gain）
1	caregiver	主要照顧者	0.356183
2	childWill	子女意願	0.266604
3	interaction	親子互動	0.151624
4	socialWorkerRep	社工報告	0.066636
5	supportSystem	支持系統	0.035976
6	parentMoral	父母品行問題	0.021785
7	undueBehavior	父母不當行為	0.014299
8	parentEconomy	父母經濟	0.013897
9	childNum	子女人數	0.013205
10	careEnvironment	父母撫育環境	0.012956

　　更進一步，這個模型能畫出其所預測的（測試集中的）個案的圖像，亦即機器可生成每一筆資料的瀑布圖（waterfall graph），如下圖 16.3、圖 16.4。瀑布圖的 x 軸標示出各特徵，以及父或母何人在該特徵值表現較佳（1 為父，2 為不分軒輊，3 為母）。y 軸表示了在目標值 0（母親獲得親權）至 1（父親獲得親權）中間，父母的得分狀態（請注意，本研究的目標值設定方式與決策樹模型不同，本研究是母親獲得親權 = 0；決策樹是母親獲得親權 = 3）。初始值為 0.5，也就是粗黑線的所在。最終得分若接近 0，則機器判斷該件由母親取得親權；

若最終得分接近 1，則機器判斷該件由父親取得親權（註：Y 軸的間隔並非等比例）。圖中的灰色圖塊表示該特徵值母親表現較佳（因此分數會是負的，使總分往 0 的方向移動）；白色圖塊表示該特徵值父親表現較佳（因此分數為正，使總分往 1 的方向移動）；圖塊的長短即代表機器認為該特徵值有利的「程度」（分數）。最後的結果在最右方的預測值（prediction）一欄，如前述，在 0.5 以下判斷為母親獲得親權，在 0.5 之上判斷父親獲得親權。

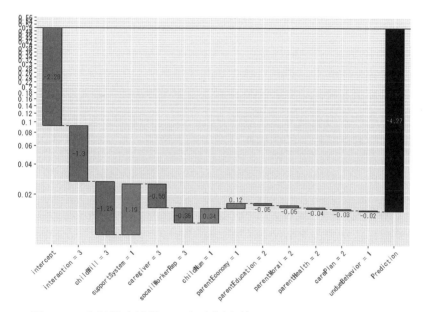

圖 16.3：士林地方法院 101 年度婚字第 185 號民事判決之瀑布圖
圖片來源：黃詩淳、邵軒磊，〈人工智慧與法律資料分析之方法與應用：以單獨親權酌定裁判的預測模型為例〉，《國立臺灣大學法學論叢》第 48 卷第 4 期，2019，頁 2057。

例如上圖 16.3，最終的預測值是在 0.02 的下方（數值不確定，但比 0.02 還小），機器會判斷親權歸於母親。該筆測試資料，實際上是

士林地方法院 101 年度婚字第 185 號民事判決，原告為母親，被告為父親。在判決中，法官指出（粗體強調為筆者所加）：

> 審酌前揭訪視報告意見，認原告於經濟能力、親子關係及親職能力等方面均具單獨照護未成年子女之條件，且其本身亦有監護之強烈意願。又未成年子女〇〇〇自幼之日常生活起居及學習均由原告照顧，**長期以來原告為子女之主要照顧者**，對於子女之了解與需求自較被告熟悉，**原告與子女間情感依附關係緊密，互動關係良好**，如驟然變動子女生活環境，恐使子女之身心無從於穩定之環境中成長發展。至被告雖亦有經濟能力撫育子女，惟其照顧未成年子女日常生活之能力上有疑慮，且其情緒控制能力亦尚待加強，較之原告殊難期待其能善盡監護子女之責。此外，〇〇〇於社工訪視及**本院審理時均表明與原告共同生活之意願**，其意願亦應予以適度尊重。

由上述粗體字的句子可知，法官認定了原告（母親）是主要照顧者、原告比被告更了解子女、原告與子女間互動良好、子女意願偏向原告。而機器所繪製的瀑布圖，則表示了機器對於母親與子女互動良好、子女意願偏母、母親是主要照顧者、社工報告這幾項特徵，給了較高的權重；同時，父親在支持系統上的較佳表現也有若干權重。惟綜合計算的結果，機器仍預測由母親取得親權；實際上本判決也是將親權歸於母親。

還有一種案例，父母雙方各有「優勢」，我們稱為比較「模糊」的案例，如下圖 16.4。

本件雙方各有所長，父親是主要照顧者、經濟較母親稍微優渥，

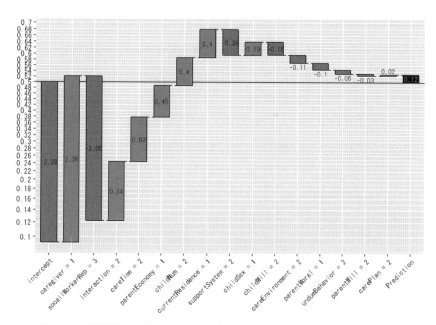

圖 16.4：雲林地方法院 102 年度婚字第 171 號民事判決之瀑布圖

圖片來源：黃詩淳、邵軒磊，〈人工智慧與法律資料分析之方法與應用：以單獨親權酌定裁判的預測模型為例〉，《國立臺灣大學法學論叢》第 48 卷第 4 期，2019，頁 2061。

子女目前與父親同居，但父親曾對母親家暴；社工報告則對母親之親職能力給予正面評價；而其他特徵值則多半父母表現不分軒輊。在最後親權歸屬的結果預測上，不同於前揭圖 3 非常接近 0，圖 16.4 顯示機器預測值僅在 0.5 的上方一點點（數值約為 0.52），可見雙方頗為勢均力敵。由於預測值微高於 0.5，機器推測親權歸屬父親，而實際裁判結果亦是如此。

　　此案例顯示，在雙方各自擁有某些優勢因素時，機器確實會產生類似思考拉鋸戰的局面；不過由於法官最重視主要照顧者，最後還是由擔任主要照顧者之父親取得親權，而這樣的思考過程，如實地反映在梯度提升法繪製的瀑布圖中。也就是說，梯度提升法所建立的模

型，更能夠描繪法官心中的思考過程。當然這只是個比喻，機器並不是真的去研究個案法官的思考過程；機器是依照過去的數據建造了一個推論模型，然後機器試圖說明自己如何依照這個模型得出最後的計算結果，也就是機器只是說明了自己的思考過程。由於能較為細緻地計算每個特徵的重要性，因此父或母不是取得愈多因素的優勢愈好，而是在重要的因素取得優勢者，較可能獲得親權。

踢度提升法釐清了先前用決策樹算法分析出的 3 個重要因素的順序，且可以更具體展示，為什麼機器預測本件親權會歸屬父親或母親。換言之，當事人可以看出自己的「不足之處」在哪？改善什麼項目可以幫助自己增加更多爭取親權的可能性？這可對當事人做出更細緻的建議，甚至有引導當事人改變行為（例如增加撫育子女的時間，或者改善與子女的互動）的可能性。

第五節　法律資料分析的發展方向

在上述系列研究中，筆者探討了機器學習等資料科學技術，在分析法院裁判時可能帶來之益處，並實踐比較不同的機器學習演算法分析親權酌定裁判的結果與意義。使用不同的算法，可以讓機器從單純的「預測裁判結果」，到公開其算出的重要特徵，更進一步針對個案說明機器判斷的基準（個案的重要特徵為何），在法律推論的任務上有相當進展。資料分析不僅是做到了結果預測，對於何以出現那樣的判斷，也能提供說理，解答法實證研究關心的問題。

總體而言，在上述階段，我們需要人工閱讀作為基礎，亦即將資料集中的訓練組的各個法院裁判，依照專家設定的特徵，以人工進行標記。其次，機器再依據此些已標記過的資料，進行運算，找出最合適的模型。

　　嗣後，筆者也嘗試讓機器直接從裁判書文本來「學習」，減少人工標記，亦即使用自然語言處理（natural language process, NLP）、文字探勘（text mining）等技術，再配合機器學習，進入訓練與預測。為了便於比較，我們使用了前述相同的親權裁判資料集（448 件裁判書），先由人類挑出親權相關的文字段落（不含親權酌定的結果），使用自動分詞與人工神經網絡來分析。最後獲得約 8 成（79.05%）的準確率以及近九成的 F1-score（0.879）（黃詩淳、邵軒磊，2020）。這意味著，機器可以某程度理解裁判書的用字遣詞，並基此判斷親權將判給母親或父親。不過，相較於人類先將裁判書的內容轉化為數字後讓機器計算，獲得的優異成果（準確率大於 95%），機器自行解讀文字、做出判斷的技巧尚待加強（準確率 79%）。當然，在自然語言的方法中，因為欠缺了人類預先訂定的特徵，且採用人工神經網絡算法，致使除了預測裁判結果外，無法得獲知理由（哪個特徵權重較重；其實或許能得知，但在法學研究上難以賦與有意義的解釋）。

　　綜上，法律資料分析的相關研究，若要與法學領域的學術社群對話；又或者，法律資料分析的應用成果（裁判預測結果），若要引起法律實務界人士的重視，必須要適度地回答法學關心的問題。勝敗訴結果固然是重點，但左右多數事件勝敗訴的理由（亦即本研究所謂的「特徵」）可能更是法律人的關懷。這是因為，法學專業訓練向來要求法律人，「判斷必須附理由」。自然地，法律人也期待輔助人類做決策的機器也能夠附上判斷的理由，供人類檢視、改進機器，這也才能提升人類對機器的信賴。從而，法律資料分析必須與法實證研究結合，奠定理論基礎；產業界的法律資料分析應用，也必須貼合著法實證研究的訓練，謹慎地解釋分析結果。筆者相信，愈多法律人投入法律資料分析，除了促進發展外，將能更清楚地看見 AI 在法學領域的「能與不能」，也才能給予此一取徑更公允的評價。

參考文獻

張永健、李宗憲，〈身體健康侵害慰撫金之實證研究：2008 年至 2012 年地方法院醫療糾紛與車禍案件〉，《國立臺灣大學法學論叢》第 44 卷第 4 期，2015，頁 1785-1843。

黃詩淳、邵軒磊，〈運用機器學習預測法院裁判：法資訊學之實踐〉，《月旦法學雜誌》第 270 期，2017，頁 86-96。

黃詩淳、邵軒磊，〈人工智慧與法律資料分析之方法與應用：以單獨親權酌定裁判的預測模型為例〉，《國立臺灣大學法學論叢》第 48 卷第 4 期，2019，頁 2023-2073。

黃詩淳、邵軒磊，〈以人工智慧讀取親權酌定裁判文本：自然語言與文字探勘之實踐〉，《國立臺灣大學法學論叢》第 49 卷第 1 期，2020，頁 195-224。

黃詩淳、邵軒磊，〈酌定子女親權之重要因素：以決策樹方法分析相關裁判〉，《國立臺灣大學法學論叢》第 47 卷第 1 期，2018，頁 299-344。

蘇凱平，〈法律數據分析的意義、理論與應用：以探索刑事法院對證據的裁量與評價為例〉，《月旦法學雜誌》第 294 期，2019，頁 101-124。

Becker, Josh. "How Legal Analytics is Changing the Legal Landscape, Legal IT Insider" (2018), https://bit.ly/3Bhg2OP (May 13, 2021).

Blodgett, Nancy. "Decision Trees: Lawyers Method Takes Root." *American Bar Association Journal* 72.1 (1986): 33-33.

Byrd, Owen. "Moneyball Legal Analytics Now Online for Commercial Litigators." *Commercial Law World* 31.2 (2017): 12-16.

Epstein, Lee and Andrew D. Martin. *An Introduction to Empirical Legal Research*. Oxford: Oxford University Press, 2014.

Flach, Peter. *Machine Learning: The Art and Science of Algorithms That Make Sense of Data.* Cambridge: Cambridge University Press, 2012.

Katz, Daniel Martin. "Quantitative Legal Prediction - Or - How I Learned to Stop Worrying and Start Preparing for the Data-Driven Future of the Legal Services Industry." *Emory Law Journal* 62 (2013): 909-966.

Rokach, Lior and Oded Maimon. *Data Mining with Decision Trees: Theory and Applications.* Singapore: World Scientific Publishing, 2008.

Ting, Kai Ming. "Confusion Matrix." In Claude Sammut and Geoffrey I. Webb. Boston ed., *Encyclopedia of Machine Learning and Data Mining.* Berlin: Springer, 2017, pp. 260-261.

第十七章
AI 創新與數據實作 *

彭松嶽 **

第一節　前言

　　無論是各類的語音助理或先進駕駛輔助系統、考量即時交通狀況的行車路線規劃、文字輸入預測及校正，或是掃地機器人及智能玩具和寵物等，都可發現 AI 已融入日常生活中。這些技術同時也期望透過持續且廣泛地蒐集日常活動的數據，增進各種辨識、分類、決策或預測的準確度，以使未來的 AI 創新能夠提供更準確的個人化服務、及早針對安全危害進行示警或指引獲得更佳生活品質的方式。例如結合不同穿戴式裝置能夠即時蒐集個人的活動、飲食或心理相關數據，並據此作為生活型態調整或是照護計畫最佳化的依據。如同本書第十一與十三章所述，結合穿戴裝置讀取身心數據並由 AI 進行分析，或能提供更精準的情緒判讀與健康評估。此外虛擬管家、陪伴機器人乃至於智能教育科技，則能專注地傾聽我們日常生活的對話，或透過鏡頭與光學辨識鉅細靡遺地觀察與分析眼神或肢體的互動，並利用這些數據訂立符合不同個人之生活、陪伴或學習模式。而第十二章所提

---

* 本章由下文改寫：彭松嶽，〈運算都市生活：數據實踐與日常生活的轉化〉，頁 197-240。
** 國立陽明交通大學科技與社會所副教授。

醒之機器人倫理學與相關道德議題，也是未來著重在技術創新的過程之中同樣需要受到關注的面向。

　　AI 創新所帶來之社會與日常生活的新願景固然引人注目，但是數據作為推動這些創新之重要元素也須受到同等程度的重視。「數據是數位經濟的新石油」（Wired, 2014）的論述，以及如前段所說明之以數據為基礎之 AI 創新，再再說明數據在當代社會的重要性，但我們同時也面對許多重要且根本的問題，包括數據從何而來？數據庫如何構成？產生數據的過程需透過哪些科技與社會的實作進行？哪些社會、科學、文化的價值、預設與期待伴隨著數據的生產？這些問題提醒，不論 AI 創新過程運用的是環境或個人身心數據，針對數據產生與分析過程進行深入的探討，能讓我們更謹慎思考作為 AI 創新動力的數據究竟從何而來，以及數據與社會間的關係。

　　在 AI 或數位創新中，往往伴隨著對數據產生過程之客觀性的信任，相信透過數位科技進行的個人數據蒐集能不受到個人干預，因此能以客觀、連續且全面之方式進行記錄。例如在醫療與照護的場域當中，運用穿戴式攝影機或其他穿戴式裝置蒐集之個人大數據（personal big data）收集與開發之智慧照護服務，是期望能「透過對大量蒐集來的數據進行篩選檢查、找出例外，以發現模式改變的訊號或是早期預警的徵兆」，來達到對使用者的生活與身心狀況有更準確的判斷與完備的保護（Swan, 2013: 89）。此外，這類研究也希望運用不同感測器對生理或心理狀況進行更完整的監測，從而開發更準確的日常生活分析，並督促使用者培養更健康的飲食習慣或更有活力的生活型態（如 Kelly et al., 2011; OLoughlin et al., 2013）。上述這些對於個人大數據的蒐集與分析的盼望，則是建立在相信穿戴式裝置和其他數位記錄個人生活的器材，能夠「被動地」（passively）、以固定時間間隔的方式進行數據蒐集，從而讓使用者能夠「比他們主動地擷取影像的狀況

下，記住更多的事件」（Sellen et al., 2007: 89）。這些對於客觀性（被動而非個人主觀的紀錄）、全面性與公正性（impartiality）的信念，更加鼓勵了各式各樣的數據實踐。例如 Deborah Lupton（2016）觀察到在日常生活場域當中，熱衷於蒐集個人數據者將他們的個人數據集（datasets）視覺化、尋找與建立不同變相之間的關係（如壓力與運動）並和其他進行類似實驗的同好們進行資料蒐集與分析的心得分享。

　　著眼於此，本章將透過數據實作之概念，探討日常生活中進行的個人數據生產及其造成之後果。數據實作在本章中意指將特定活動或現象以數據形式記錄、分析或運用的實際作為，涉及包括進行記錄的個人與他者、使用的（非）數位科技、進行記錄或分析的社會與科技脈絡及透過數據實作欲實現之期望與價值。藉由探討日常生活中的數據實作，本章希望能夠更深入地探索涉入其中的人、科技物、技術、論述與想像，並思考數據實作對關於個人的數據、日常生活及社會的重構。

　　為進行討論，本章以自我追蹤（self-tracking）作為探討的主軸。自我追蹤包括不同的數據實作，包括近年來廣受矚目的數值化自我（quantified self）以及生活日誌（lifelogging）社群，或是進行不同日常生活記錄的個人。自我追蹤近年來快速興起，目的是將個人生活中的身心狀況或是社會互動以數據形式記錄，並透過數據改變生活型態或是記載具有特定意義的生活面向。自我追蹤相關之現象與議題在臺灣亦逐漸受到矚目（余貞誼，2018；劉育成，2018；江健璁，2019）。本章將先介紹關於數據實作不同面向的考量，並深入探討轉化的概念，並透過此理論取徑探索日常生活中的數據實作。

第二節　數據實作與自我知識

　　自我追蹤期望增進對個人身心狀況的理解，然而此種數據實作與累積自我知識（knowledge of self）的過程交織著社會、文化與科學的影響。如衡量個人狀況是否「正常」是自我追蹤者常常會遭遇到的問題，卻也突顯「正常」此一概念的複雜性。Neff 與 Nafus（2016）的研究即呈現為何藉由自我追蹤回答「我是否正常？」這樣的問題無法由單面向之科學標準判斷。為了達到健康生活所進行的步數追蹤，自我追蹤者會設定每日的目標步行數量，此種標準可能是追蹤器材製造商宣傳的數量（如日行萬步），或是政府相關單位建議的指標（如五千步）。然而透過建議步行數量訂定之目標卻也成為定義「正常」的方式，同時也呈現此種定義來源的不確定性。無論是五千步或是一萬步，此類目標混淆何謂「多數人可以達成」與「理想」的目標，也忽略「正常」的多重性。此外，「多數人」能達成的目標也非絕對的。對於不同年齡、身心狀況、工作型態、通勤狀況或家庭照護責任的人而言，每日能夠達成的步行數量明顯會受到這些複雜的身心與社會狀況影響，並有明顯的差異。也因此，透過數據理解個人是否正常雖然看似客觀，實則牽涉複雜之關於正常的定義。

　　此外，個人數據的分析作為產生自我知識之機制亦需深入檢視。使用市售之科技物進行個人數據蒐集時，進行蒐集的項目以及產生之分析是由製造商預先設定的。特定之製造商或是應用程式會有其預設之檢測健康項目（如 iOS 作業系統中基本的步數或是雙腳支撐時間）。然而這些數據與分析卻未必能有效增進對個人健康的理解。首先，雙腳支撐時間或是步行不對稱是由哪些數據進行計算而獲得，並沒有說明。此外，這兩項分析對健康的意義也都需要詳細的說明才具有意義，在應用程式中僅提供的制式說明，或許對有相關知識背景或

興趣者而言是充分的，但對多數的人而言是不足夠的。這樣的現象提醒 Crawford 等人（2015）對個人數據與分析的觀察。他們指出這些數據與分析的累積往往依照特定的演算法、數據分析技術或文化與科學的邏輯進行。然而並非全都是一般大眾能夠容易理解或甚至挑戰，也因此這些技術背後之文化與科學假設無法受到更廣泛的檢視或激發更多的討論。

　　上述的狀況亦呼應 Fiore-Gartland 與 Neff（2015）所要指出之，透過個人數據與數據分析進行的知識會受限於知識生產工具之政治經濟脈絡。穿戴式科技或其他智慧科技製造商才具有能力決定數據蒐集的變項、進行分析的項目及分析運用的方法。他們架設使用者數據分享之平台，並於平台中提供各種數據視覺化與分析工具，且以建立「社群」的名義鼓勵使用者參與數據的分享。透過這些數位科技、變項、分析工具和社群的部署，數位科技的製造者擁有比個人更廣泛的彙整與串連個人數據的能力，並有更多更豐富的數據進行分析，同時將個人排除於演算法與數據分析技術的設計之外。除此之外，前述之數據蒐集與分析技術往往又受到法律的保護使得相關之演算法等很少受到公開的檢視，使得這些個人數據工具的製造商，擁有不對等、高於數據生產者（穿戴著各種裝置的個人）之分析與認識個人身體的知識權力，也將後者排除在自我知識發展的過程之外（Andrejevic, 2014）。

　　Sharon 與 Zandbergen（2017）將上述的現象稱之為「數據拜物教」（data fetishism），但他們同時強調自我追蹤牽涉多重的數據實作，也值得更仔細的探討。「數據拜物教」是一種信念，相信數據真實且客觀地呈現個人，使個人成為能夠被客體化、被計算的自我，同時也忽略數據背後之文化與科學預設。Sharon 與 Zandbergen 透過數值化自我社群的民族學誌研究指出數值化自我的實作是多重的，且數值化

自我的社群成員能同時再製並挑戰拜物式的數據實作。數值化自我的社群成員可以透過紀錄與日誌創造個人反思的空間（reflexive space）或覺察（mindfulness）的能力。也可以透過調整或拒絕既有進行量化自我的變項或科技物、動手拼裝適合個人狀況的裝置。又或是探討個人數據的保護機制或數據實作過程中維持自主性的可能，以作為挑戰或反抗主流數據文化的方式。這些數據實作呈現自我追蹤過程中將個人視為可以客觀方式數據化、可計算且可最佳化的一面，但同時也說明對於個人數據的詮釋及意義的賦予具有多重可能性。

此外，在上述討論中可發現相信個人數據是可計算（calculable）與可運算的（computable），亦是激發數據技術與 AI 創新靈感來源。這樣的信念有其科學與文化的歷史脈絡，且持續影響今日關於個人能被「程序化」（programmed）的思考。Chun（2011）針對人的生命如何變為可「程序化」進行歷史的、科學的及文化的探討。Chun 指出與程序化息息相關的是在生命、醫療及電腦科學場域中發生的「資訊思考」（information thinking）的轉向，引導如分子生物學、模控學（cybernetics）和基因學的發展。此知識論轉向強調生物體內（如基因體間）發生的資訊處理與交換，是影響生物發展之「生命邏輯」（logic of life），因此透過對資訊處理模式的理解即能夠掌握生命邏輯影響生物體發展或轉變的方式。此種強調資訊的運算更廣泛地影響不同的科學領域與社會層面，並促成對資訊處理程序的信賴：相信生命能透過資訊程序理解，認為生命是可化約為有規律的、具邏輯性的且含可資辨認的資訊模式，並據此使生命與相關經驗成為可操作之對象。

第三節　以「轉化」思考數據實作

　　然而個人的生命與生活是否能如上所述以程序化的資訊或數據交換進行理解或操作，仍有許多值得深入探究的部分。這樣的探討亦是將上述關注在知識生產上的討論，轉移至生活的本身以及在生活過程中進行數據實作可能造成的影響。為進行後續的討論，本節介紹「轉化」（transduction）之理論觀點並以此取徑進行後續之探討。

　　「轉化」此一概念先由科學哲學家 Gilbert Simondon 提出。在 Simondon（2017）的闡述中，轉化強調科技物是組合體（ensemble），是經由轉化的過程使其中之構成物改變其原本之性質或作用方式，促成科技物的結合。Mackenzie（2002）以彈簧刀作為例子說明轉化之概念。彈簧刀的各個構成部分（如握柄、刀鋒、彈簧等）原本各自有不同或甚至是互相衝突的物質性質（如刀鋒為進行破壞，但握柄則保持結構穩固），然而透過彈簧刀的結構使得不同元件分歧的效果能夠被限制或消解（如透過彈簧與握柄影響刀鋒作用的方式），從而結合成科技物。換言之，Simondon 對科技物的理解以及對轉化的重視，強調科技物的生成與轉變，著重於「解釋事物如何變成他們目前的樣態，而非他們是什麼」（Mackenzie, 2002: 16），亦即對轉變（becoming）過程的強調，而非固著於對本質（being）的考究。也因此，Mackenzie 強調「轉化」的取徑，是要能夠更有深入發覺生命與物質之發展與轉變的過程，理解個體但卻不「假定〔個體的〕根本性質或認同」，轉而探索個體「轉變成當今樣貌的本體生成過程」（2002: 18）。

　　以「轉化」的取徑探討日常生活中的數據實作，則提醒對構成數據實作的人、科技物與各樣之社會與科技期望之指認，並探究他們在數據實作的過程經歷的轉變。透過對數據實作與轉化的審視，能讓我

們重新思考數據實作造成之日常生活的改變，及其如何影響 AI 創新透過數據進行日常生活之操作或最佳化的期望。

第四節　數據實作與日常生活的轉化

　　雖然 Google Glass 已是過去的創新，不過從其使用經驗可以協助我們開始數據實作與日常生活轉變的討論。如同其他運算設備，Google Glass 在運作時裝置的溫度會上升，然而因為其體積小、使用時緊貼皮膚，因此散熱能力受到限制，且皮膚感受到的溫度改變更為直接。在此狀況之下，Google Glass 會發出不要再繼續使用裝置的警告訊息，且穿戴者也需不時地將眼鏡移離開頭部降溫。有些具有程式撰寫能力者可以編寫軟體程序（script）進行即時溫度監控，其他使用者則可以選擇不同內建之模式以降低運算需求。換言之，穿戴著運算裝置的日常生活，以及過程中的人與科技物間的關係，並非恆常不變。被運算的日常生活反而是變動且存在著強烈的「液態性」（fluidity）（De Laet and Mol, 2000），隨著裝置溫度的改變使得運算模式需要調整，或甚至暫時迫使人與運算裝置彼此脫離，日常生活在運算與數值化的過程也因之改變，產出之個人數據亦隨著穿戴裝置過熱的開始與減緩而變得存在或缺席。

　　穿戴式攝影機為另一受歡迎之紀錄裝置，強調紀錄可以全面地捕捉日常生活。然而穿戴著攝影機進行記錄的過程，仍難以不受外在影響的、客觀的方式進行。市售之穿戴式攝影機雖然有不同品牌或規格，他們根本的技術仍有高度之相似性。以鏡頭作為最重要之個人紀錄生產工具而言，不同規格的攝影機雖有差異，但是能夠清楚擷取影響的範圍是相對特定的：如十呎左右的半徑範圍、約 65 度的廣度、特定的紅外線記錄能力等。同時穿戴者為了能夠不受到個人的干擾而

持續地進行記錄，攝影機往往設計成能夠掛在脖子上，或扣在上衣或外套口袋、背包肩帶等處，然而無論何種方式，攝影機最常出現在胸口左右的位置。換言之，科技物的市場與實作的部署所共同導致的後果是個人即使不干預紀錄的產生，卻仍然因為技術規格及穿戴方式的趨同，使得日常生活的數據侷限於特定的範圍、角度、距離和視角。

　　除了科技物所帶來之數據實作與日常生活的轉化，日常生活中的他人同樣也可能帶來未預期的影響。在一次訪談中，一位進行數值化自我計畫的受訪者談到他的個人生活經驗未能「如實」地被記錄下來的狀況。在為期一年的數值化自我的企劃中，他利用穿戴式攝影機紀錄與朋友間的互動情形，但最後卻擔憂這樣數據化個人生活的方式無法真實記錄他的生活。在一次出席朋友聚會的場合中，與聚者並沒有扭捏或抗拒攝影機的出現，反而很好奇地試圖想瞭解穿戴著攝影機出現的動機，而圍繞著這位受訪者的對話即順著為什麼要進行數值化自我等相關主題展開。然而對這名受訪者來說：「我一點都沒有預期到會是這樣。大多數的時候他們先出現的反應是：這個傢伙到底要做什麼？但是當你開始解釋給他們聽，他們開始覺得有趣，而且覺得對這樣的計畫開始有興趣」（受訪者 AW04）。雖然他人的好奇與配合使得記錄的過程可以持續，可是對這位受訪者來說，這樣的紀錄並沒有如實地記載他所知道的日常生活。對這名受訪者而言，充滿好奇與興趣的支持與對話，反而使得這些生活數據「很可能是錯的，因為某些人跟你說話也許只是因為你穿著一台攝影機」。

　　日常生活的互動是這名受訪者數值化自我計畫中的重要變項，而他對數據蒐集變項的規劃也值得探討。在計畫之初，此名受訪者仔細考量哪些生活面向有意義且容易被記錄、被數值化。他規劃了他的「日常生活指標」（indicators of everyday life），包括每日水的攝取量、行走的步數、交通工具的使用及與他談話的人與對話的主題，都是他

覺得能夠呈現每日生活樣貌的重要變項，且能夠運用科技產品或是紙筆進行記錄。然而這些變項的數值化也有難易程度的差別。步數或飲水量容易計算，能即時地運用 Google spreadsheet 進行登錄以及分析，而他這一數值化自我的數據與成果也多是依此呈現；但日常對話的主題則需要耗費許多的時間繕打對話內容並記錄主題，使得這部分的數據難以數值的方式記錄。因此，數據實作涉及生活面向能夠轉譯成為數值的難易程度差距，而這樣的差距卻也造成後續數據分析甚至是運用上的廣泛程度的差別。

　　這些變項雖是針對每個人自己的生活而規劃，但仍然受到他人的影響。這名受訪者在談到他進行數值化自我的計畫時即談到數值化自我社群（QS community）給予他的靈感，包括在社群中的不同想法，或是不同數值化自我進行時可以運用的科技物品或技巧等。如同 Neff 與 Nafus（2016）的研究中對數值化自我社群聚會的詳細描繪，聚會中的「show and tell」是數值化自我社群的成員討論與分享心得之重要場合，分享的範圍廣泛，包括他們進行數值化的動機、可蒐集的數據、適合的數位與非數位之裝置、數據分析的規劃與進行、蒐集過程中遭遇到的挑戰、調整或因應方式與由此過程所獲得的收穫。這樣的交流提供熱衷者相關的靈感，但也使得日常生活中能夠被數據化的面向獲得更多的關注，加深了對此面向的數據蒐集。因此，也如同 Kristensen 與 Ruckenstein（2018）所指出，自我追蹤的愛好者針對各種測量個人的度量（metrics）以及適合之工具進行實驗，而此實驗的後果強化了能被檢測的日常生活之數值化，使得能被量化的生活面向受到更多的關注與實踐，卻也導致據此而生之自我知識受到窄化。

第五節　結語與討論

　　上述之案例分析呈現出數據實作的過程受到各種不同科技物、數據技術及社群團體的影響，使得日常生活隨著數據實作的進行而產生改變。個人日常生活數值化的過程無疑地會涉及自我知識的累積，若以轉化的觀點探討數據實作，有助於提醒在進行數值化過程中造成的日常生活的轉變，以及強調探討數據累積過程的重要性。以此方式重新看待個人日常生活的數據，則不是不受干擾、連續、全面或客觀的記載，而是呈現在特定社會與科技脈絡下持續發生轉變的生活風貌。

　　若以轉化的觀點進一步思考數據實作與 AI 創新，則能更深入探討 AI 所想像的日常生活，以及 AI 進入各種生活場域後造成之生活、數據分析及科技物的轉變，或利用 AI 及數位創新進行社會與國家的治理時，對治理技術產生之影響。在新冠疫情爆發之後，各種數位或 AI 技術的開發希望透過精準的症狀或行蹤之追蹤與分析（如體溫、其他症狀或 GPS 位置等數據），進而能及早發現或追蹤染疫的狀況以達到預防疫情擴散的效果。如同此類的技術運用與開發，往往延續既有對數據創新的想像，希望透過更接近日常生活方式進行個人數據蒐集，以客觀、不受干預的方式蒐集個人數據，進而達成防疫的效果。

　　然而這些措施如何能夠有效地達到防疫的目的，同樣必須考量數位防疫科技在日常生活的運用，會如何影響數據與日常生活。例如在運用數位藩籬追蹤居家隔離者的足跡時，原本夠精確的地理位置數據會受到都會中擁擠角落的干擾，又或是因為偏遠地區的訊號容易斷訊而降低位置資訊的準確度，因而需要動員其他第一線防疫人員進行位置的確認。透過手機或其他穿戴式裝置進行之體溫或相關肺炎症狀的資料蒐集，也有可能發生應用程式設計者為確保有疑似症狀者能尋求醫療專業建議，將建議就醫之閾值（threshold）設定調低，最終導致

醫療體系負擔的大量增加。[1]

　　透過上述的討論，本章希望強調針對 AI 與數位創新的探討須重視數據實作造成的多重影響。檢視數據來源中的性別、種族、階級和身心障礙等議題有其不可抹滅的重要性，但同時我們也需要廣泛且仔細地探索生活、生命與科技在數據實作過程中的轉化，並持續地關注數據技術如何在不同科學、治理與日常生活場域中激發新的想像與造成不同的社會後果。也期望未來進行 AI 或相關之數位創新時，能夠將數據實作及其可能造成的社會後果納入設計的考量之中，以擺脫數據拜物教的信念或是科技烏托邦的論述，將創新落實在日常生活的科技、物質與社會現場。

致謝

　　本文的研究與相關討論受到下列研究經費支持：ERC The Programmable City（ERC-2012-AdG-323636-SOFTCITY）、AI 城市在東亞（MOST 109-2410-H-010-001-MY3）與國立陽明交通大學防疫科學研究中心（111-2321-B-A49-007）。

---

[1] 此部分亦受益於「數據與當代社會」通識課程之課堂討論。

參考文獻

江健璁，《人與物交纏：自我追蹤實踐中的跑者拼裝體》。臺北：國立政治大學傳播學院傳播碩士論文，2019。

余貞誼，〈鑲嵌性的時間經驗：社群媒介於日常的時間實作分析〉，《台灣社會學》第 35 期，2018，頁 1-57。

彭松嶽，〈運算都市生活：數據實踐與日常生活的轉化〉，《新聞學研究》第 145 期，2020，頁 197-240。

劉育成，〈隱私不再？以身體與訊息作為隱私概念雙重性的社會實作理論觀點探究〉，《資訊社會研究》第 35 期，2018，頁 87-123。

Andrejevic, M. "The Big Data Divide." *International Journal of Communication* 8 (2014):1673-1689.

Chun, W. H. K. *Programmed Visions: Software and Memory*. Cambridge, MA: MIT Press, 2011.

Crawford, K., J. Lingel, and T. Karppi. "Our Metrics, Ourselves: A Hundred Years of Self-tracking from the Weight Scale to the Wrist Wearable Device." *European Journal of Cultural Studies* 18.4-5 (2015): 479-496.

De Laet, M. and A. Mol. "The Zimbabwe Bush Pump: Mechanics of a Fluid Technology." *Social Studies of Science* 30.2 (2000): 225-63.

Fiore-Gartland, B. and G. Neff. "Communication, Mediation, and the Expectations of Data: Data Valences across Health and Wellness Communities." *International Journal of Communication* 9 (2015): 1466-1484.

Kelly, P., A. Doherty, E. Berry et al. "Can We Use Digital Life-log Images to Investigate Active and Sedentary Travel Behaviour? Results from a Pilot Study." *International Journal of Behavioral Nutrition and Physical Activity* 8.1 (2011): 44.

Kristensen, D. B. and M. Ruckenstein. "Co-evolving with Self-tracking Technologies." *New Media & Society* 20.10 (2018): 3624-3640.

Lupton, D. "The Diverse Domains of Quantified Selves: Self-tracking Modes and Dataveillance." *Economy and Society* 45.1 (2016): 101-122.

Mackenzie, A. *Transductions: Bodies and Machines at Speed.* New York and London: Continuum, 2002.

Neff, G. and D. Nafus. *Self-Tracking.* Cambridge: MIT Press, 2016.

O'Loughlin, G., S. J. Cullen, A. McGoldrick et al. "Using a Wearable Camera to Increase the Accuracy of Dietary Analysis." *American Journal of Preventive Medicine* 44.3 (2013): 297-301.

Robards, B., B. Lyall, and C. Moran. "Confessional Data Selfies and Intimate Digital Traces." *New Media & Society* 23.9 (2020): 2616-2633.

Sellen, A. J., A. Fogg, and M. Aitken et al. "Do Life-logging Technologies Support Memory for the Past?: An Experimental Study Using Sensecam." In the Proceedings of the SIGCHI Conference on Human Factors in Computing Systems, 2007, 81-90.

Sharon, T. and D. Zandbergen. "From Data Fetishism to Quantifying Selves: Self-tracking Practices and the Other Values of Data." *New Media & Society* 19.11 (2017): 1695-1709.

Simondon, G. "The Genesis of Technicity." *E-Flux* 82 (2017). https://www.e-flux.com/journal/82/133160/the-genesis-of-technicity/ (June 12, 2021).

Swan, M. "The Quantified Self: Fundamental Disruption in Big Data

Science and Biological Discovery." *Big Data* 1.2 (2013): 85-99.

Wired. "Data Is the New Oil of the Digital Economy." *Wired* (2014), https://www.wired.com/insights/2014/07/data-new-oil-digital-economy/ (June 12, 2021).

國家圖書館出版品預行編目 (CIP) 資料

人文社會的跨領域AI探索/李建良，林文源主編. -- 初版. -- 新
竹市：國立清華大學出版社, 2022.12
372面；15×21公分
ISBN 978-626-96325-0-3(平裝)

1.CST: 人工智慧 2.CST: 科學技術 3.CST: 科技社會學
4.CST: 文集

407   111015703

人文社會的跨領域 AI 探索

主　　編：李建良、林文源
發 行 人：高為元
出 版 者：國立清華大學出版社
社　　長：巫勇賢
行政編輯：劉立葳
校　　對：陳葦珊
美術設計：陳思辰
地　　址：300044 新竹市東區光復路二段 101 號
電　　話：(03)571-4337
傳　　真：(03)574-4691
網　　址：http://thup.site.nthu.edu.tw
電子信箱：thup@my.nthu.edu.tw
其他類型版本：無其他類型版本

展 售 處：水木書苑 (03)571-6800
http://www.nthubook.com.tw
五楠圖書用品股份有限公司 (04)2437-8010
http://www.wunanbooks.com.tw
國家書店松江門市 (02)2517-0207
http://www.govbooks.com.tw
出版日期：2022 年 12 月初版
定　　價：平裝本新臺幣 450 元

ISBN 978-626-96325-0-3　　GPN 1011101517